微课学人工智能 Python 编程

李方园　等编著

机 械 工 业 出 版 社

本书以Python编程语言为载体，以微课为媒介，从基本编程应用到综合项目设计逐级推进、衍化，通过221个实例详细介绍了Python编程语言的基础知识和语法操作规范，同时还剖析了18个综合应用案例，从而培养读者解决人工智能应用问题的编程能力，完成Python算法库的建构与应用，最终用程序来模拟或实现人类的学习行为。

本书可以作为高职院校计算机类、自动化类、电子信息类、数字经济类等专业Python编程课程的参考教材，也可作为广大Python编程语言爱好者自学的参考书。

图书在版编目（CIP）数据

微课学人工智能Python编程/李方园等编著. —北京：机械工业出版社，2022.12（2024.1重印）

ISBN 978-7-111-72060-7

Ⅰ.①微… Ⅱ.①李… Ⅲ.①软件工具-程序设计 Ⅳ.①TP311.561

中国版本图书馆CIP数据核字（2022）第217342号

机械工业出版社（北京市百万庄大街22号 邮政编码100037）

策划编辑：林春泉 刘星宁 责任编辑：闾洪庆

责任校对：潘 蕊 王明欣 封面设计：马若濛

责任印制：常天培

北京机工印刷厂有限公司印刷

2024年1月第1版第2次印刷

184mm×260mm · 25.75印张 · 604千字

标准书号：ISBN 978-7-111-72060-7

定价：99.00元

电话服务	网络服务
客服电话：010-88361066	机 工 官 网：www.cmpbook.com
010-88379833	机 工 官 博：weibo.com/cmp1952
010-68326294	金 书 网：www.golden-book.com
封底无防伪标均为盗版	机工教育服务网：www.cmpedu.com

前　言

人工智能技术的应用非常广泛，以机器学习为例，涉及多领域交叉学科，包括概率论、统计学、逼近论、凸分析、算法复杂度理论等多门学科。本书以 Python 编程语言为载体，先介绍语法逻辑、组合数据类型、函数与模块、文件及文件夹操作，再引入交互界面设计、网络爬虫应用、数据可视化编程，最后引出了机器学习的编程思路。通过 Python 算法库的建构与应用，用编程来模拟或实现人类的学习行为，从而获取新的知识或技能，不断提高计算机的学习能力。

本书以微课为媒介，从基本编程应用到综合项目设计逐级推进、衍化，通过 221 个实例详细介绍了 Python 编程语言的基础知识和语法操作规范，同时还剖析了 18 个综合应用案例，培养读者解决问题的能力。

本书共 8 章。第 1 章是 Python 编程基础概念，主要介绍了 Python 语言的环境配置，包括基本数据类型、基本输入输出函数和运算符，以及 IDLE、PyCharm、Jupyter 三种不同的编辑器。第 2 章介绍了组合数据类型，包括列表、元组、字符串、字典和集合，以及基本数据操作。第 3 章是从结构化程序设计理念出发，阐述了函数与模块，并介绍了最常见的库和自定义模块实例说明。第 4 章介绍了文件及文件夹操作，包括对文本文件 txt、逗号分隔值文件 csv 和制表文件 Excel 的打开、读取和追加数据、插入和删除数据、关闭文件、删除文件等。第 5 章是交互界面设计，介绍了 tkinter 和 PyQt5 两个典型的 GUI 应用实例。第 6 章介绍了网络爬虫应用，从爬虫的定义与基本流程出发，介绍应用 urllib、BeautifulSoup、Scrapy 来爬取网页等相关内容。第 7 章是数据可视化编程，介绍了使用 numpy 库、pandas 库来进行数据的生成、整理、存储，并用 Matplotlib 库绘图。第 8 章是机器学习编程，在介绍常用的机器学习算法原理的基础上，采用 sklearn 库实现了线性回归与多项式回归、逻辑回归、支持向量机和 KNN 算法的实际应用。

本书由浙江工商职业技术学院李方园副教授以及吕林铎、李霁婷、陈亚玲等编著，并得到了许多专家和同事的帮助，借鉴和参考了相关书籍，在此一并致谢。由于作者经验和水平有限，书中疏漏和不足之处在所难免，恳请读者朋友们批评指正。

作者

二维码清单

名称	图形	名称	图形
1-1　官网 Python 软件包的安装		1-8　循环结构	
1-2　Python 注释		2-1　序列概述	
1-3　整数类型		2-2　列表的基本操作与方法	
1-4　字符串及其基本操作		2-3　元组创建	
1-5　input( ) 函数		2-4　分割字符串和合并字符串	
1-6　print( ) 函数		2-5　字典及其创建	
1-7　选择结构		2-6　集合的基本操作与方法	

（续）

名称	图形	名称	图形
3-1 函数定义应用		4-3 write( ) 函数	
3-2 两种类型的参数		4-4 reader( ) 函数	
3-3 可变长参数		4-5 openpyxl 库函数	
3-4 递归函数		5-1 创建 tkinter 窗口	
3-5 导入模块		5-2 Toplevel 弹出窗口	
3-6 datetime 模块		5-3 文本框控件	
4-1 用 open( ) 函数打开文件		5-4 Canvas 画布	
4-2 read( ) 函数		5-5 QtWidgets 模块	

（续）

名称	图形	名称	图形
6-1　urllib. request 模块应用		7-2　常见的矩阵运算	
6-2　解析网页输出		7-3　绘制图像	
7-1　矩阵创建			

目　录

第 1 章 Python编程基础概念

Chapter 1

导读

Python 是在汇编语言、Basic 语言、C 语言的基础上发展的面向对象的编程语言，其最大的特点就是简单和开源。利用各种丰富而强大的 Python 库，使用者可以把使用其他语言编写的各种模块很轻松地联结在一起。在配置 Python 语言开发环境之后，通过交互式解释执行与脚本式解释运行，相应的 Python 语句就可以输出使用者的预期效果。本章主要介绍了包括标识符、缩进和冒号、引号、注释等在内的 Python 语法规则、基本数据类型、基本输入输出函数和运算符等入门知识，以及 Python 中的选择语句、循环语句、循环控制语句等控制语句，最终正确、灵活、熟练、巧妙地掌握和运用 Python，完成基本结构化程序设计。本章也介绍了 IDLE、PyCharm、Jupyter 三种不同的 Python 编辑器。

1.1 Python 语言概述

1.1.1 Python 语言发展概况与配置

Python 是在 Assembly Language（汇编语言）、Basic 语言、C 语言（简称 ABC 编程语言）的基础上发展的编程语言。它由荷兰国家数学与计算机科学研究中心的吉多·范罗苏姆于 20 世纪 90 年代初设计，既能提供高效的高级数据结构，还能简单有效地面向对象编程，近年来已经成为多数平台上快速开发应用的编程语言，并逐渐被用于独立的、大型项目的开发。

Python 是一种跨平台的编程语言，目前支持的语言开发环境如下：Windows，Linux，UNIX，Mac OS X，IBM i，iOS，OS/390，z/OS，Solaris，VMS，HP-UX 等。

在 Windows 上安装 Python 和安装普通软件一样简单，推荐官网下载，下载地址如下：https://www.python.org/downloads/windows/。

本书推荐版本为最新发布的 Python 3.10 及其以上，本书所有的案例都可以在稳定版的

Python 3. X 环境下运行。

Python 3. X 的特点如下：

（1）函数定义仅限位置参数

为函数定义指定仅位置参数以限制函数的使用，这种新语法将允许用户严格定义那些纯粹根据特定序列调用的参数。

（2）赋值表达式

在表达式中指定值以增强代码的紧凑性和可读性。例如，现在可以使用一行代码创建条件表达式，同时分配变量值。

（3）变量的“最终”限定符

设计类和子类时，通过使用“最终”限定符来限制使用方法、类和变量，以避免不必要的继承或覆盖。

（4）在 f 字符串中使用等号

f-Strings 现在可以使用“=”同时显示表达式及其值，如使用 f'{expr=}'生成一个字符串，该字符串将显示表达式及其输出。

（5）内联 Python 函数

自动内联 Python 函数，意味着能够自动重构代码，这样就可以确定在完成操作后，保证代码的行为没有改变。

（6）快速找到重复代码

将这些重复代码快速重构为单个函数。

1.1.2 官网 Python 软件包的安装

安装官网 Python 软件选项包括 Install Now（立即安装）和 Customize installation（定制安装），如图 1-1 所示。

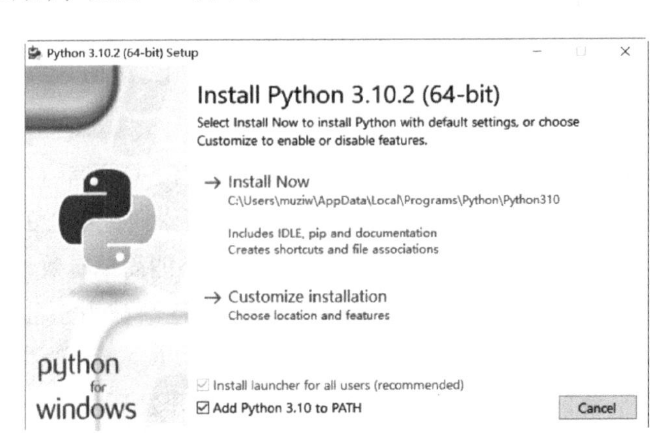

图 1-1 安装官网 Python 软件选项

1. 立即安装

自动在 C 盘建立 Python 文件夹，安装包括 IDLE、pip 和文档，创建快捷方式和文件关联。IDLE 是 Integrated Development and Learning Environment 的简称，是 Python 的开发环境；pip 是 install other Python packages 的简称，是 Python 包管理工具，提供了对 Python 包的查找、下载、安装、卸载功能。

勾选 Add Python 3. 10 to PATH 选项，这样就可以在 cmd 输入 Python 并调用。

如果为了确保不占用 C 盘，也可以选择定制安装并将 Python 安装在其他盘。

2. 定制安装

它可以选择安装位置、特征，并推荐为所有用户安装启动器，并有以下可选功能：①Documentation，即安装 Python 文档文件；②pip，即安装 pip 软件；③tc/tk and IDLE，即安装 tkinter 和 IDLE 开发环境；④Python test suite，即安装标准库测试套件；⑤py launcher，即安装 py 启动器。

pip 是安装 Python 库的重要工具，需要随着 Python 版本的变化而随时更新，其更新命令为“python -m pip install --upgrade pip”。

1. 1. 3 交互式解释执行与脚本式解释运行

Python 语言与 Perl、C 和 Java 等语言有许多相似之处，但是也存在一些差异。Python 程序可以交互命令式解释执行或脚本源程序方式解释运行。

1. 交互式解释执行

Python 解释器具有交互模式，在“>>>”提示符右边输入命令信息，然后按<Enter>键查看运行效果，如图 1-2 所示。

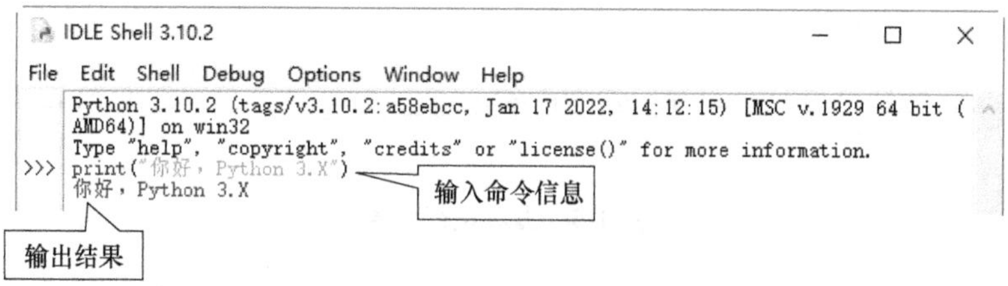

IDLE Shell 3.10.2
File Edit Shell Debug Options Window Help
Python 3.10.2 (tags/v3.10.2:a58ebcc, Jan 17 2022, 14:12:15) [MSC v.1929 64 bit (AMD64)] on win32
Type "help", "copyright", "credits" or "license()" for more information.
>>> print("你好，Python 3.X")
你好，Python 3.X
输入命令信息
输出结果

图 1-2 输入命令信息和输出结果示意

本书中采用交互式解释执行的语句，统一写成如下格式（其中“↙”用于最后一句输入命令信息，区分输出结果与输入命令信息）：

```
>>> print("你好,Python 3.X")↙
你好,Python 3.X
```

2. 脚本式解释运行

如图 1-3 所示，在 Python IDLE 3. x Shell 中打开“File”菜单，选择“New File”命令，建立新文件。

将图 1-4 所示的命令信息进行编辑，通过选择菜单“File”中的“Save As”命令保存文件，命名为“prog1. py”。需要注意的是，Python 程序文件是以“. py”为扩展名的。要运行

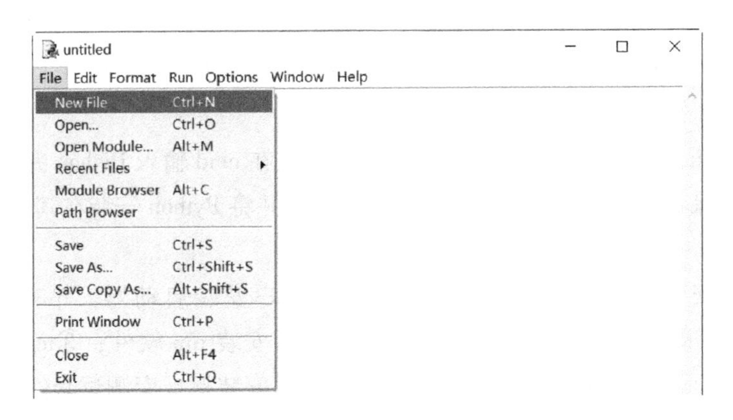

图 1-3　建立新文件

该程序，可以通过选择菜单“Run”中的“Run Module”命令或快捷键<F5>进行，图 1-5 所示是脚本执行结果。

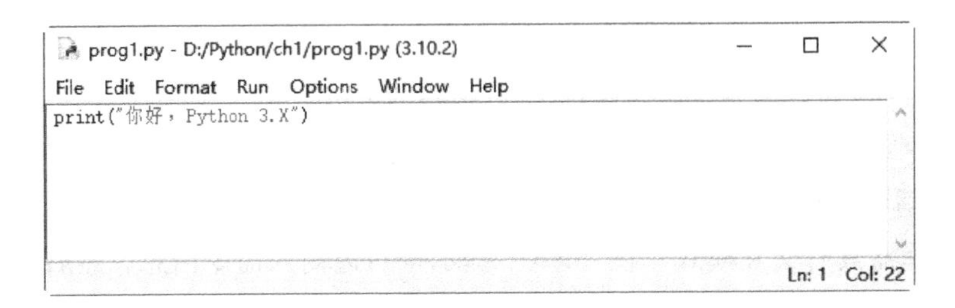

图 1-4　编辑并保存文件

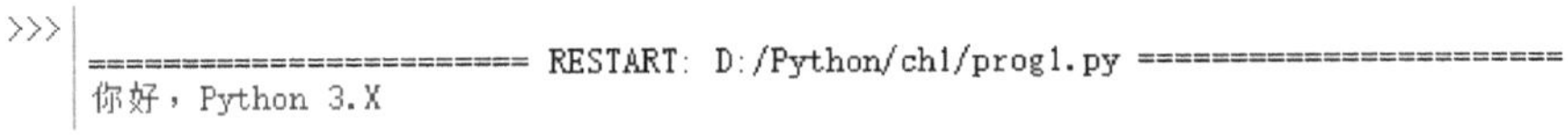

```
>>>
======================== RESTART: D:/Python/ch1/prog1.py ========================
你好，Python 3.X
```

图 1-5　脚本执行结果

本书的实例采用“脚本式解释运行”方式，并统一规范成如下格式：

【例 1-1】　第一个使用 print( ) 的 Python 语句。

```
print("你好,Python 3.X")
```

运算结果：

```
>>>
你好,Python 3.X
```

print( ) 函数是大部分编程语言都通用的，这里就是将该字符串显示到屏幕上。

1.1.4 PyCharm 编程环境

PyCharm 是一款功能强大的 Python 编辑器，具有跨平台性。它由 JetBrains 公司开发，下载网址为 http://www.jetbrains.com。

图 1-6 所示是 PyCharm 安装选项，包括 64-bit launcher、Add lauchers dir to the PATH、Add“Open Folder as Project”、.py 等。

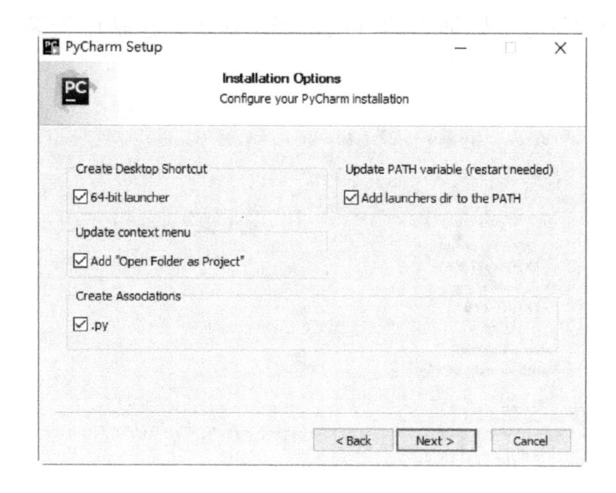

图 1-6 PyCharm 安装选项

图 1-7 所示是为 PyCharm 添加解释器，这里选择的是 Python 3.10 版本。

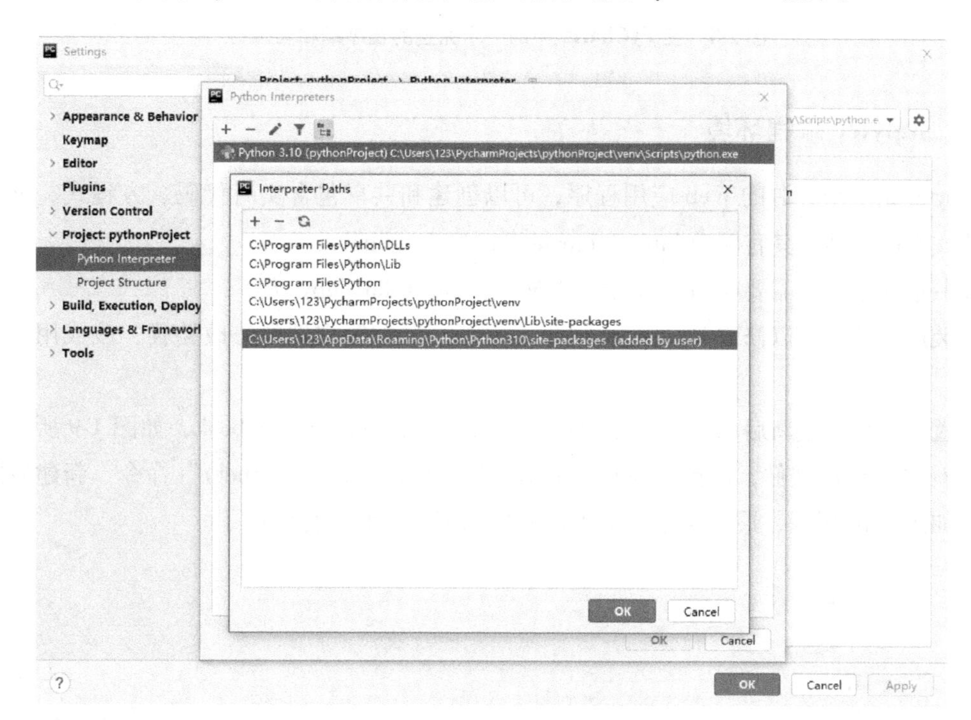

图 1-7 选择 Python 解释器

图 1-8 所示是【例 1-1】的程序在 PyCharm 上的编辑与运行。它的编辑界面非常友好，并具有如下特点：

1）SQLAlchemy 作为调试器，用户可以任意设置断点，既可以在调试器中暂停，也可以查看用户表达式的 SQL 表示形式。

2）用户可以在 PyCharm 中通过颜色区分来检查最近一次提交和当前提交之间的差异。

3）所有已安装的软件包都以适当的可视化表示显示，包括已安装软件包的列表以及搜索和添加新软件包的功能。

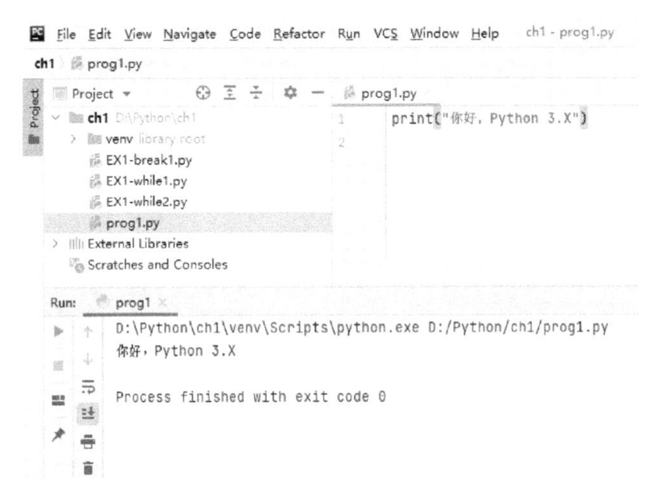

图 1-8　在 PyCharm 中的一个完整的程序编辑与运行

1.1.5 Jupyter 编程环境

Jupyter 是一个开源的 Web 应用程序，可以创建和共享包含实时代码、方程式、可视化和说明文本的文档，其官网为 http://jupyter.org/index.html。

安装很简单，只需要在 cmd 命令行中输入：pip install jupyter。

安装成功后，可以修改 jupyter_notebook_config.py 配置文件的修改路径，改成用户工作目录。

配置完成后，重新启动即可，然后在命令行中运行 jupyter notebook，如图 1-9 所示。如果需要新建 Python 文件，选择“New”菜单中的“Python 3(ipykernel)”命令，新建后的页面显示如图 1-10 所示，通过菜单栏就可以开始编写文件和执行程序了。

图 1-9　jupyter notebook 新建菜单

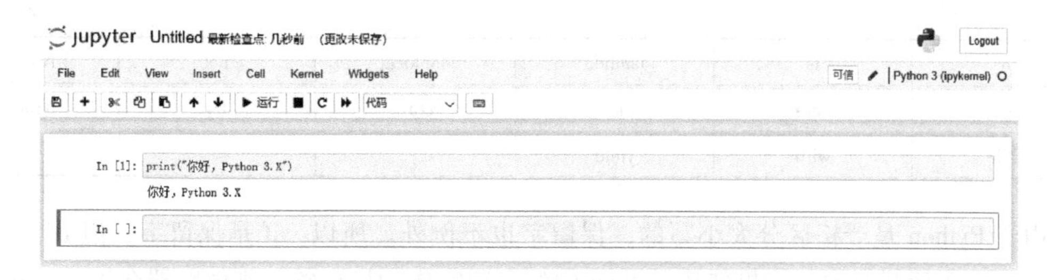

图 1-10 jupyter notebook 程序编辑与执行

1.2 语法规则和基本数据类型

1.2.1 Python 语法规则

1. Python 标识符

在 Python 语言中，变量名、函数名、对象名等都是通过标识符来命名的。标识符第一个字符必须是字母表中字母或下划线“_”，标识符的其他部分由字母、数字和下划线组成。Python 中的标识符是区分大小写的。在 Python 3. X 中，非 ASCII 标识符也是允许的，例如：“data_人数=100”中的“data_人数”为含汉字的标识符。

标识符的命名规则解释如下：

1）标识符是由字符（A~Z 和 a~z）、下划线和数字组成，但第一个字符不能是数字。

2）标识符不能和 Python 中的保留字相同。

保留字即关键字，保留字不能用作常量或变量，也不能用作任何其他标识符名称。

Python 的标准库提供了一个 keyword module，可以输出当前版本的所有关键字，命令和输出结果如下：

```
>>> import keyword
>>> keyword.kwlist ↙
['False','None','True','and','as','assert','async','await','break',
'class','continue','def','del','elif','else','except','finally','for',
'from','global','if','import','in','is','lambda','nonlocal','not','or',
'pass','raise','return','try','while','with','yield']
```

所有保留字见表 1-1。

表 1-1 Python 保留字一览表

and	as	assert	break	class	continue
def	del	elif	else	except	finally
for	from	False	global	if	import

（续）

in	is	lambda	nonlocal	not	None
or	pass	raise	return	try	True
while	with	yield			

由于 Python 是严格区分大小写的，保留字也不例外。所以，if 是保留字，但 IF 就不是保留字。在实际开发中，如果使用 Python 中的保留字作为标识符，则解释器会提示“invalid syntax”的错误信息。

3）标识符中不能包含空格、@、% 以及 $ 等特殊字符。

例如，UserID、name、mode12、user_age 等标识符是合法的。

但以下命名的标识符不合法：

```
4word       #不能以数字开头
try         #try 是保留字,不能作为标识符
$money      #不能包含特殊字符
```

4）标识符中的字母是严格区分大小写的，即使两个同样的单词，如果大小写不一样，其代表的意义也是完全不同的。

比如说，下面这 3 个变量，它们彼此之间是相互独立的个体。

```
number=0
Number=0
NUMBER=0
```

5）以下划线开头的标识符有特殊含义，例如：

以单下划线开头的标识符（如_width），表示不能直接访问的类属性，其无法通过 from…import * 的方式导入；

以双下划线开头的标识符（如__add）表示类的私有成员；

以双下划线作为开头和结尾的标识符（如__init__），是专用标识符。

因此，除非特定场景需要，应避免使用以下划线开头的标识符。

2. 缩进和冒号

和其他程序设计语言（如 Java、C 语言）采用大括号“{}”分隔代码块不同，Python 采用代码缩进和冒号（:）来区分代码块之间的层次。对于类定义、函数定义、流程控制语句、异常处理语句等，行尾的冒号和下一行的缩进，表示下一个代码块的开始，而缩进的结束则表示此代码块的结束。

Python 中可以使用空格或者<Tab>键实现对代码的缩进，但无论是使用空格，还是使用<Tab>键，通常情况下都是采用 4 个空格长度作为一个缩进量。

Python 对代码的缩进要求非常严格，同一个级别代码块的缩进量必须一样，否则解释器会报 SyntaxError 异常错误。

例如，对代码做错误改动，如图 1-11 所示，将位于同一作用域中的两行代码，它们的缩进量分别设置为 4 个空格和 3 个空格，可以看到，当手动修改了各自的缩进量后，这会导致出现 SyntaxError 异常错误。

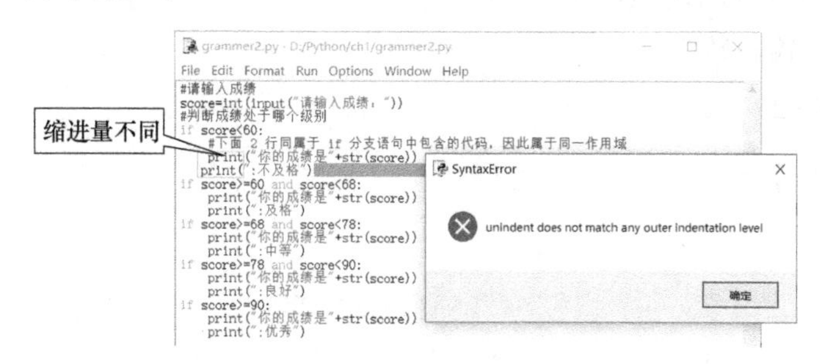

图 1-11　缩进规则不符导致的 SyntaxError 异常错误

在 IDLE 中，默认是以 4 个空格作为代码的基本缩进单位。不过，这个值是可以手动改变的，可以通过选择“Options”菜单中的“Configure IDLE”命令进行修改。

3. Python 引号

Python 中使用单引号（'）、双引号（"）、三引号（'''或"""）来表示字符串，引号的开始与结束必须是相同种类的引号。其中三引号可以由多行组成，是编写多行文本的快捷语法。使用示例如下：

```
word='word'
sentence="This is a sentence."
paragraph="""This is a paragraph. It is
made up of multiple lines and sentences."""
```

三引号常用于文档字符串，在文件的特定地点，被当作注释。

4. Python 注释

注释（Comments）是用来向用户提示或解释某些代码的作用和功能，它可以出现在代码中的任何位置。Python 解释器在执行代码时会忽略注释，不做任何处理。注释的最大作用是提高程序的可读性，还可以用来临时移除无用的代码。一般情况下，合理的代码注释应该占源代码的 1/3 左右。

Python 支持两种类型的注释，分别是单行注释和多行注释。

（1）单行注释

Python 使用井号（#）作为单行注释的符号，语法格式为：

```
# 注释内容
```

从#标注开始，直到这行结束为止的所有内容都是注释。

【例 1-2】 说明多行代码的功能时一般将注释放在代码的最上面一行。

```
#使用 print 输出字符串
print("微课学习")
print("https://www.python.org")
#使用 print 输出数字
print(14,6+27 * 4)
print(8/2)
```

运算结果：

```
>>>
微课学习
https://www.python.org
14 114
4.0
```

【例 1-3】 说明单行代码的功能时一般将注释放在代码的右侧。

```
print("https://www.python.org")          #输出 Python 官网地址
print(25.2 * 0.8+3.2 )                   #输出计算式结果
print(106//5 )                           #输出整除结果
```

运算结果：

```
>>>
https://www.python.org
23.36
21
```

（2）多行注释

多行注释指的是一次性注释程序中多行的内容（包含一行）。Python 使用三个连续的单引号'''或者三个连续的双引号"""注释多行内容。

不管是多行注释还是单行注释，当注释符作为字符串的一部分出现时，就不能再将它们视为注释标记，而应该看作正常代码的一部分。

【例 1-4】 注释符作为字符串的一部分。

```
print('''Hello,Python!''')
print("""https://www.python.org""")
print("#用来进行注释")
```

运算结果：

```
>>>
Hello,Python!
https://www.python.org
#用来进行注释
```

本例中，第1行和第2行代码，Python没有将这里的三个引号看作是多行注释，而是将它们看作字符串的开始和结束标志；对于第3行代码，Python也没有将#看作单行注释，而是将它看作字符串的一部分。

1.2.2 数据类型概述

Python中主要的内置数据类型有：

1）数值numeric：包括int（整型）、float（浮点数）、bool（布尔型）、complex（复数型）等。

2）序列sequence：包括list（列表）、tuple（元组）、range（范围）、str（字符串）、bytes（字节串）。

3）映射mappings，主要类型为dict（字典）。

4）集合set。

5）类class。

6）实例instance。

7）例外exception。

1.2.3 变量与常量

1. 变量的赋值

任何编程语言都需要处理数据，比如数字、字符、字符串等，用户可以直接使用数据，也可以将数据保存到变量中，方便以后使用。变量（Variable）可以看成一个小箱子，专门用来“盛装”程序中的数据。每个变量都拥有独一无二的名字，通过变量的名字就能找到变量中的数据。从底层看，程序中的数据最终都要放到内存（内存条）中，变量其实就是这块内存的名字。图1-12所示是变量age的示意。

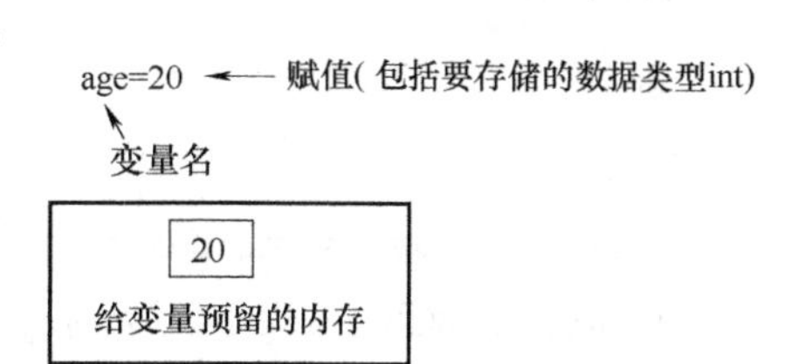

图1-12 变量age的示意

在编程语言中，将数据放入变量的过程称为赋值（Assignment）。Python使用等号“=”作为赋值运算符，具体语法格式为：

```
name=value
```

其中，name表示变量名；value表示值，也就是要存储的数据。

例如，图 1-12 中的语句“age=20”就是将整数 20 赋值给变量 age。

在程序的其他地方，age 就代表整数 20，使用 age 也就是使用 20。

【例 1-5】 变量赋值实例一。

```
e=2.71828                          #将自然常数赋值给变量 e
url="https://www.python.org"       #将 Python 官网地址赋值给变量 url
bool1=True                         #将布尔值赋值给变量 bool1
```

变量的值不是一成不变的，它可以随时被修改，只要重新赋值即可。另外用户也不用关心数据的类型，可以将不同类型的数据赋值给同一个变量。

【例 1-6】 变量赋值实例二。

```
num=2                                  #将 2 赋值给变量 num
num=234                                #将 234 赋值给变量 num
num=102                                #将 102 赋值给变量 num
print(num)
web1=7.5                               #将小数赋值给变量 web1
web1=-7                                #将整数赋值给变量 web1
web1="https://www.python.org"          #将字符串赋值给变量 web1
print(web1)
rem1=15*2%4                            #将余数赋值给变量
str1="Python 官网" "https://www.python.org"
                                       #将字符串拼接的结果赋值给变量

print(rem1,str1)
```

运算结果：

```
>>>
102
https://www.python.org
2 Python 官网 https://www.python.org
```

从上述例子中可以看到，除了赋值单个数据，用户也可以将表达式的运行结果赋值给变量。

和变量相对应的是常量（Constant），它们都是用来“盛装”数据的小箱子，不同的是，变量保存的数据可以被多次修改，而常量一旦保存某个数据之后就不能修改了。

2. 单下划线、双下划线开始的特殊变量及特殊方法专用标识

Python 用单下划线和双下划线作为变量前缀和后缀指定特殊变量。

（1）_xxx 变量名

_xxx 被看作是“私有的”变量，在模块或类外不可以使用。当变量是私有的时候，用

_xxx 来表示变量是很好的习惯。_xxx 变量是不能用“from module import *”导入的。在类中以“单下划线”开始的成员变量或类属性称为保护变量，意思是只有类对象和子类对象自己能访问到这些变量。

(2) __xxx 类中的私有变量名

以“双下划线”开始的变量是私有成员变量，意思是只有类对象自己能访问，连子类对象也不能访问到这个数据。

(3) __xxx__特殊方法专用标识

以双下划线开头和结尾的代表 Python 里特殊方法专用标识，如__init__(self,...)代表类的构造函数。这样的系统特殊方法还有许多，如：

__new__(cls[,...])、__del__(self)、__str__(self)、__lt__(self,other)、__getitem__(self,key)、__len__(self)、__repr__(s)、_cmp__(s,o)、__call__(self, *args)等。

因此要注意避免用下划线作为一般变量名的开始。

3. 常量、内置常量

变量是变化的量，常量则是不变的量。Python 中没有使用语法强制定义常量，有个例外，就是 Python 有少数的常量存在于内置命名空间中的内置常量，它们是

(1) False

bool 类型的假值。给 False 赋值是非法的并且会引发 SyntaxError 异常提示。

(2) True

bool 类型的真值。给 True 赋值是非法的并且会引发 SyntaxError 异常提示。

(3) None

NoneType 类型的唯一值。None 经常用于表示缺少值，当因为默认参数未传递给函数时。给 None 赋值是非法的并且会引发 SyntaxError 异常提示。

(4) NotImplemented

NotImplemented 是个特殊值，它能被二元特殊方法返回（比如__eq__()、lt()、add()、rsub()等），表明某个类型没有像其他类型那样实现这些操作。同样，它也可以被原地处理（in place）的二元特殊方法返回（比如__imul__()、iand()等）。还有，它的实际值为 True。

(5) Ellipsis

Ellipsis 是个特殊值，含义即“省略”，与省略号文字字面“...”相同。

(6) __debug__

如果 Python 没有以-O 选项启动，则__debug__常量为真值。

(7) quit(code=None)、exit(code=None)

当打印此对象时，会打印出一条消息，例如“Use quit() or Ctrl-D(i.e. EOF) to exit”。当调用此对象时，将使用指定的退出代码来引发 SystemExit。

(8) copyright、credits

打印或调用的对象分别打印版权或作者的文本。

（9）license

当打印此对象时，会打印出一条消息“Type license( ) to see the full license text”。当调用此对象时，将以分页形式显示完整的许可证文本（每次显示一屏）。

1.2.4 整数类型

1. 整数的赋值

整数就是没有小数部分的数字，Python 的整数数据类型包括正整数、0和负整数，取值范围则是无限的，不管多大或者多小的数字构成的整数，Python都能轻松处理。当所用数值超过计算机自身的计算能力时，Python会自动使用高精度计算。

【例 1-7】 整数的赋值。

```
#将 59 赋值给变量 num1
num1=59
print("num1=",num1,"该数据类型为=",type(num1))
#给 num2 赋值一个很大的整数
num2=888888888888888
print("num2=",num2,"该数据类型为=",type(num2))
#给 num3 赋值一个很小的整数
num3=-9999999999999444
print("num3=",num3,"该数据类型为=",type(num3))
```

运算结果：

```
>>>
num1=59 该数据类型为=<class 'int'>
num2=888888888888888 该数据类型为=<class 'int'>
num3=-9999999999999444 该数据类型为=<class 'int'>
```

从本例中可以看出，num1 是一个看起来非常正常的整数，num2 是一个极大的数字，num3 则是一个很小的数字，Python 都能正确输出这 3 个变量，不会发生溢出，这说明Python 对整数的处理能力非常强大。

2. 整数的不同进制

整数可以使用多种进制来表示，常见的有十进制、二进制、八进制和十六进制等形式。

（1）十进制形式

平时常见的整数就是十进制形式，它由 0~9 共十个数字排列组合而成。需要注意的是，使用十进制形式的整数不能以 0 作为开头，除非这个数值本身就是 0。

（2）二进制形式

由 0 和 1 两个数字组成，书写时以 0b 或 0B 开头。例如，0b101 对应的十进制数是 5。

（3）八进制形式

八进制整数由0~7共八个数字组成，以0o或0O开头。注意，第一个符号是数字0，第二个符号是大写或小写的字母o。

（4）十六进制形式

由0~9十个数字以及A~F（或a~f）六个字母组成，书写时以0x或0X开头。

【例1-8】 二进制、八进制、十六进制整数的使用。

```
#二进制
bin1=0b10001
bin2=0B110
print('二进制数1=',bin1,';二进制数2=',bin2)
#八进制
oct1=0o25
oct2=0O725
print('八进制数1=',oct1,';八进制数2=',oct2)
#十六进制
hex1=0x412
hex2=0x2Fb
print("十六进制数1=",hex1,";十六进制数2=",hex2)
```

运算结果：

```
>>>
二进制数1=17;二进制数2=6
八进制数1=21;八进制数2=469
十六进制数1=1042;十六进制数2=763
```

本例的输出结果都是十进制整数。

3. 数字分隔符

为了提高数字的可读性，允许使用下划线“_”作为数字（包括整数和小数）的分隔符。通常每隔三个数字添加一个下划线，类似于英文数字中的逗号。下划线不会影响数字本身的值。

【例1-9】 数字分隔符的使用。

```
renkou=17_641_327
r1=6_371_000
print("人口出生数(人):",renkou)
print("地球半径(km):",r1)
```

运算结果：

```
>>>
人口出生数(人):17641327
地球半径(km):6371000
```

1.2.5 小数、浮点数和复数类型

在高级编程语言中，小数通常以浮点数的形式存储。浮点数和定点数是相对的，小数在存储过程中，如果小数点发生移动，就称为浮点数；如果小数点不动，就称为定点数。Python 只有一种小数类型，就是浮点数（float）。

Python 中的小数有两种书写形式，即十进制形式和指数形式。

（1）十进制形式

平时看到的小数形式都是十进制形式，例如 231.5、23.1、0.231。书写小数时必须包含一个小数点，否则会被 Python 当作整数处理。

（2）指数形式

Python 小数的指数形式的写法为

```
aEn 或 aen
```

其中，a 为尾数部分，是一个十进制数；n 为指数部分，是一个十进制整数；E 或 e 是固定的字符，用于分割尾数部分和指数部分。整个表达式等价于 $a\times10^n$。

指数形式的小数举例：

$1.8E4=1.8\times10^4$，其中 1.8 是尾数，4 是指数。

$2.5E\text{-}3=2.5\times10^{-3}$，其中 2.5 是尾数，-3 是指数。

$0.3E4=0.3\times10^4$，其中 0.3 是尾数，4 是指数。

只要写成指数形式就是小数，即使它的最终值看起来像一个整数。如 12E2 等价于 1200，但它是一个小数。

【例 1-10】 小数的应用。

```
float1=-2.87
print("float1 值:",float1,"float1 类型:",type(float1))
float2=6.7177807756
print("float2 值:",float2,"float2 类型:",type(float2))
float3=0.0000000000000000000000000667
print("float3 值:",float3,"float3 类型:",type(float3))
float4=54e6
print("float4 值:",float4,"float4 类型:",type(float4))
float5=77.3*0.03/4.66
print("float5 值:",float5,"float5 类型:",type(float5))
```

运算结果:

```
>>>
float1 值:-2.87 float1 类型:<class 'float'>
float2 值:6.7177807756 float2 类型:<class 'float'>
float3 值:6.67e-26 float3 类型:<class 'float'>
float4 值:54000000.0 float4 类型:<class 'float'>
float5 值:0.49763948497854077 float5 类型:<class 'float'>
```

从本例中可以看出，print 在输出浮点数时，会根据浮点数的长度和大小适当地舍去一部分数字，或者采用科学计数法。

复数（Complex）是 Python 的内置类型，直接书写即可，不依赖于标准库或者第三方库。复数由实部（real）和虚部（imag）构成，在 Python 中，复数的虚部以 j 或者 J 作为后缀，具体格式为

```
a+bj
```

其中，a 表示实部，b 表示虚部。

1.2.6 字符串及其基本操作

字符串（String）就是若干个字符的集合，Python 中的字符串必须由双引号""或者单引号''引用，其双引号和单引号没有任何区别，具体格式为:

```
"字符串内容"
'字符串内容'
```

字符串的内容可以包含字母、标点、特殊符号、中文、日文、韩文等。

下面都是合法的字符串:

```
"Python.org"
"官网可以下载软件"
" https://www.python.org "
"3456239"
```

1. 处理字符串中的引号

当字符串内容中出现引号时，用户需要进行特殊处理，否则 Python 会解析出错，例如:

```
'I'm a doctor!'
```

由于上面字符串中包含了单引号，此时 Python 会将字符串中的单引号与第一个单引号配对，这样就会把'I'当成字符串，而后面的 m a doctor!'就变成了多余的内容，从而导致语法错误。

对于这种情况，一般有两种处理方案:

（1）对引号进行转义

在引号前面添加反斜杠“\”就可以对引号进行转义，让 Python 把它作为普通文本对待。

（2）使用不同的引号引用字符串

如果字符串内容中出现了单引号，那么我们可以使用双引号引用字符串，反之亦然。

【例 1-11】 对引号进行转义和使用不同的引号引用字符串。

```
str1='I\'m a student!'
str2="英文双引号一对是\"\",中文双引号是“”"
print(str1,str2)
str3="I'm a student!"
str4='英文双引号一对是\"\",中文双引号是“”'
print(str3,"\n"+str4)
```

运算结果：

```
>>>
I'm a student! 英文双引号一对是"",中文双引号是“”
I'm a student!
英文双引号一对是"",中文双引号是“”
```

2. 字符串的换行

Python 不是格式自由的语言，它对程序的换行、缩进都有严格的语法要求。要想换行书写一个比较长的字符串，必须在行尾添加反斜杠“\”。Python 也支持表达式添加反斜杠“\”的换行。

3. 长字符串

Python 长字符串由三个双引号"""或者三个单引号'''引用，语法格式如下：

```
"""长字符串内容"""
'''长字符串内容'''
```

在长字符串中放置单引号或者双引号不会导致解析错误。

4. 转义字符

对于 ASCII 编码来说，0~31（十进制）范围内的字符为控制字符，它们都是看不见的，不能在显示器上显示，甚至无法从键盘输入，只能用转义字符的形式来表示。不过直接使用 ASCII 码记忆不方便，也不容易理解，所以针对常用的控制字符，Python 语言定义了转义字符方式，见表 1-2。

表 1-2 Python 支持的转义字符

转义字符	说明
\n	换行符，将光标位置移到下一行开头
\r	回车符，将光标位置移到本行开头

（续）

转义字符	说　明
\t	水平制表符，即<Tab>键，一般相当于四个空格
\a	蜂鸣器响铃。注意不是喇叭发声，现在的计算机很多都不带蜂鸣器了，所以响铃不一定有效
\b	退格（Backspace），将光标位置移到前一列
\\	反斜线
\'	单引号
\"	双引号
\	在字符串行尾的续行符，即一行未完，转到下一行继续写

转义字符在书写形式上由多个字符组成，但 Python 将它们看作是一个整体，表示一个字符。

此外，转义字符以“\0”（是数字 0，不是字母 o）或者“\x”开头的表示编码值，前者表示跟八进制形式的编码值，后者表示跟十六进制形式的编码值，如\0dd 或\xhh 等，其中 dd 表示八进制数字，hh 表示十六进制数字。

由于 ASCII 编码共收录了 128 个字符，\0 和\x 后面最多只能跟两位数字，所以八进制形式\0 并不能表示所有的 ASCII 字符，只有十六进制形式\x 才能表示所有 ASCII 字符。

【例 1-12】 使用八进制、十六进制来显示 ASCII 码。

```
str1="十六进制:\x43\x45\x47\x49\x4b\x4D"
str2="八进制:\061\063\065"
print(str1,"\t\t",str2)
```

运算结果：

```
>>>
十六进制:CEGIKM          八进制:135
```

从本例中可以看出，字符 C、E、G、I、K、M 十六进制形式分别是 43、45、47、49、4B、4D；字符 1、3、5 对应的 ASCII 码八进制形式分别是 61、63、65；“\t\t”表示 2 个<Tab>键位置。

1.2.7 数据类型转换

Python 已经为我们提供了多种可实现数据类型转换的函数，见表 1-3。需要注意的是，在使用类型转换函数时，提供给它的数据必须是有意义的。

表 1-3　常用数据类型转换函数

函　数	作　用
int(x)	将 x 转换成整数类型
float(x)	将 x 转换成浮点数类型

（续）

函　　数	作　　用
complex(real,[,imag])	创建一个复数
str(x)	将 x 转换为字符串
repr(x)	将 x 转换为表达式字符串
eval(str)	计算在字符串中的有效 Python 表达式 str，并返回计算结果
chr(x)	将整数 x 转换为一个字符
ord(x)	将一个字符 x 转换为它对应的整数值
hex(x)	将一个整数 x 转换为一个十六进制字符串
oct(x)	将一个整数 x 转换为一个八进制字符串

1.3 基本输入输出和运算

1.3.1 input()函数

input()是 Python 的内置函数，用于从控制台读取用户输入的内容。input()函数总是以字符串的形式来处理用户输入的内容，所以用户输入的内容可以包含任何字符。

input()函数的用法为：

```
str=input(tipmsg)
```

其中，str 表示一个字符串类型的变量，input()将读取到的字符串放入 str 中；tipmsg 表示提示信息，它会显示在控制台上，告诉用户应该输入什么样的内容；如果不写 tipmsg，就不会有任何提示信息。

还可以用 Python 的内置函数将输入字符串转换成想要的类型，如 int(string) 将字符串转换成 int 类型、float(string) 将字符串转换成 float 类型、bool(string) 将字符串转换成 bool 类型等。

【例 1-13】 使用 input()来输入数字，并转化为 int。

```
num1=input("请输入第一个数:")
num2=input("请输入第二个数:")
num3=input("请输入第三个数:")
print("num1 类型:",type(num1))
sum1=int(num1) int(num2)+int(num3)
print("连加=:",sum1)
print("sum1 类型:",type(sum1))
```

运算结果如下，其中 type()为类型输出。

```
>>>
请输入第一个数:5↙
请输入第二个数:6↙
请输入第三个数:7↙
num1 类型:<class 'str'>
连加=:18
sum1 类型:<class 'int'>
```

1.3.2 print( )函数

1. 多变量输出

print( )函数既可以输出一个变量，也可以同时输出多个变量，而且它具有更多丰富的功能。

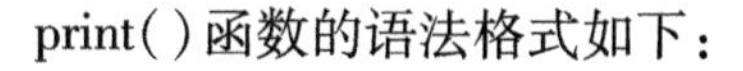

print( )函数的语法格式如下：

```
print(value,...,sep='',end='\n', file=sys.stdout, flush=False)
```

其中，value 参数可以接受任意多个变量或值，默认以空格分隔多个变量。如果希望改变默认的分隔符，可通过 sep 参数进行设置，比如 sep='|'等。

2. 格式化字符串（格式化输出）

print( )函数使用以%开头的转换说明符对各种类型的数据进行格式化输出，具体见表 1-4。转换说明符是一个占位符，它会被后面表达式（变量、常量、数字、字符串、加减乘除等各种形式）的值代替。

表 1-4　格式化输出转换说明符

转换说明符	解　　释
%d、%i	转换为带符号的十进制整数
%o	转换为带符号的八进制整数
%x、%X	转换为带符号的十六进制整数
%e	转换为科学计数法表示的浮点数（e 小写）
%E	转换为科学计数法表示的浮点数（E 大写）
%f、%F	转换为十进制浮点数
%g	智能选择使用%f 或%e 格式
%G	智能选择使用%F 或%E 格式
%c	格式化字符及其 ASCII 码
%r	使用 repr( )函数将表达式转换为字符串
%s	使用 str( )函数将表达式转换为字符串

【例 1-14】 使用格式化输出。

```
company="公司 A"
person=200
url="http://www.aaa.com"
print("%s 人员规模%d 人,它的网址是%s。" % (company,person,url))
```

运算结果：

```
>>>
公司 A 人员规模 200 人,它的网址是 http://www.aaa.com。
```

3. 指定最小输出宽度

可以使用下面的格式指定最小输出宽度（至少占用多少个字符的位置）：

%10d 表示输出的整数宽度至少为 10；

%20s 表示输出的字符串宽度至少为 20。

【例 1-15】 使用格式化输出。

```
num=34009
print("整数宽度(12):%12d" % num)
print("整数宽度(4):%4d" % num)
url="https://www.python.org"
print("字符串宽度(36):%36s" % url)
print("字符串宽度(8):%8s" % url)
```

运算结果：

```
>>>
整数宽度(12):        34009
整数宽度(4):34009
字符串宽度(36):              https://www.python.org
字符串宽度(8):https://www.python.org
```

从本例的运行结果可以发现，对于整数和字符串，当数据的实际宽度小于指定宽度时，会在左侧以空格补齐；当数据的实际宽度大于指定宽度时，会按照数据的实际宽度输出，即 num 宽度为 5，指定为%4d 时，还是按照数据的实际宽度 5 进行输出。

4. 指定对齐方式

默认情况下，print( )输出的数据总是右对齐的。也就是说，当数据不够宽时，数据总是靠右边输出，而在左边补充空格以达到指定的宽度。Python 允许在最小宽度之前增加一个标志来改变对齐方式，Python 支持的标志见表 1-5。

表 1-5 Python 支持的标志

标　志	说　明
-	指定左对齐
+	表示输出的数字总要带着符号；整数带+，负数带-
0	表示宽度不足时补充 0，而不是补充空格

另外需要说明的是：

1）对于整数，指定左对齐时，在右边补 0 是没有效果的，因为这样会改变整数的值。

2）对于小数，以上三个标志可以同时存在。

3）对于字符串，只能使用“-”标志。

【例 1-16】 指定对齐方式。

```
num1=32500
# %09d 表示最小宽度为 9,左边补 0
print("最小宽度(09):\t\t%09d" % num1)
# %+9d 表示最小宽度为 9,带上符号
print("最小宽度(+9):\t\t%+9d" % num1)
num2=76.8
# %-+010f 表示最小宽度为 10,左对齐,带上符号
print("最小宽度(-+0):\t\t%-+010f" % num2)
str1="Python"
# %-10s 表示最小宽度为 10,左对齐
print("最小宽度(-10):\t\t%-10s" % str1)
```

运算结果：

```
>>>
最小宽度(09):		000032500
最小宽度(+9):		   +32500
最小宽度(-+0):		+76.800000
最小宽度(-10):		Python
```

5. 指定小数精度

对于小数（浮点数），print( )允许指定小数点后的数字位数，即指定小数的输出精度。精度值需要放在最小宽度之后，中间用点号“.”隔开；也可以不写最小宽度，只写精度。具体格式如下：

```
%m.nf
%.nf
```

其中，m 表示最小宽度，n 表示输出精度，“.”必须是存在的。

【例 1-17】 指定小数精度和对齐方式。

```
float1=2.762345975
# 最小宽度为 8,小数点后保留 3 位
print("%8.3f" % float1)
# 最小宽度为 8,小数点后保留 3 位,左边补 0
print("%08.3f" % float1)
# 最小宽度为 8,小数点后保留 3 位,左边补 0,带符号
print("%+08.3f" % float1)
```

运算结果：

```
>>>
   2.762
0002.762
+002.762
```

1.3.3 算术运算符

算术运算符即数学运算符，用来对数字或其他数据类型进行数学运算，比如加减乘除。表 1-6 列出了 Python 支持的所有基本算术运算符。

表 1-6 常用算术运算符及功能说明

运算符	说明	实例	结果
+	加	7.41+11	18.41
-	减	5.03-0.11	4.92
*	乘	4*2.9	11.6
/	除法（和数学中的规则一样）	18/5	3.6
//	整除（只保留商的整数部分）	9//4	2
%	取余，即返回除法的余数	8%2	0
**	幂运算/次方运算，即返回 x 的 y 次方	3**3	27，即 3^3

【例 1-18】 算术运算实例。

```
#数字加法运算
num1=34.3
num2=-23
sum1=num1+num2
```

```
print("和=%.2f" % sum1 )
#字符串加法运算
str1="中国领土"
str2="神圣不可侵犯"
info=str1+str2
print(info)
#减法运算
num3=-56.4
num4=-num3
print(num4)
#数字乘法运算
num5=44.4*2
print(num5)
#字符串乘法运算
str3="科学家"
print(str3*4)
```

运算结果：

```
>>>
和=11.30
中国领土神圣不可侵犯
56.4
88.8
科学家科学家科学家科学家
```

从本例中可以看出如下几个运算特点：

1）当“+”用于数字时表示加法，但是当“+”用于字符串时，它还有拼接字符串（将两个字符串连接为一个）的作用。

2）“-”除了可以用作减法运算之外，还可以用作求负运算（正数变负数，负数变正数）。

3）“*”除了可以用作乘法运算，还可以用来重复字符串，即将 n 个同样的字符串连接起来。

除此之外，Python 还支持“/”和“//”两个除法运算符，但它们之间是有区别的：

“/”表示普通除法，使用它计算出来的结果和数学中的计算结果相同。

“//”表示整除，只保留结果的整数部分，舍弃小数部分，是直接丢掉小数部分，而不是四舍五入。

1.3.4 赋值运算符

赋值运算符用来把右侧的值传递给左侧的变量（或者常量），可以直接将右侧的值赋值给左侧的变量，也可以进行某些运算后再赋值给左侧的变量，比如加减乘除、函数调用、逻辑运算等。

Python 中最基本的赋值运算符是等号“=”，结合其他运算符，“=”还能扩展出更强大的赋值运算符。

1. 基本赋值运算符

“=”是 Python 中最常见、最基本的赋值运算符，用来将一个表达式的值赋给另一个变量。

2. 连续赋值

Python 中的赋值表达式也是有值的，它的值就是被赋的那个值，或者说是左侧变量的值。如果将赋值表达式的值再赋值给另外一个变量，这就构成了连续赋值。请看下面的例子：

a=b=c=100

“=”具有右结合性，从右到左分析这个表达式：

“c=100”表示将 100 赋值给 c，所以 c 的值是 100；同时，“c=100”这个子表达式的值也是 100。

“b=c=100”表示将 c=100 的值赋给 b，因此 b 的值也是 100。

以此类推，a 的值也是 100。

最终结果就是，a、b、c 三个变量的值都是 100。

需要注意的是，“=”和“==”是两个不同的运算符，前者用来赋值，而后者用来判断两边的值是否相等，千万不要混淆。

3. 扩展后的赋值运算符

“=”可与其他运算符（包括算术运算符、位运算符和逻辑运算符）相结合，扩展成为功能更加强大的赋值运算符，见表 1-7。

表 1-7　赋值运算符及功能说明

运算符	说　明	用法举例	等价形式
=	最基本的赋值运算	x=y	x=y
+=	加赋值	x+=y	x=x+y
-=	减赋值	x-=y	x=x-y
*=	乘赋值	x*=y	x=x*y
/=	除赋值	x/=y	x=x/y
%=	取余数赋值	x%=y	x=x%y
**=	幂赋值	x**=y	x=x**y
//=	取整数赋值	x//=y	x=x//y
&=	按位与赋值	x&=y	x=x&y
|=	按位或赋值	x|=y	x=x|y

（续）

运算符	说　明	用法举例	等价形式
^=	按位异或赋值	x^=y	x=x^y
<<=	左移赋值	x<<=y	x=x<<y，这里的 y 指的是左移的位数
>>=	右移赋值	x>>=y	x=x>>y，这里的 y 指的是右移的位数

扩展后的赋值运算符将使得赋值表达式的书写更加优雅和方便。当然这种赋值运算符只能针对已经存在的变量赋值，因为赋值过程中需要变量本身参与运算，如果变量没有提前定义，它的值就是未知的，无法参与运算。

【例 1-19】 扩展后的赋值运算。

```
num1=-76
num2=0.78
num1-=-30
num2*=-num1-60
print("num1=%d" % num1)
print("num2=%.2f" % num2)
```

运算结果：

```
>>>
num1=-46
num2=-10.92
```

1.3.5 位运算符

位运算按照数据在内存中的二进制位（bit）进行操作，它一般用于算法设计、驱动、图像处理、单片机等底层开发。位运算符只能用来操作整数类型，它按照整数在内存中的二进制形式进行计算。Python 支持的位运算符见表 1-8。

表 1-8　位运算符及功能说明

位运算符	说　明	使用形式	举　例
&	按位与	a&b	4&5
|	按位或	a|b	4|5
^	按位异或	a^b	4^5
~	按位取反	~a	~4
<<	按位左移	a<<b	4<<2，表示整数 4 按位左移 2 位
>>	按位右移	a>>b	4>>2，表示整数 4 按位右移 2 位

左移运算符“≪”用来把操作数的各个二进制位全部左移若干位，高位丢弃，低位补 0。

例如，9≪3 可以转换为如下的运算：

```
≪ 0000 0000 -- 0000 0000 -- 0000 0000 -- 0000 1001   (9 在内存中的存储)
--------------------------------------------------------------------------
  0000 0000 -- 0000 0000 -- 0000 0000 -- 0100 1000   (72 在内存中的存储)
```

右移运算符“≫”用来把操作数的各个二进制位全部右移若干位，低位丢弃，高位补 0 或 1。如果数据的最高位是 0，那么就补 0；如果最高位是 1，那么就补 1。

例如，9≫3 可以转换为如下的运算：

```
≫ 0000 0000 -- 0000 0000 -- 0000 0000 -- 0000 1001   (9 在内存中的存储)
--------------------------------------------------------------------------
  0000 0000 -- 0000 0000 -- 0000 0000 -- 0000 0001   (1 在内存中的存储)
```

【例 1-20】 位运算。

```
#按位与
print("%X" %(9&9))
print("%X" %(-9&5))
#按位或
print("%X" %(9|4))
print("%X" %(-9|4))
#按位异或
print("%X" %(9^4))
print("%X" %(-9^4))
#左移
print("%X" %(9<<3))
print("%X" %((-9)<<3))
#右移
print("%X" %(9>>3))
print("%X" %((-9)>>3))
```

运算结果：

```
>>>
9
5
D
```

```
-9
D
-D
48
-48
1
-2
```

本例中出现的负数，其二进制的写法是“各位取反，再加一”。

1.3.6 比较运算符

比较运算符，也称关系运算符，用于对常量、变量或表达式的结果进行比较大小。如果这种比较是成立的，则返回 True（真），反之则返回 False（假）。True 和 False 都是 bool 类型，它们专门用来表示一件事情的真假，或者一个表达式是否成立。表 1-9 所示是比较运算符及功能说明。

表 1-9 比较运算符及功能说明

比较运算符	说 明
>	大于，如果>前面的值大于后面的值，则返回 True，否则返回 False
<	小于，如果<前面的值小于后面的值，则返回 True，否则返回 False
==	等于，如果==两边的值相等，则返回 True，否则返回 False
>=	大于等于（等价于数学中的≥），如果>=前面的值大于或者等于后面的值，则返回 True，否则返回 False
<=	小于等于（等价于数学中的≤），如果<=前面的值小于或者等于后面的值，则返回 True，否则返回 False
!=	不等于（等价于数学中的≠），如果!=两边的值不相等，则返回 True，否则返回 False
is	判断两个变量所引用的对象是否相同，如果相同则返回 True，否则返回 False
is not	判断两个变量所引用的对象是否不相同，如果不相同则返回 True，否则返回 False

【例 1-21】 比较运算。

```
print("5.5是否小于5.4999:",5.5<5.4999)
print("-0.5是否等于-1/2:",-0.5==-1/2)
print("字符串是否相等:",'abc'=='abc')
```

运算结果：

```
>>>
5.5是否小于5.4999:False
```

```
-0.5 是否等于-1/2:True
字符串是否相等:True
```

1.3.7 逻辑运算符

与位运算类似，逻辑运算也有与、或、非，具体见表 1-10。

表 1-10 逻辑运算符及功能说明

逻辑运算符	含 义	基本格式	说 明
and	逻辑与运算，等价于数学中的“与”	a and b	当 a 和 b 两个表达式都为真时，a and b 的结果才为真，否则为假
or	逻辑或运算，等价于数学中的“或”	a or b	当 a 和 b 两个表达式都为假时，a or b 的结果才为假，否则为真
not	逻辑非运算，等价于数学中的“非”	not a	如果 a 为真，那么 not a 的结果为假；如果 a 为假，那么 not a 的结果为真。相当于对 a 取反

【例 1-22】 比较运算。

```
score1=int(input("请输入学科 A 成绩:"))
score2=int(input("请输入学科 B 成绩:"))
if score1>=60 and score2>=60 :
    print("恭喜,你符合考试报名条件!")
else:
    print("抱歉,你不符合考试报名条件!")
```

运算结果：

```
>>>
请输入学科 A 成绩:80↙
请输入学科 B 成绩:76↙
恭喜,你符合考试报名条件!
```

1.3.8 运算符优先级

运算符优先级就是当多个运算符同时出现在一个表达式中时优先执行哪个运算符。

例如，对于表达式“a+b * c”，Python 会先计算乘法再计算加法；b * c 的结果为 8，a+8 的结果为 24，所以 d 最终的值也是 24。先计算 * 再计算+，说明 * 的优先级高于+。

Python 支持的几十种运算符被划分成 19 个优先级，有的运算符优先级不同，有的运算符优先级相同，具体见表 1-11。

表 1-11 运算符优先级和结合性一览表

运算符说明	运算符	优先级	结合性	优先级顺序
小括号	()	19	无	高
索引运算符	x[i] 或 x[i1:i2[:i3]]	18	左	↑
属性访问	x. attribute	17	左	
乘方	**	16	左	
按位取反	~	15	右	
符号运算符	+（正号）、-（负号）	14	右	
乘除	*、/、//、%	13	左	
加减	+、-	12	左	
位移	>>、<<	11	左	
按位与	&	10	右	
按位异或	^	9	左	
按位或	|	8	左	
比较运算符	==、!=、>、>=、<、<=	7	左	
is 运算符	is、is not	6	左	
in 运算符	in、not in	5	左	
逻辑非	not	4	右	
逻辑与	and	3	左	
逻辑或	or	2	左	
逗号运算符	exp1，exp2	1	左	低

1.4 结构化程序设计

1.4.1 程序设计与算法

程序设计就是使用某种计算机语言，按照某种算法，编写程序的活动。一般说来，程序设计包括以下步骤：①问题定义；②算法设计；③算法表示（如流程图设计）；④程序编制；⑤程序调试、测试及资料编制。

一个完整的程序应包括：

1）对数据的描述。在程序中要指定数据的类型和数据的组织形式，即数据结构。

2）对操作的描述。即操作步骤，也就是算法。

做任何事情都有一定的步骤，而算法就是解决某个问题或处理某件事的方法和步骤，在这里所讲的算法是专指用计算机解决某一问题的方法和步骤。算法应具有有穷性、确定性、有零个或多个输入、有一个或多个输出、有效性等 5 个特征。

为了描述一个算法，可以采用许多不同的方法，常用的有：自然语言、流程图、N-S 流程图、伪代码等，这里只简单介绍传统流程图，图形符号见表 1-12。

表 1-12　流程图图形符号

图形符号	名　称	代表的操作
	输入/输出	数据的输入与输出
	处理	各种形式的数据处理
	判断	判断选择，根据条件满足与否选择不同路径
	起止	流程的起点与终点
	特定过程	一个定义过的过程或函数
	流程线	连接各个图框，表示执行顺序
	连接点	表示与流程图其他部分相连接

图 1-13 所示为计算 A、B、C 三个数中最大数的流程图表示方式。在流程图中，判断框左边的流程线表示判断条件为真时的流程，右边的流程线表示条件为假时的流程，有时就在其左、右流程线的上方分别标注“真”“假”或“True”“False”或“Y”“N”。另外，还规定，流程线是从下往上或从右向左时，必须带箭头，除此以外，都不画箭头，流程线的走向总是从上向下或从左向右。

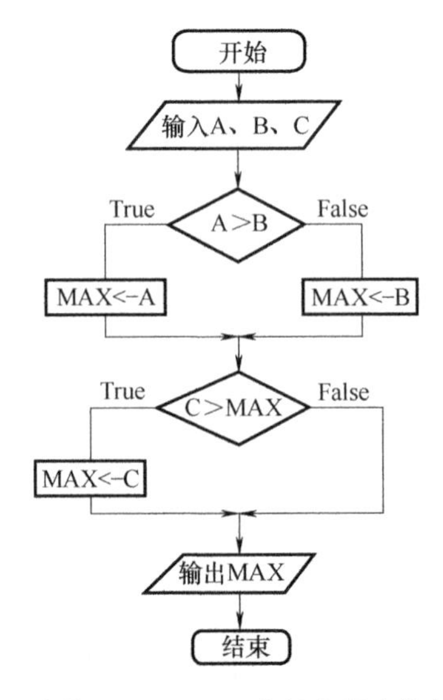

图 1-13　计算 A、B、C 三个数中最大数的流程图

1.4.2 结构化程序设计的基本要点

结构化程序设计是由迪克斯特拉（E. W. dijkstra）在 1969 年提出的，是以模块化设计为中心，将待开发的软件系统划分为若干个相互独立的模块，这样使完成每一个模块的工作变得简单而明确，为设计一些较大的软件打下良好的基础。

结构化程序设计的基本要点包括以下两点：

第一点：采用自顶向下、逐步细化的程序设计方法。

在需求分析、概要设计中，都采用了自顶向下、逐层细化的方法。

第二点：使用三种基本控制结构组成程序。

任何程序都可由顺序、选择、循环三种基本控制结构组成，即用顺序方式对过程分解，确定各部分的执行顺序；用选择方式对过程分解，确定某个部分的执行条件；用循环方式对过程分解，确定某个部分进行重复的开始和结束的条件；对处理过程仍然模糊的部分反复使用以上分解方法，最终可将所有细节确定下来。

1. 顺序结构

顺序结构表示程序中的各操作是按照它们出现的先后顺序执行的，如图 1-14 所示，语句的执行顺序为：A→B→C。

2. 选择结构

选择结构表示程序的处理步骤出现了分支，它需要根据某一特定的条件选择其中的一个分支执行。其基本形状有两种，如图 1-15 所示。图 1-15a 所示的结构的执行序列为，当条件为真时执行 A，否则执行 B；图 1-15b 所示的结构的执行序列为，当条件为真时执行 A，否则什么也不做。

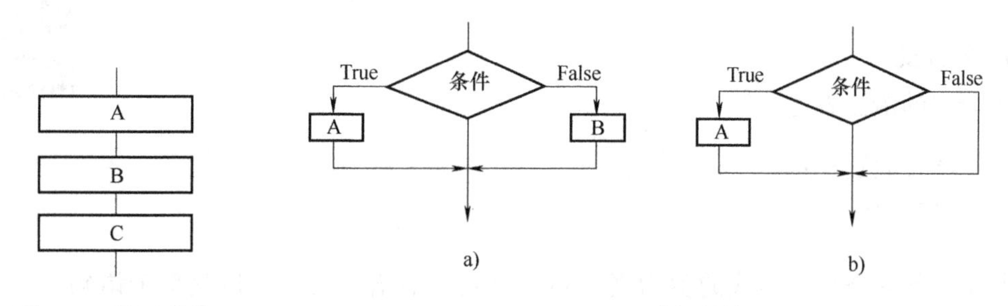

图 1-14 顺序结构　　**图 1-15 选择结构**

3. 循环结构

循环结构表示程序反复执行某个或某些操作，直到某条件为假（或为真）时才可终止循环。在循环结构中最主要的是：什么情况下执行循环？哪些操作需要循环执行？循环结构的基本形式有两种：当型循环和直到型循环。循环结构是程序中一种很重要的结构。其特点是，在给定条件成立时，反复执行某程序段，直到条件不成立为止。给定的条件称为循环条件，反复执行的程序段称为循环体。

1）当型循环如图 1-16a 所示。其执行序列为：当条件为真时，反复执行 A，一旦条件为假，跳出循环，执行循环后面的语句。

2）直到型循环如图 1-16b 所示。执行序列为：首先执行 A，再判断条件，条件为真时，一直循环执行 A，一旦条件为假，结束循环，执行循环后面的语句。

图 1-16 中，A 被称为循环体，条件被称为循环控制条件。要注意的是，在循环体中，

必然对条件要判断的值进行修改，使得经过有限次循环后，循环一定能结束；当型循环中，循环体可能一次都不执行，而直到型循环则至少执行一次循环体。

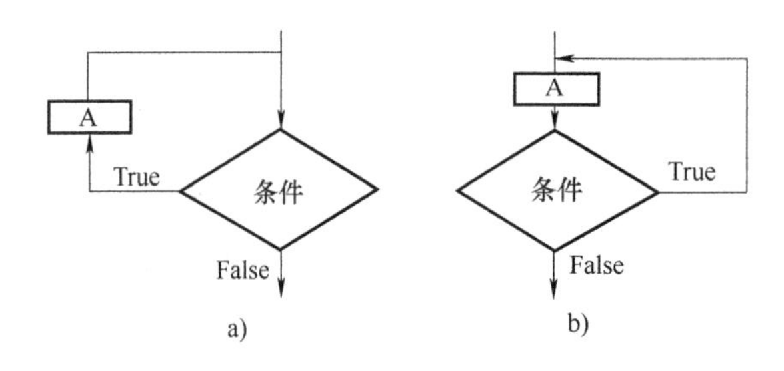

图 1-16　循环结构

以上三种基本结构的共同特点是：

1）只有单一的入口和单一的出口。

2）结构中的每个部分都有执行到的可能。

3）结构内不存在永不终止的死循环。

因此，结构化程序设计的基本思想是采用“自顶向下，逐步求精”的程序设计方法和“单入口单出口”的控制结构。

1.4.3 选择结构

1. 单分支

单分支的语法表达式如下：

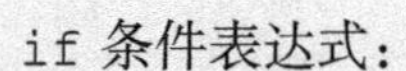

```
if 条件表达式:
    语句块[;]
```

其中，如果条件表达式的值为真，则执行其后的语句块（可以是单个语句，当是单个语句时可直接放在条件表达式的冒号（:）后成一行，下同），否则不执行该语句块，其执行逻辑如图 1-17 所示。

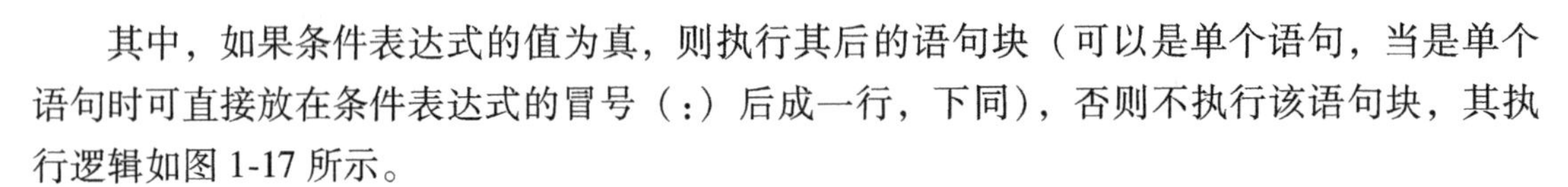

2. 二分支形式

采用 if-else 形式来表达的是二分支形式，其语法表达式如下：

```
if 条件表达式:
    语句块 1[;]
else:
    语句块 2[;]
```

其中，如果表达式的值为真，则执行语句块 1，否则执行语句块 2，其执行的逻辑过程如图 1-18 所示。

3. 多分支形式

当有多个分支选择时，可采用 if-elif-else 语句，其语法表达式如图 1-19 所示。

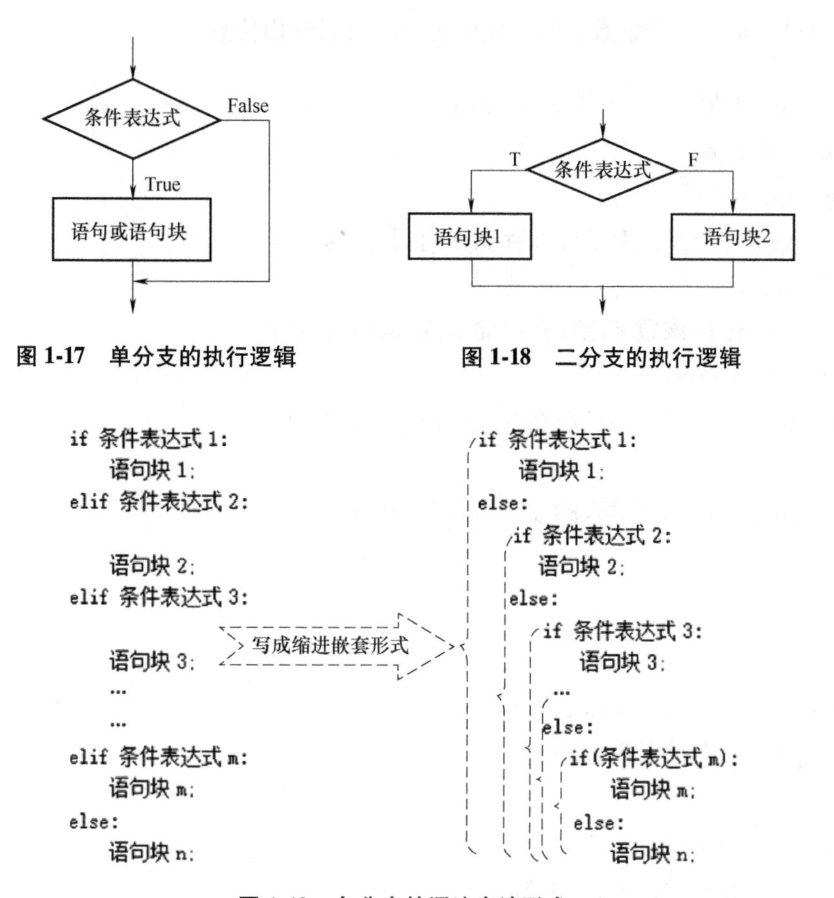

图 1-17　单分支的执行逻辑

图 1-18　二分支的执行逻辑

图 1-19　多分支的语法表达形式

图 1-19 中，依次判断条件表达式的值，当出现某个值为真时，则执行其对应的语句块，然后跳到整个 if 语句之后继续执行程序。如果所有的表达式均为假，则执行语句块 n，然后继续执行后续程序。多分支的执行逻辑如图 1-20 所示。

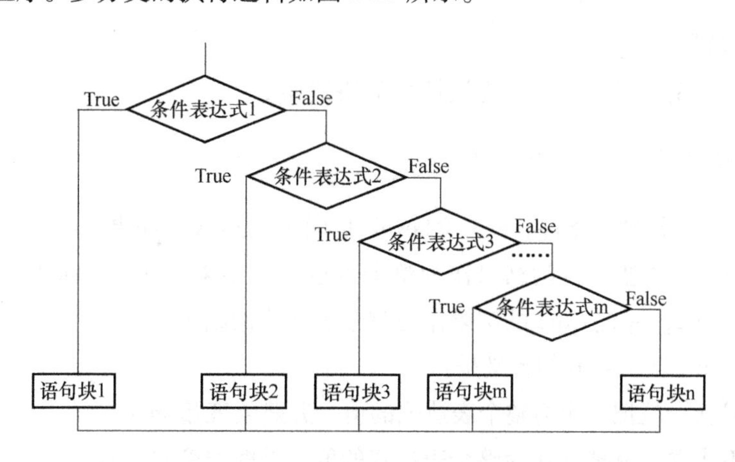

图 1-20　多分支的执行逻辑

【例 1-23】 输入一个整数，与存储值进行比较后输出信息。

```
a=input("请输入一个数字(1-9):")
value=int(a)
if value==2:
    print('该数字已经在存储区内,其值为 2')
elif value==5:
    print('该数字已经在存储区内,其值为 5')
elif value==9:
    print('该数字已经在存储区内,其值为 9')
else:
    print('您所输入的数字未在存储区内')
```

运算结果：

```
>>>
请输入一个数字(1-9):2↙
该数字已经在存储区内,其值为 2
>>>
请输入一个数字(1-9):5↙
该数字已经在存储区内,其值为 5
>>>
请输入一个数字(1-9):1↙
您所输入的数字未在存储区内
```

4. 三目运算符

使用 if else 实现三目运算（条件运算）的格式如下：

```
exp1 if condition else exp2
```

其中，condition 是判断条件，exp1 和 exp2 是两个表达式。如果 condition 成立（结果为真），就执行 exp1，并把 exp1 的结果作为整个表达式的结果；如果 condition 不成立（结果为假），就执行 exp2，并把 exp2 的结果作为整个表达式的结果。

语句 max=a if a>b else b 的含义是：

如果 a>b 成立，就把 a 作为整个表达式的值，并赋给变量 max；

如果 a>b 不成立，就把 b 作为整个表达式的值，并赋给变量 max。

三目运算符支持嵌套，可以构成更加复杂的表达式。在嵌套时需要注意 if 和 else 的配对，例如：

```
a if a>b else c if c>d else d
```

应该理解为：

```
a if a>b else( c if c>d else d)
```

【例 1-24】 三目运算。

```
num1=float(input("输入 num1:"))
num2=float(input("输入 num2:"))
print("num1 大于 num2")if num1>num2 else \
    (print("num1 小于 num2")if num1<num2 else \
    print("num1 等于 num2"))
```

运算结果：

```
>>>
输入 num1:23
输入 num2:12
num1 大于 num2
```

从本例中可以看到，在写代码的过程中，如果遇到一行代码很长的情况，为了让代码显得整齐干净，就需要把一行代码分成多行来写，最简单的方法就是用反斜杠“\”链接多行代码。

5. if 语句的嵌套

当 if 语句中的语句或语句块又是 if 语句时，则构成了 if 语句嵌套的情形，其语法表达如下：

```
if 条件表达式:
    if 语句[;]
```

或者为

```
if 条件表达式:
    if 语句[;]
else:
    if 语句[;]
```

在嵌套内的“if 语句”可能又是 if-else 型的，这将会出现多个 if 和多个 else 重叠的情况，这时要特别注意通过统一缩进来体现的 if 和 else 的配对。

【例 1-25】 判断是否为酒后驾车。

如果规定，车辆驾驶员的血液酒精含量小于 20mg/100mL 不构成酒驾；酒精含量大于或等于 20mg/100mL 为酒驾；酒精含量大于或等于 80mg/100mL 为醉驾。

通过梳理思路，是否构成酒驾的界限值为 20mg/100mL；而在已确定为酒驾的范围（大于 20mg/100mL）中，是否构成醉驾的界限值为 80mg/100mL，整个代码执行流程如图 1-21 所示。

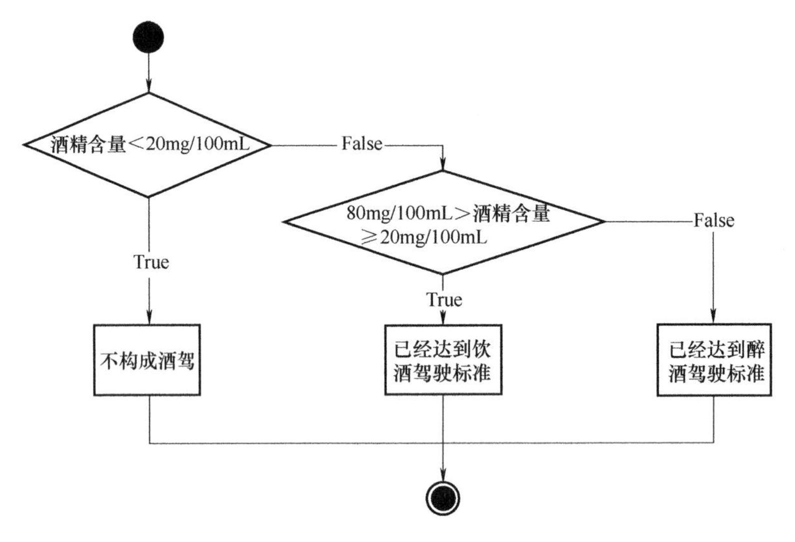

图 1-21　流程图

```
num1=int(input("输入驾驶员每 100mL 血液酒精的含量:"))
if num1<20:
    print("驾驶员不构成酒驾")
else:
    if num1<80:
        print("驾驶员已构成酒驾")
    else:
        print("驾驶员已构成醉驾")
```

运算结果：

```
>>>
输入驾驶员每 100mL 血液酒精的含量:45↙
驾驶员已构成酒驾
>>>
输入驾驶员每 100mL 血液酒精的含量:124↙
驾驶员已构成醉驾
>>>
输入驾驶员每 100mL 血液酒精的含量:10↙
驾驶员不构成酒驾
```

当然，本例单独使用 if elif else 也可以实现，这里只是为了让初学者熟悉 if 分支嵌套的用法而已。

1.4.4 循环结构

1. while 循环语句

Python 编程中，while 语句用于循环执行，即在满足某条件下循环执行某段程序，以处理需要重复处理的相同任务。

while 循环语句的语法表达式为：

```
while 条件表达式:
    语句块[;]
[else:
    语句块 2[;]]
```

其中，条件表达式是循环条件，一般是关系表达式或逻辑表达式，除此以外任何非零或非空（Null）的值均为 True；语句块（包括单个语句）为循环体。

while 语句使用中，无 else 子句时，其语义解释为：计算条件表达式的值，当值为真（非 0 或非空）时，执行循环体语句，一旦循环体语句执行完毕，条件表达式中的值将会被重新计算；如果还是为 True，循环体将会再次执行，这样一直重复下去，直至条件表达式中的值为 False（或为 0 或为空）为止。

while 语句使用中，有 else 子句时，while 语句部分含义同上，else 中的语句块 2 则会在循环正常执行结束的情况下执行，即 while 不是通过 break 跳出而中断的（见图 1-22）。

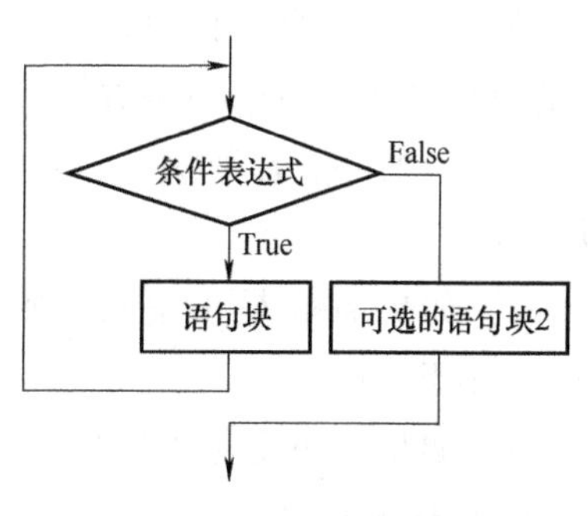

图 1-22 while 语句的执行逻辑

【例 1-26】 对整数进行 while 循环操作。

```
num=30
i=0
while num > 25:
    i+=1
    print("第%d 次运算结果:num="%i,num)
    num-=1
```

运算结果：

```
>>>
第 1 次运算结果:num=30
```

```
第 2 次运算结果:num=29
第 3 次运算结果:num=28
第 4 次运算结果:num=27
第 5 次运算结果:num=26
```

2. for 循环语句

for 循环语句可以遍历任何序列中的项目，如一个列表或者一个字符串等，来控制循环体的执行，其语法格式如下：

```
for <variable> in <sequence>:
    语句块[;]
[else:
    语句块 2[;]]
```

for 循环语句的执行逻辑如图 1-23 所示。

这里先介绍通常用于 for 循环中来控制循环次数的 range( ) 函数，其语法是：

```
range(stop)  或  range(start,stop[,step])
```

该结果是返回一个[start,start+step,start+2×step,...]结构的整数序列。range( ) 函数具有一些特性：

1）如果 step 参数缺省，默认 1；如果 start 参数缺省，默认 0。

2）如果 step 是正整数，则最后一个元素（start+i×step）小于 stop。

3）如果 step 是负整数，则最后一个元素（start+i×step）大于 stop。

4）step 参数必须是非零整数，否则报 VauleError 异常。

需要注意的是，range( ) 函数返回一个左闭右开（[left, right)）的序列数。

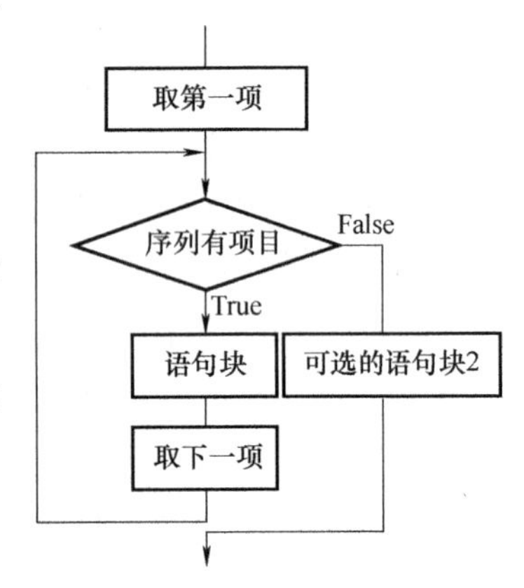

图 1-23　for 语句的执行逻辑

【例 1-27】 使用 range( ) 函数。

```
r1=range(10)
print(r1)
for i in r1:
    print(i,end="")
r2=range(1,10)
print("\n",r2)
for i in r2:
```

```
        print(i,end="")
r3=range(1,10,3)
print("\n",r3)
for i in r3:
        print(i,end="")
r4=range(0,-10,-1)
print("\n",r4)
for i in r4:
        print(i,end="")
```

运算结果：

```
>>>
range(0,10)
0123456789
 range(1,10)
123456789
 range(1,10,3)
147
 range(0,-10,-1)
0-1-2-3-4-5-6-7-8-9
```

3. 循环嵌套

Python 语言允许在一个循环体里面嵌入另一个循环。当两个（甚至多个）循环结构相互嵌套时，位于外层的循环结构常简称为外层循环或外循环，位于内层的循环结构常简称为内层循环或内循环。对于循环嵌套结构的代码，Python 解释器执行的流程为：

1）当外层循环条件为 True 时，则执行外层循环结构中的循环体。

2）外层循环体中包含了普通程序和内层循环，当内层循环的循环条件为 True 时会执行此循环中的循环体，直到内层循环条件为 False，跳出内层循环。

3）如果此时外层循环的条件仍为 True，则返回第 2 步，继续执行外层循环体，直到外层循环的循环条件为 False。

4）当内层循环的循环条件为 False，且外层循环的循环条件也为 False 时，则整个嵌套循环才算执行完毕。

循环嵌套的执行流程图如图 1-24 所示，嵌套循环执行的总次数=外层循环执行次数×内层循环执行次数。

Python 的循环嵌套基本型有两种。

1）for 循环嵌套语法：

```
for <variable1> in <sequence1>:
    语句块 1[;]
    for <variable2> in <sequence2>:
        语句块 2[;]
    语句块 3[;]
```

2）while 循环嵌套语法：

```
while 条件表达式 1:
    语句块 1[;]
    while 条件表达式 2:
        语句块 2[;]
    语句块 3[;]
```

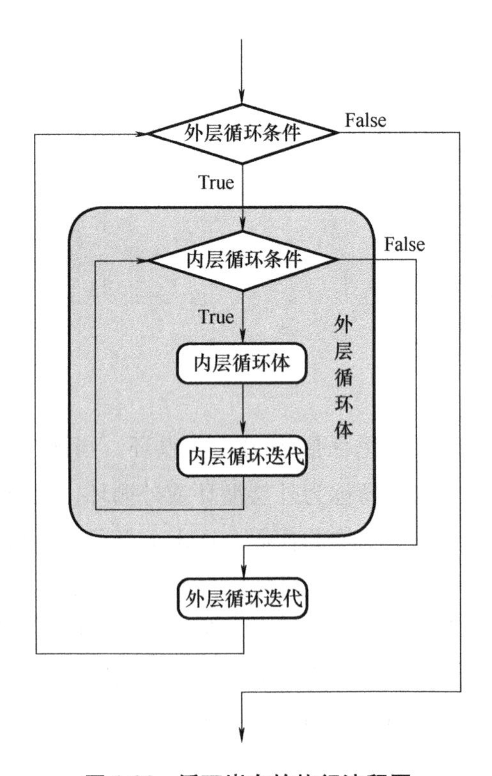

图 1-24　循环嵌套的执行流程图

除此之外，还可以在循环体内嵌入其他的循环体，如在 while 循环中可以嵌入 for 循环；反之，可以在 for 循环中嵌入 while 循环。

【例 1-28】　循环嵌套应用。

```
i=0
while i<3:
```

```
    for j in range(3):
        print("i=",i," j=",j)
    i=i+1
```

运算结果：

```
>>>
i=0  j=0
i=0  j=1
i=0  j=2
i=1  j=0
i=1  j=1
i=1  j=2
i=2  j=0
i=2  j=1
i=2  j=2
```

可以看到，此程序中运用了嵌套循环结构，其中外层循环使用的是 while 语句，而内层循环使用的是 for 语句。程序执行的流程是：

1）开始 i=0，循环条件 i<3 成立，进入 while 外层循环执行其外层循环体。

2）从 j=0 开始，由于 j<3 成立，因此进入 for 内层循环执行内层循环体，直到 j=3 不满足循环条件，跳出 for 循环体，继续执行 while 外层循环的循环体。

3）执行 i=i+1 语句，如果 i<3 依旧成立，则从第 2 步继续执行。直到 i<3 不成立，则此循环嵌套结构才执行完毕。

根据上面的分析，此程序中外层循环将循环 3 次（从 i=0 到 i=2），而每次执行外层循环时，内层循环都从 j=0 循环执行到 j=2。因此，该嵌套循环结构将执行 3×3=9 次。

【例 1-29】 if 语句和循环（while、for）结构之间的相互嵌套。

```
i=0
if i<3:
    for j in range(3):
        print("i=",i," j=",j)
```

运算结果：

```
>>>
i=0  j=0
i=0  j=1
i=0  j=2
```

需要指明的是，上面程序演示的仅是两层嵌套结构，其实 if、while、for 之间完全支持多层（≥3）嵌套。例如：

```
if...:
    while...:
        for...:
            if...:
                ...
```

也就是说，只要场景需要，判断结构和循环结构之间完全可以相互嵌套，甚至可以多层嵌套。

4. break 语句

break 语句用于在语句块执行过程中终止当前循环，并且跳出当前循环。break 语句可以立即终止当前循环的执行，跳出当前所在的循环结构。无论是 while 循环还是 for 循环，只要执行 break 语句，就会直接结束当前正在执行的循环体。

break 语句的语法非常简单，只需要在相应 while 或 for 语句中直接加入即可，一般会结合 if 语句进行搭配使用，表示在某种条件下跳出循环体。

【例 1-30】 while 循环中的 break 语句。

```
num=0
while num <=6:
    if num==3:
        break
    print(num)
    num=1
else:
    print('while 循环成功结束 。')
```

运算结果：

```
>>>
0
1
2
```

分析本例程序不难看出，当循环至 num = 3 时，程序执行 break 语句，其会直接终止当前的循环，跳出循环体，并不执行 else 中的语句。

对于嵌套的循环结构来说，break 语句只会终止所在循环体的执行，而不会作用于所有的循环体。

5. continue 语句

continue 语句用于执行过程中终止当前循环，跳出该次循环，执行下一次循环。和 break 语句相比，continue 语句只会终止执行本次循环中剩下的代码，直接从下一次循环继续执行。

continue 语句的用法和 break 语句一样，只要在 while 或 for 语句中的相应位置加入即可。

【例 1-31】 break 语句借用 bool 类型变量跳出更多循环体。

```
for i in range(9):
    if i==5 :
        # 忽略本次循环的剩下语句
        print('\n')
        continue
    print(i,end="")
```

运算结果：

```
>>>
01234


678
```

可以看到，当 i 从 0 循环至 5 时，会进入 if 判断语句执行 print( ) 语句和 continue 语句。其中，print( ) 语句起到换行的作用，而 continue 语句会使 Python 解释器忽略执行代码行 “print(i,end="")”，直接从下一次循环开始执行。

6. pass 语句

pass 是空语句，起到保持程序结构的完整性作用。

【例 1-32】 pass 语句简单应用。

```
for i in range(5):
    score=int( input("请输入你的学科成绩:"))
    if score < 60 :
        print("你的学科等级为 E")
    elif score >=60 and score < 68:
        print("你的学科等级为 D")
    elif score >=68 and score < 78:
        print("你的学科等级为 C")
    elif score >=78 and score < 88:
        pass
    else:
        print("你的学科等级为 A")
```

运算结果：

```
>>>
请输入你的学科成绩:45
你的学科等级为 E
请输入你的学科成绩:77
你的学科等级为 C
请输入你的学科成绩:90
你的学科等级为 A
请输入你的学科成绩:86
请输入你的学科成绩:65
你的学科等级为 D
```

从运行结果可以看出，程序执行到“i = 3”时，输入成绩为 86 时，其指令为“pass”，但是并没有进行什么操作。

第 2 章 Chapter 2

组合数据类型

导读

Python 常用的组合数据类型包括序列数据类型、映射数据类型和集合数据类型等三种。其中序列是指成员有序排列，并且可以通过下标偏移量访问到它的一个或几个成员的类型统称，可以简单看成是其他语言中数组、结构体、字符串等类型构建出的复合类型，它的类型层次要高于其他语言的基本类型，具体包括列表、元组、字符串等，可以进行的操作包括索引、切片、加、乘、检查成员等。映射数据类型特指字典，即用大括号括起来的一系列“键值对”构成的数据，每个元素都是由一对数据构成，前面的数据称作键，后面的称作值，两者间用冒号分隔。集合数据类型则是无序的数据类型组合，当集合中存在两个同样的元素的时候，Python 只会保存其中的一个（唯一性），为了确保其中不包含同样的元素，集合中放入的元素只能是不可变的对象。

2.1 序列数据类型

2.1.1 序列概述

序列（Sequence）是 Python 组合数据中的重要结构，是通过某种方式组织在一起的数据元素的集合，这些数据元素可以是数字或者字符，也可以是其他数据结构。序列主要包括列表（List）、元组（Tuple）和字符串（String）。

序列具有如下通用操作。

1. 序列索引

序列中的每个元素被分配一个序号，即元素的位置，也称为索引。第一个索引是 0，第二个则是 1，以此类推，如图 2-1 所示。

此外，Python 还支持索引值是负数，即索引是从右向左计数，换句话说，从最后一个元素（索引值-1）开始计数，如图 2-2 所示。需要注意的是，索引下标不是从 0 开始。

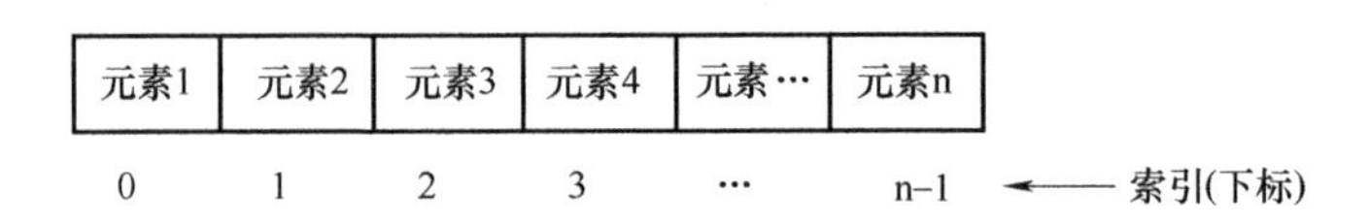

图 2-1　序列索引值示意

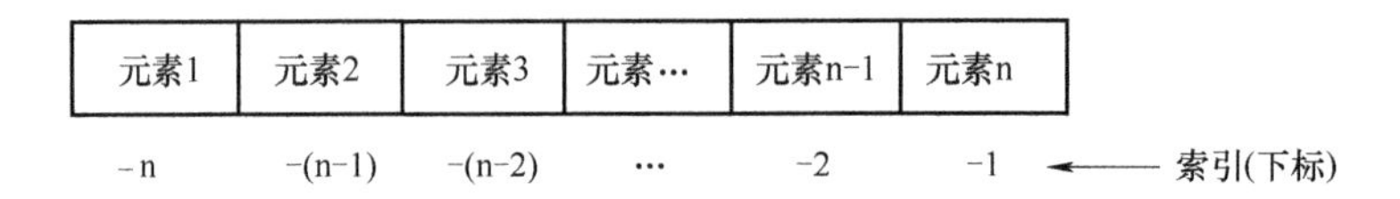

图 2-2　负值索引示意

【例 2-1】 字符串的正负索引。

```
str="微课学 Python 人工智能编程"
print(str[0],"==",str[-15])
print(str[7],"==",str[-8])
```

运算结果：

```
>>>
微==微
o==o
```

本例中，中文字符跟英文字符一样，都是占据 1 个索引。

2. 序列切片

切片操作是访问序列中元素的另一种方法，它可以访问一定范围内的元素，通过切片操作，可以生成一个新的序列。序列实现切片操作的语法格式如下：

```
sname[start:end:step]
```

其中，各个参数的含义分别是：

1）sname：表示序列的名称。

2）start：表示切片的开始索引位置（包括该位置），此参数也可以不指定，默认为 0，也就是从序列的起始元素进行切片。

3）end：表示切片的结束索引位置（不包括该位置），如果不指定，则默认为序列的长度。

4）step：表示在切片过程中，隔几个存储位置（包含当前位置）取一次元素，也就是说，如果 step 的值大于 1，则在进行切片取序列元素时，会“跳跃式”地取元素。如果省略设置 step 的值，则最后一个冒号就可以省略。

【例 2-2】 字符串的序列切片及显示。

```
str="微课学 Python 人工智能编程"
#取索引区间为[0,4]之间(不包括索引 4 处的字符) 的字符串
print(str[:4])
```

```
#隔3个字符取一个字符,区间是整个字符串
print(str[::3])
#取第5个索引之后的字符串
print(str[5:])
```

运算结果:

```
>>>
微课学P
微Ph人能
thon人工智能编程
```

3. 序列相加

Python中，支持两种类型相同的序列使用“+”运算符做相加操作，它会将两个序列进行连接，但不会去除重复的元素。这里所说的“类型相同”，指的是“+”运算符的两侧序列要么都是列表类型，要么都是元组类型，要么都是字符串。

4. 序列相乘

Python中，使用数字n乘以一个序列会生成新的序列，其内容为原来序列被重复n次的结果。

【例2-3】 字符串的序列相乘。

```
str="微课学Python"
print(str*3)
```

运算结果:

```
>>>
微课学Python微课学Python微课学Python
```

5. 检查元素是否包含或不包含在序列中

Python中，可以使用关键字in检查某元素是否为序列的成员，其语法格式为:

```
value in sequence
```

其中，value表示要检查的元素，sequence表示指定的序列。

和关键字in用法相同，但功能恰好相反的，还有关键字not in，它用于检查某个元素是否不包含在指定的序列中。

【例2-4】 检查元素是否包含或不包含在序列中。

```
str="微课学Python人工智能编程"
print('Py'in str)
print('www'not in str)
print('微课'in str)
```

运算结果:

```
>>>
True
True
True
```

6. 序列相关的内置函数

Python 提供了几个内置函数，见表 2-1，可用于实现与序列相关的一些常用操作。

表 2-1　序列相关的内置函数

函　数	功　能
len()	计算序列的长度，即返回序列中包含多少个元素
max()	找出序列中的最大元素。注意，对序列使用 sum()函数时，做加和操作的必须都是数字，不能是字符或字符串，否则该函数将报异常，因为解释器无法判定是要做连接操作（+运算符可以连接两个序列），还是做加和操作
min()	找出序列中的最小元素
list()	将序列转换为列表
str()	将序列转换为字符串
sum()	计算元素和
sorted()	对元素进行排序
reversed()	反向序列中的元素
enumerate()	将序列组合为一个索引序列，多用在 for 循环中

2.1.2 列表（List）

1. 列表定义

列表是一个可修改的、元素以逗号分割、以中括号包围的有序序列，列表的数据项（即元素）不需要具有相同的类型。

创建一个列表，只要把逗号分隔的不同的元素使用方括号“[ ]”括起来即可，如下所示：

```
list1=[element1,element2,element3,...,elementn]
```

其中，element1 ~ elementn 为列表中的元素，个数没有限制，只要是 Python 支持的数据类型就可以。

从内容上看，列表可以存储整数、小数、字符串、列表、元组等任何类型的数据，并且同一个列表中元素的类型也可以不同，比如 ["中国",-4,[1,3,5],2.5]。

可以看到，列表中可以同时包含字符串、整数、列表、浮点数等数据类型。在使用列表时，虽然可以将不同类型的数据放入同一个列表中，但通常情况下不这么做，同一列表中只放入同一类型的数据，这样可以提高程序的可读性。

2. 访问列表中的值

列表索引可以从头部开始，即第一个索引是0、第二个索引是1，以此类推。以列表['red','green','blue','yellow','white','black']为例，其索引和元素对应如图2-3所示。

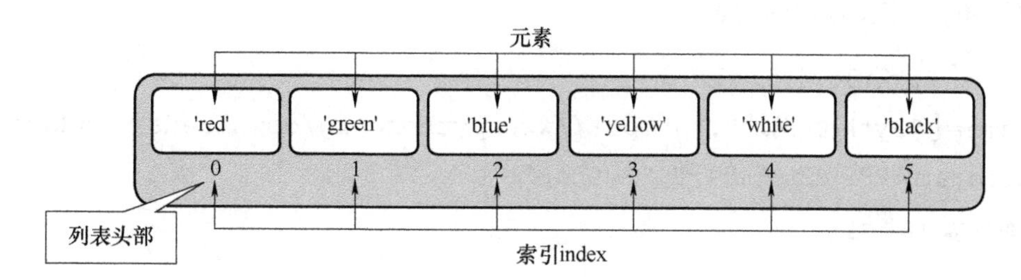

图2-3 列表索引

【例2-5】 定义合法的列表。

```
list=['red','green','blue','yellow','white','black']
print(list[3])
print(list[4])
print(list[0])
```

运行结果：

```
>>>
yellow
white
red
```

列表索引也可以从尾部开始，最后一个元素的索引为-1、往前一位为-2，以此类推。以刚才的实例2-5进行反向索引示意，如图2-4所示，即list[-3]='yellow'。

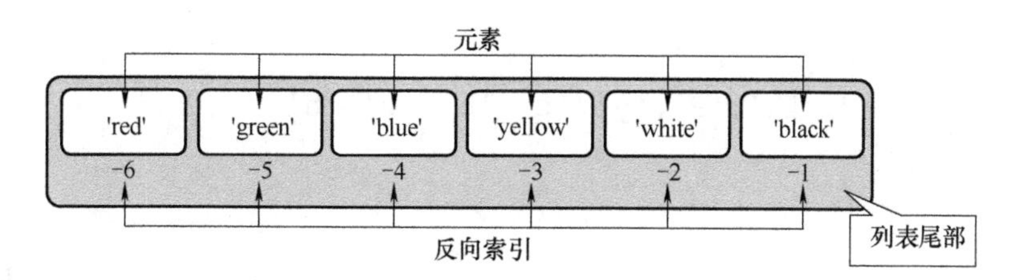

图2-4 列表尾部开始的索引编号

3. 列表的创建

在Python中，创建列表的方法可分为两种。

(1) 使用“[]”直接创建列表

使用“[]”创建列表后，一般使用“=”将列表元素的组合赋值给某个列表，具体格式如下：

```
listname=[element1,element2,element3,...,elementn]
```

其中，listname 表示列表名，element1 ~ elementn 表示列表元素。

【例 2-6】 定义合法的列表。

```
num=[1,-2,3,-4,5,-6]
name=["Python 网址","https://www.python.org/downloads/windows/"]
program=["Python 语言","Python"]
emptylist=[]
```

本例中，emptylist 是一个空列表。

（2）使用 list()函数创建列表

除了使用“[]”创建列表外，Python 还提供了一个内置的函数 list()，使用它可以将其他数据类型转换为列表类型。

【例 2-7】 使用 list()函数创建多个列表。

```
#将字符串转换成列表
list1=list("人工智能 Python")
print(list1)
#将区间转换成列表
range1=range(2,9)
list2=list(range1)
print(list2)
#创建空列表
print(list())
```

运算结果：

```
>>>
['人','工','智','能','P','y','t','h','o','n']
[2,3,4,5,6,7,8]
[]
```

在实际应用中，如图 2-5 所示，创建的列表可以分为一元列表和二元列表，其中二元列表可以用于复杂的二维矩阵建构。

4. 列表的基本操作与方法

（1）序列通用操作

作为序列的一员，列表可使用“+”和“*”操作符，前者用于组合列表，后者用于重复列表。

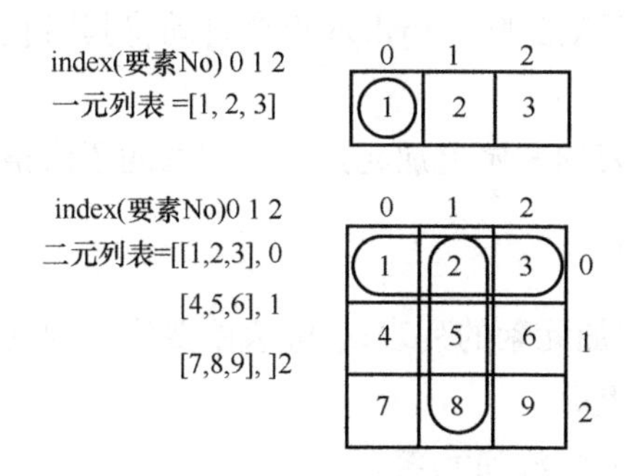

图 2-5　一元列表和二元列表

对列表的函数有：①len( )返回列表元素个数；②max( )返回列表元素最大值；③min( )返回列表元素最小值。

【例 2-8】 操作符、函数在列表表达式或语句中的使用。

```
# +操作,列表组合作用
list1=[3,5,7]+[-3,-5,-7]
print(list1)
# * 操作,列表重复作用
list2=['人工智能'] * 3
print(list2)
# 取元素个数
print(len(['人工智能','3','Python']))
# 判断元素是否存在于列表中
print('w'in['ww','w','www'])
```

运算结果：

```
>>>
[3,5,7,-3,-5,-7]
['人工智能','人工智能','人工智能']
3
True
```

（2）删除列表

对于已经创建的列表，如果不再使用，可以使用关键字 del 将其删除。

关键字 del 的语法格式为：

```
del listname
```

其中，listname 表示要删除列表的名称。

实际开发中并不经常使用 del 来删除列表，因为 Python 自带的垃圾回收机制会自动销毁无用的列表，即使开发者不手动删除，Python 也会自动将其回收。

(3) 添加元素

append( )方法用于在列表的末尾追加元素，该方法的语法格式如下：

```
listname.append(obj)
```

其中，listname 表示要添加元素的列表；obj 表示要添加到列表末尾的数据，它可以是单个元素，也可以是列表、元组等。

【例 2-9】 用 append( )方法添加元素。

```
a1=['a','=','5']
#追加元素
a1.append('!')
print(a1)
#追加列表,整个列表也被当成一个元素
a1.append(['b','=','a'])
print(a1)
```

运算结果：

```
>>>
['a','=','5','!']
['a','=','5','!',['b','=','a']]
```

从本例可以看出，给 append( )方法传递列表时，此方法会将它们视为一个整体，作为一个元素添加到列表中，从而形成包含列表的新列表。

extend( )和 append( )的不同之处在于：extend( )不会把列表视为一个整体，而是把它们包含的元素逐个添加到列表中。extend( )方法的语法格式如下：

```
listname.extend(obj)
```

其中，listname 指的是要添加元素的列表；obj 表示要添加到列表末尾的数据，它可以是单个元素，也可以是列表、元组等。

【例 2-10】 用 extend( )方法添加元素。

```
a1=['aa','bb','cc']
#追加元素
a1.extend('dd')
print(a1)
#追加列表,列表也被拆分成多个元素
a1.extend(['人工','智能'])
print(a1)
```

运算结果：

```
>>>
['aa','bb','cc','d','d']
['aa','bb','cc','d','d','人工','智能']
```

append()和extend()方法只能在列表末尾插入元素，如果希望在列表中间某个位置插入元素，那么可以使用insert()方法。

insert()的语法格式如下：

```
listname.insert(index,obj)
```

其中，index表示指定插入位置的索引值。insert()会将obj插入listname列表中的第index个元素的位置。当插入列表时，insert()也会将它们视为一个整体，作为一个元素插入列表中，这一点和append()是一样的。

（4）删除元素

del是Python中的关键字，专门用来执行删除操作，它不仅可以删除整个列表，还可以删除列表中的某些元素。

del可以删除列表中的单个元素，格式为：

```
del listname[index]
```

其中，listname表示列表名称，index表示删除元素的索引值。

del也可以删除一段连续的元素，格式为：

```
del listname[start:end]
```

其中，start表示起始索引，end表示结束索引。del会删除从索引start到end之间、不包括end位置的元素。

【例2-11】 使用del删除列表元素。

```
city=["上海","北京","重庆","天津"]
#使用正数索引
del city[3]
print(city)
#使用负数索引
del city[-1]
print(city)
del city[1:2]
print(city)
```

运算结果：

```
>>>
['上海','北京','重庆']
['上海','北京']
['上海']
```

pop()方法用来删除列表中指定索引处的元素，具体格式如下：

```
listname.pop(index)
```

其中，listname 表示列表名称，index 表示索引值。如果不指定 index 参数，默认会删除列表中的最后一个元素，类似于数据结构中的“出栈”操作。

类似于数据结构中的“入栈”操作，Python 并没有提供相应方法，这时可以使用 append()来代替“入栈”的功能。

Python 列表还提供了 remove()方法，该方法会根据元素本身的值来进行删除操作。需要注意的是，remove()方法只会删除第一个和指定值相同的元素，而且必须保证该元素是存在的，否则会引发 ValueError 错误。

clear()用来删除列表的所有元素，即清空列表。

(5) 修改列表元素

有两种修改列表元素的方法，可以每次修改单个元素，也可以每次修改一组元素（多个）。

修改单个元素非常简单，直接对元素赋值即可。

【例 2-12】 修改列表的单个元素。

```
num1=["a","b","c",-36,-70,-7]
#使用正数索引
num1[2]="人工"
#使用负数索引
num1[-3]=-6.9
print(num1)
```

运算结果：

```
>>>
['a','b','人工',-6.9,-70,-7]
```

从本例中可以看出，使用索引得到列表元素后，通过“=”赋值就改变了元素的值。

Python 支持通过切片语法给一组元素赋值。在进行这种操作时，如果不指定步长（step 参数），Python 就不要求新赋值的元素个数与原来的元素个数相同。这意味着，该操作既可以为列表添加元素，也可以为列表删除元素。

【例 2-13】 修改列表元素。

```
num1=[2,8,27,1,46,-7,2]
#修改第1~4个元素的值(不包括第4个元素)
num1[1:4]=[4.7,-22,-3]
print(num1)
#步长为2,为第1,3,5个元素赋值
num1[1:6:2]=[0.5,-9,33.3]
print(num1)
#使用字符串赋值时自动把字符串转换成每个字符都是一个元素的序列
s1=list("微课学Python")
s1[3:]="Java"
print(s1)
```

运算结果:

```
>>>
[2,4.7,-22,-3,46,-7,2]
[2,0.5,-22,-9,46,33.3,2]
['微','课','学','J','a','v','a']
```

(6) count()方法

count()方法用来统计某个元素在列表中出现的次数，基本语法格式为:

```
listname.count(obj)
```

其中，listname表示列表名称，obj表示要统计的元素。

如果count()返回0，就表示列表中不存在该元素，所以count()也可以用来判断列表中的某个元素是否存在。

(7) index()方法

index()方法用来查找某个元素在列表中出现的位置（也就是索引），如果该元素不存在，则会导致ValueError错误，所以在查找之前最好使用count()方法判断一下。

index()的语法格式为:

```
listname.index(obj,start,end)
```

其中，listname表示列表名称，obj表示要查找的元素，start表示起始位置，end表示结束位置。

start和end参数用来指定检索范围:

start和end可以都不指定，此时会检索整个列表;

如果只指定start不指定end，那么表示检索从start到末尾的元素;

如果start和end都指定，那么表示检索start和end之间的元素。

index()方法会返回元素所在列表中的索引值。

【例 2-14】 返回元素所在列表中的索引值。

```
num1=[-1,"a",13,"人工",6,-3.5,"智能"]
#检索列表中的所有元素
print(num1.index(-3.5))
#检索 2~6 之间的元素
print(num1.index("人工",2,6))
```

运算结果:

```
>>>
5
3
```

2.1.3 元组(Tuple)

1. 定义

元组(Tuple)与列表一样,也是一种序列,唯一的不同就是元组不能修改(包括修改元素值、删除和插入元素),而列表的元素是可以更改的,从这个角度来看,元组也可以看作是不可变的列表。

从形式上看,元组的所有元素都放在一对小括号“()”中,相邻元素之间用逗号“,”分隔,如下所示:

```
(element1,element2,...,elementn)
```

其中 element1~elementn 表示元组中的各个元素,个数没有限制,只要是 Python 支持的数据类型就可以。

从存储内容上看,元组可以存储数字、字符串、列表、元组等任何类型的数据,并且在同一个元组中,元素的类型可以不同。

Python 提供了两种创建元组的方法。

(1) 使用“()”直接创建

通过“()”创建元组后,一般使用“=”将它赋值给某个变量,具体格式为:

```
tuplename=(element1,element2,...,elementn)
```

其中,tuplename 表示变量名,element1~elementn 表示元组的元素。

在 Python 中,元组通常都是使用一对小括号将所有元素包围起来的,但小括号不是必需的,只要将各元素用逗号隔开,Python 就会将其视为元组。在创建只有 1 个元素的元组时,需要加一个逗号,如 t=(1,),以免误解成数学计算意义上的括号。

【例 2-15】 使用“()”创建元组。

```
num=(16,10,18,34,15)
abc=("Python",11,[1,2],('c',2.0))
print(num,abc)
#最后加上逗号
abc1=("https://www.python.org",)
print(type(abc1),abc1)
#最后不加逗号
abc2=("https://www.python.org")
print(type(abc2),abc2)
```

运算结果:

```
>>>
(16,10,18,34,15) ('Python',11,[1,2],('c',2.0))
<class 'tuple'> ('https://www.python.org',)
<class 'str'> https://www.python.org
```

需要注意的一点是，当创建的元组中只有一个字符串类型的元素时，该元素后面必须要加一个逗号“,”，否则 Python 解释器会将它视为字符串。从本例中可以看出，只有变量 abc1 才是元组，变量 abc2 是一个字符串。

(2) 使用 tuple( ) 函数创建元组

除了使用“( )”创建元组外，Python 还提供了一个内置函数 tuple( )，用来将其他数据类型转换为元组类型。tuple( )的语法格式如下:

```
tuple(data)
```

其中，data 表示可以转化为元组的数据，包括字符串、元组、range、字典对象等。

【例 2-16】 使用 tuple( ) 函数创建元组。

```
#将字符串转换成元组
tup1=tuple("人工智能 Python")
print(tup1)
#将列表转换成元组
list1=['微课','Python','JavaScript']
tup2=tuple(list1)
print(tup2)
#将区间转换成元组
range1=range(2,8,2)
tup3=tuple(range1)
print(tup3)
```

运算结果:

```
>>>
('人','工','智','能','P','y','t','h','o','n')
('微课','Python','JavaScript')
(2,4,6)
```

2. 基本操作

作为序列的一员，元组可使用“+”和“*”等操作符，其中“+”用于组合元组，“*”用于重复元组。其他还有：len(tuple)用于计算元组元素个数、cmp(tuple1,tuple2)用于比较两个元组元素、max(tuple) 返回元组中元素最大值、min(tuple) 返回元组中元素最小值。

【例 2-17】 元组操作符、函数在表达式或语句中的使用。

```
#+操作,元组连接形成新元组
tup1=("a","b","人工")+(45,-9)
print(tup1)
#*操作,元组重复
tup2=('人工智能',)*2
print(tup2)
#计算元素个数
print(len((-10,"a","",)))
#判断元素是否存在于元组中
print("www1" in ("www1","www","ww"))
```

运算结果:

```
>>>
('a','b','人工',45,-9)
('人工智能','人工智能')
3
True
```

和列表一样，可以使用索引访问元组中的某个元素（得到的是一个元素的值），也可以使用切片访问元组中的一组元素（得到的是一个新的子元组）。

使用索引访问元组元素的格式为:

```
tuplename[i]
```

其中，tuplename 表示元组名字，i 表示索引值。元组的索引可以是正数，也可以是负数。

使用切片访问元组元素的格式为：

```
tuplename[start:end:step]
```

其中，start 表示起始索引，end 表示结束索引，step 表示步长。

3. 修改元组

元组是不可变序列，元组中的元素不能被修改，所以只能创建一个新的元组去替代旧的元组。

【例 2-18】 对元组变量进行重新赋值和使用“+”向元组中添加新元素。

```
tup1=("4","人工",-88.6,45)
print(tup1)
#对元组进行重新赋值
tup1=('人工智能',"Python 编程")
print(tup1)
#元组增加新元素
tup1=("Python",-3)
tup2=(-3,"55")
print(tup1+tup2)
```

运算结果：

```
>>>
('4','人工',-88.6,45)
('人工智能','Python 编程')
('Python',-3,-3,'55')
```

当创建的元组不再使用时，可以通过关键字 del 将其删除，比如 del tup。当然，Python 自带回收功能，会自动销毁不用的元组，所以一般不需要通过 del 来手动删除。

4. “可变的”元组

【例 2-19】 元组可变实例。

```
t=(1,2,['abc','ttt'])
print("t=",t)
t[2][0]='X'
t[2][1]='Y'
print("t=",t)
```

运算结果：

```
>>>
t=(1,2,['abc','ttt'])
t=(1,2,['X','Y'])
```

这里元组定义的时候有3个元素，分别是“a”“b”和一个列表，当把列表的元素“A”和“B”修改为“X”和“Y”后，元组就“变化”了。表面上看，元组的元素确实变了，但其实变的不是元组的元素，而是列表的元素。元组一开始指向的列表并没有改成指向别的列表，所以，所谓的元组“不变”是说，元组的每个元素，指向永远不变，即指向“a”，不能改成指向“b”，指向一个列表，就不能改成指向其他对象，但指向的这个列表本身是可变的。

2.1.4 字符串（String）

1. 定义

字符串可以使用所有通用的序列操作，字符串与元组一样，同样是不可变的序列。创建字符串很简单，只要为变量分配一个值，即使用引号来创建字符串。Python不支持单字符类型，单字符也是作为一个字符串使用。

Python访问子字符串时，可以使用方括号来截取字符串。

【例2-20】 字符串的访问。

```
str1='New file for Python'
str2="创建 Python 新文件"
print("str1[2]:",str1[2])
print("str2[-5:-1]:",str2[-5:-1])
```

运算结果：

```
>>>
str1[2]:w
str2[-5:-1]:on 新文
```

从本例中可以知道，在方括号“[]”中使用索引即可访问对应的字符。

具体的语法格式为：

```
strname[index]
```

其中，strname表示字符串名称，index表示索引值。

Python允许从字符串的两端使用索引，符合序列的特点：

1）当以字符串的左端（字符串的开头）为起点时，索引是从0开始计数的。字符串的第一个字符的索引为0，第二个字符的索引为1，第三个字符串的索引为2……

2）当以字符串的右端（字符串的末尾）为起点时，索引是从-1开始计数的。字符串的倒数第一个字符的索引为-1，倒数第二个字符的索引为-2，倒数第三个字符的索引为-3……

2. 获取多个字符

使用[]除了可以获取单个字符外，还可以指定一个范围来获取多个字符，也就是一个子串或者片段，具体格式为：

```
strname[start:end:step]
```

其中，strname 是要截取的字符串；start 表示要截取的第一个字符所在的索引（截取时包含该字符），如果不指定，默认为 0，也就是从字符串的开头截取；end 表示要截取的最后一个字符所在的索引（截取时不包含该字符），如果不指定，默认为字符串的长度；step 指的是从 start 索引处的字符开始，每 step 个距离获取一个字符，直至 end 索引处的字符，step 默认值为 1，当省略该值时，最后一个冒号也可以省略。

【例 2-21】 字符串的访问。

```
str1='一个简单的 Python 代码'
#获取索引从 2 到 12(不包含 12)的子串
print(str1[2:12])
#获取索引从 3 到-3 的子串
print(str1[3:-3])
#从索引 3 开始,每隔 2 个字符取出一个字符,直到索引 13 为止
print(str1[3:13:2])
#获取从索引 3 开始,直到末尾的子串
print(str1[3:])
#获取从索引-12 开始,直到末尾的子串
print(str1[-12:])
#每隔 2 个字符取出一个字符
print(str1[::2])
```

运算结果：

```
>>>
简单的 Python 代
单的 Pytho
单 Pto 代
单的 Python 代码
个简单的 Python 代码
一简的 yhn 码
```

3. 获取字符串长度或字节数

字符串的长度一般用 len() 函数，其基本语法格式为：

```
len(string)
```

其中，string 用于指定要进行长度统计的字符串。

字符串长度不等于字节数，需要使用 encode( )方法将字符串进行编码后再获取它的字节数。

【例 2-22】 字符串的长度与字节数。

```
str1='人工智能 Python 编程基础'
print(len(str1))
print(len(str1.encode()))  #获取采用 UTF—8 编码的字符串的长度
print(len(str1.encode('gbk')))  #获取采用 GBK 编码的字符串的长度
```

运算结果：

```
>>>
14
30
22
```

从本例中可以看到，字符串中一个汉字的长度是 1，但中英文不同的字符所占的字节数不同。一个汉字可能占 2~4 个字节，具体占多少个，取决于采用的编码方式。例如，汉字在 GBK/GB2312 编码中占用 2 个字节，而在 UTF-8 编码中一般占用 3 个字节。

4. 分割字符串和合并字符串

split( )方法可以实现将一个字符串按照指定的分隔符切分成多个子串，这些子串会被保存到列表中（不包含分隔符），作为方法的返回值反馈回来。该方法的基本语法格式如下：

```
str.split(sep,maxsplit)
```

其中，str 表示要进行分割的字符串；sep 用于指定分隔符，可以包含多个字符，此参数默认为 None，表示所有空字符，包括空格、换行符“\n”、制表符“\t”等；maxsplit 是可选参数，用于指定分割的次数，最后列表中子串的个数最多为 maxsplit+1，如果不指定或者指定为-1，则表示分割次数没有限制。

在 split( )方法中，如果不指定 sep 参数，那么也不能指定 maxsplit 参数。

【例 2-23】 字符串的分割。

```
str1="新华网网址 >>> http://www.xinhuanet.com"
list1=str1.split() #采用默认分隔符进行分割
list2=str1.split('>>>') #采用多个字符进行分割
list3=str1.split('.') #采用 . 号进行分割
list4=str1.split('',4) #采用空格进行分割,并规定最多只能分割成 4 个子串
print(list1)
print(list2)
print(list3)
print(list4)
```

运算结果：

```
>>>
['新华网网址','>>>','http://www.xinhuanet.com']
['新华网网址 ','http://www.xinhuanet.com']
['新华网网址 >>> http://www','xinhuanet','com']
['新华网网址','>>>','http://www.xinhuanet.com']
```

使用join()方法合并字符串时，它会将列表（或元组）中多个字符串采用固定的分隔符连接在一起。

join()方法的语法格式如下：

```
newstr=str.join(iterable)
```

其中，newstr表示合并后生成的新字符串；str用于指定合并时的分隔符；iterable表示做合并操作的源字符串数据，允许以列表、元组等形式提供。

【例2-24】 字符串的合并。

```
list1=['新华网','网址','http://www.xinhuanet.com']
list2=':'.join(list1)
print(type(list1),list1)
print(type(list2),list2)
```

运算结果：

```
>>>
<class 'list'> ['新华网','网址','http://www.xinhuanet.com']
<class 'str'> 新华网:网址:http://www.xinhuanet.com
```

5. 统计字符或字符串出现的次数

count()方法用于检索指定字符或字符串在另一字符串中出现的次数，如果检索的字符或字符串不存在，则返回0，否则返回出现的次数。

count()方法的语法格式如下：

```
str.count(sub[,start[,end]])
```

其中，str表示原字符串；sub表示要检索的字符串；start指定检索的起始位置，也就是从什么位置开始检索，如果不指定，默认从头开始检索；end指定检索的终止位置，如果不指定，则表示一直检索到结尾。

【例2-25】 统计字符出现的频率。

```
#统计字符n与.的出现频率
str1="http://www.xinhuanet.com"
```

```
print(str1.count('n'))
print(str1.count('.',2,-3))
```

运算结果：

```
>>>
2
2
```

6. 检测字符串中是否包含某子串

find()方法用于检索字符串中是否包含目标字符串，如果包含，则返回第一次出现该字符串的索引；反之，则返回-1。

find()方法的语法格式如下：

```
str.find(sub[,start[,end]])
```

其中，str表示原字符串；sub表示要检索的目标字符串；start表示开始检索的起始位置。如果不指定，则默认从头开始检索；end表示结束检索的结束位置，如果不指定，则默认一直检索到结尾。

Python还提供了rfind()方法，与find()方法最大的不同在于，rfind()是从字符串右边开始检索。

【例2-26】 检索字符串中是否包含目标字符串。

```
str1="http://www.xinhuanet.com"
print(str1.find('.'))
print(str1.find('.',2,-4))
print(str1.rfind('.'))
```

运算结果：

```
>>>
10
10
20
```

同find()方法类似，index()方法也可以用于检索是否包含指定的字符串，不同之处在于，当指定的字符串不存在时，index()方法会抛出异常。

index()方法的语法格式如下：

```
str.index(sub[,start[,end]])
```

其中，str表示原字符串；sub表示要检索的子字符串；start表示检索开始的起始位置，如果不指定，默认从头开始检索；end 表示检索的结束位置，如果不指定，默认一直检索到结尾。

和 index()方法类似，rindex()方法的作用是从右边开始检索。

startswith()方法用于检索字符串是否以指定字符串开头，如果是返回 True；反之返回 False。此方法的语法格式如下：

```
str.startswith(sub[,start[,end]])
```

其中，str 表示原字符串；sub 要检索的子串；start 指定检索开始的起始位置索引，如果不指定，则默认从头开始检索；end 指定检索的结束位置索引，如果不指定，则默认一直检索到结尾。

endswith()方法则用于检索字符串是否以指定字符串结尾，如果是则返回 True；反之则返回 False。该方法的语法格式如下：

```
str.endswith(sub[,start[,end]])
```

7. 字符串对齐

Python 提供了 3 种可用来进行文本对齐的方法，分别是 ljust()、rjust()和 center()方法。

ljust()方法的功能是向指定字符串的右侧填充指定字符，从而达到左对齐文本的目的，基本格式如下：

```
S.ljust(width[,fillchar])
```

其中，S 表示要进行填充的字符串；width 表示包括 S 本身长度在内，字符串要占的总长度；fillchar 作为可选参数，用来指定填充字符串时所用的字符，默认情况使用空格。

rjust()和 ljust()方法类似，唯一的不同在于，rjust()方法是向字符串的左侧填充指定字符，从而达到右对齐文本的目的，其基本格式如下：

```
S.rjust(width[,fillchar])
```

center()字符串方法与 ljust()和 rjust()的用法类似，但它让文本居中，而不是左对齐或右对齐，其基本格式如下：

```
S.center(width[,fillchar])
```

【例 2-27】 用 index()检索字符串中是否包含目标字符串。

```
url='Python 编程基础'
print(url.ljust(30,'-'))          #左对齐
print(url.rjust(30,'-'))          #右对齐
print(url.center(30,'-'))         #居中对齐
```

运算结果：

```
>>>
Python 编程基础--------------------
--------------------Python 编程基础
----------Python 编程基础----------
```

8. 字符串替换

replace()方法的语法格式如下：

```
str.replace(old,new[,max])
```

其含义是把字符串中的 old（旧字符串）替换成 new（新字符串），如果指定第三个参数 max，则替换不超过 max 次。

【例 2-28】 用 replace()方法实现去掉字符串头尾的空格符号。

```
s_1=" "
s_2=" Python   "
print("原字符串=%s"%s_2,",字符串长度=%d"%len(s_2))
for i in s_2:
    if i in s_1:
        s_2=s_2.replace(i,'',1)
    else:
        break
for i in s_2[::-1]:
    if i in s_1:
        s_2=s_2[::-1].replace(i,'',1)
        s_2=s_2[::-1]
    else:
        break
print("头尾截取后的字符串=%s"%s_2,",字符串长度=%d"%len(s_2))
```

运算结果：

```
>>>
原字符串=Python     ,字符串长度=9
头尾截取后的字符串=Python,字符串长度=6
```

9. 字符串的其他方法

为了方便对字符串中的字母进行大小写转换，字符串变量提供了 3 种方法，分别是 title()、lower()和 upper()。

title()方法用于将字符串中每个单词的首字母转为大写，其他字母全部转为小写，转换完成后，此方法会返回转换得到的字符串。如果字符串中没有需要被转换的字符，此方法会将字符串原封不动地返回。title()方法的语法格式如下：

```
str.title()
```

lower()方法用于将字符串中的所有大写字母转换为小写字母，转换完成后，该方法会返回新得到的字符串。如果字符串中原本就都是小写字母，则该方法会返回原字符串。

upper()的功能和lower()方法恰好相反，它用于将字符串中的所有小写字母转换为大写字母，和以上两种方法的返回方式相同，即如果转换成功，则返回新字符串；反之，则返回原字符串。

Python还提供了3种方法来删除字符串中多余的空格和特殊字符，它们分别是：

strip()：删除字符串前后（左右两侧）的空格或特殊字符。

lstrip()：删除字符串前面（左边）的空格或特殊字符。

rstrip()：删除字符串后面（右边）的空格或特殊字符。

【例2-29】 strip()应用。

```
str="*****这是字符串strip()实例!!!*****"
print (str.strip('*'))
```

运算结果：

```
>>>
这是字符串strip()实例!!!
```

2.2 映射数据类型

2.2.1 字典及其创建

字典由键和对应值成对组成，也被称作关联数组或哈希表。字典类型是Python中唯一的映射类型。“映射”是数学中的术语，简单理解，它指的是元素之间相互对应的关系，即通过一个元素，可以唯一找到另一个元素，如图2-6所示。

字典是一种通过名字引用值的数据结构，字典中的值并没有特殊的顺序，但是都存储在一个特定的键（Key）里，键可以是数字、字符串或者元组等。例如：

```
dict={'班级':'计算机01','姓名':'Aran','绩点分':4.3}
```

字典中，习惯将各元素对应的索引称为键（key），各个键对应的元素称为值（value），键及其关联的值称为“键值对”。字典类型很像学生时代常用的《新华字典》。我们知道，通过《新华字典》中的音节表，可以快速找到想要查找的汉字。其中，字典里的音节表就

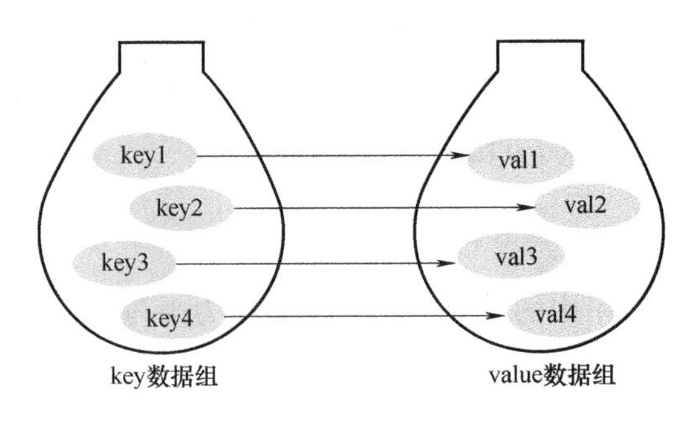

图 2-6　字典的映射关系

相当于字典类型中的键，而键对应的汉字则相当于值。总的来说，字典类型所具有的主要特征与解释见表 2-2。

表 2-2　字典类型的主要特征与解释

主要特征	解　　释
通过键而不是通过索引来读取元素	字典类型有时也称为关联数组或者散列表（hash）。它是通过键将一系列的值联系起来的，这样就可以通过键从字典中获取指定项，但不能通过索引来获取
字典是任意数据类型的无序集合	和列表、元组通常会将索引值 0 对应的元素称为第一个元素不同，字典中的元素是无序的
字典是可变的，并且可以任意嵌套	字典可以在原处增加或删除“键值对”，并且它支持任意深度的嵌套，即字典存储的值也可以是列表或其他的字典
字典中的键必须唯一	字典中，不支持同一个键出现多次，否则只会保留最后一个键值对
字典中的键必须不可变	字典中的键是不可变的，只能使用数字、字符串或者元组，不能使用列表

字典的创建有以下 3 种方式。

1. 使用“{}”创建字典

由于字典中每个元素都包含两部分，分别是键（key）和值（value），因此在创建字典时，键和值之间使用冒号“:”分隔，相邻元素之间使用逗号“,”分隔，所有元素放在大括号“{}”中。

使用“{}”创建字典的语法格式如下：

```
dictname={'key':value1,'key2':value2,...,'keyn':valuen}
```

其中，dictname 表示字典变量名，“keyn：valuen”表示各个元素的键值对。需要注意的是，同一字典中的各个键必须唯一，不能重复。

【例 2-30】 用“{}”创建字典。

```
#使用字符串作为 key
GDP={'广东':1,'江苏':2,'山东':3,'浙江':4,'河南':5}
```

```
print(GDP)
#使用元组和数字作为 key
dict1={(-3,"增速"):'GDP',1:[5,4,3]}
print(dict1)
#创建空元组
dict2={}
print(dict2)
```

运算结果：

```
>>>
{'广东':1,'江苏':2,'山东':3,'浙江':4,'河南':5}
{(-3,'增速'):'GDP',1:[5,4,3]}
{}
```

可以看到，字典的键可以是整数、字符串或者元组，只要符合唯一和不可变的特性就行；字典的值可以是 Python 支持的任意数据类型。

2. 通过 fromkeys( )方法创建字典

Python 中，还可以使用 dict 字典类型提供的 fromkeys( )方法创建带有默认值的字典，具体格式为：

```
dictname=dict.fromkeys(list,value=None)
```

其中，list 参数表示字典中所有键的列表（list）；value 参数表示默认值，如果不写，则为空值 None。

【例 2-31】 用 fromkeys( )方法创建字典。

```
N={'A','B','C'}
population=dict.fromkeys(N,'人口')
print(population)
```

运算结果：

```
>>>
{'C':'人口','A':'人口','B':'人口'}
```

可以看到，N 中的元素全部作为了 population 字典的键，而各个键对应的值都是“人口”。这种创建方式通常用于初始化字典，并设置 value 的默认值。

3. 通过 dict( )映射函数创建字典

通过 dict( )函数创建字典时，可以向 dict( )函数传入列表或元组，而它们中的元素又各自是包含两个元素的列表或元组，其中第一个元素作为键，第二个元素作为值。

【例 2-32】 用 4 种方式创建同一个字典。

```
#方式 1
demo1=[('二',2),('一',1),('三',3)]
a1=dict(demo1)
print(a1)
#方式 2
demo2=[['二',2],['一',1],['三',3]]
a2=dict(demo2)
print(a2)
#方式 3
demo3=(('二',2),('一',1),('三',3))
a3=dict(demo3)
print(a3)
#方式 4
demo4=(['二',2],['一',1],['三',3])
a4=dict(demo4)
```

运算结果：

```
>>>
{'二':2,'一':1,'三':3}
{'二':2,'一':1,'三':3}
{'二':2,'一':1,'三':3}
{'二':2,'一':1,'三':3}
```

2.2.2 字典的基本操作与方法

1. 访问字典

列表和元组是通过下标来访问元素的，而字典不同，它通过键来访问对应的值。因为字典中的元素是无序的，每个元素的位置都不固定，所以字典也不能像列表和元组那样，采用切片的方式一次性访问多个元素。

Python 访问字典元素的具体格式为：

```
dictname[key]
```

其中，dictname 表示字典变量的名字，key 表示键名。注意，键必须是存在的，否则会报异常。

【例 2-33】 通过键访问字典。

```
tup1=(['No.2',2300],['No.1',3100],['No.3',1800],['No.4',1200])
dic1=dict(tup1)
#键存在
print(dic1['No.2'])
```

运算结果：

```
>>>
2300
```

除了上面这种方式外，Python 也推荐使用 dict 类型提供的 get( )方法来获取指定键对应的值。当指定的键不存在时，get( )方法不会抛出异常。

get( )方法的语法格式为：

```
dictname.get(key[,default])
```

其中，dictname 表示字典变量的名字；key 表示指定的键；default 用于指定当查询的键不存在时，此方法返回的默认值，如果不指定，会返回 None。

【例 2-34】 通过 get( )方法访问字典。

```
tup1=(['No.2',2300],['No.1',3100],['No.3',1800],['No.4',1200])
dic1=dict(tup1)
print(dic1.get('No.4'))
print(dic1.get('No.5'),"该键不存在")
```

运算结果：

```
>>>
1200
None 该键不存在
```

从本例中可以看到，当键不存在时，get( )返回空值 None，如果想明确地提示用户该键不存在，那么可以手动设置 get( )的第二个参数。

2. 删除字典和添加键值对

和删除列表、元组一样，手动删除字典也可以使用关键字 del。

为字典添加新的键值对也很简单，直接给不存在的 key 赋值即可，具体语法格式如下：

```
dictname[key]=value
```

其中，dictname 表示字典名称，key 表示新的键，value 表示新的值，只要是 Python 支持的数据类型都可以。

【例 2-35】 添加字典键值对。

```
score={'高等数学':89,'计算机基础':82}
print(score)
#添加新键值对
score['大学英语']=92
print(score)
#再次添加新键值对
score['电工技术']=78
print(score)
```

运算结果：

```
>>>
{'高等数学':89,'计算机基础':82}
{'高等数学':89,'计算机基础':82,'大学英语':92}
{'高等数学':89,'计算机基础':82,'大学英语':92,'电工技术':78}
```

3. 修改、删除键值对

字典中键（key）的名字不能被修改，只能修改值（value），字典中各元素的键必须是唯一的，因此，如果新添加元素的键与已存在元素的键相同，那么键所对应的值就会被新的值替换掉，以此达到修改元素值的目的。

【例 2-36】 添加字典键值对。

```
GDP={'第一名':9.73,'第二名':9.26,'第三名':7.65}
print(GDP)
#修改键值对
GDP['第三名']=8.13
print(GDP)
```

运算结果：

```
>>>
{'第一名':9.73,'第二名':9.26,'第三名':7.65}
{'第一名':9.73,'第二名':9.26,'第三名':8.13}
```

从本例中可以看到，字典中没有再添加一个{'第三名'：8.13}键值对，而是对原有键值对{'第三名'：7.65}中的 value 做了修改。

如果要删除字典中的键值对，还是可以使用 del 语句。

【例 2-37】 使用 del 语句删除键值对。

```
GDP1={'A城市':2210,'B城市':1750,'C城市':6890,'D城市':12022}
del GDP1['A城市']
```

```
print(GDP1)
del GDP1['C城市']
print(GDP1)
```

运算结果：

```
>>>
{'B城市':1750,'C城市':6890,'D城市':12022}
{'B城市':1750,'D城市':12022}
```

pop()和popitem()也都用来删除字典中的键值对，不同的是，pop()用来删除指定的键值对，而popitem()用来随机删除一个键值对，它们的语法格式如下：

```
dictname.pop(key)
dictname.popitem()
```

其中，dictname表示字典名称，key表示键。

4. 判断字典中是否存在指定键值对

如果要判断字典中是否存在指定键值对，首先应判断字典中是否有对应的键。判断字典是否包含指定键值对的键，可以使用in或not in运算符。

需要指出的是，对于字典而言，in或not in运算符都是基于键（key）来判断的。它通常与keys()、values()和items()等方法一起使用。通过in（或not in）运算符，可以很轻易地判断出现有字典中是否包含某个键，如果存在，就能判断出字典中是否有指定的键值对。

另外，keys()方法用于返回字典中的所有键（key）；values()方法用于返回字典中所有键对应的值（value）；items()方法用于返回字典中所有的键值对（key-value）。这三个方法放在一起介绍，是因为它们都可以用来获取字典中的特定数据。

【例2-38】 获取字典中的键、值及键值对数据。

```
sales={'员工甲':"优秀",'员工乙':"良好",'员工丙':"合格"}
print(sales.keys())
print(sales.values())
print(sales.items())
```

运算结果：

```
>>>
dict_keys(['员工甲','员工乙','员工丙'])
dict_values(['优秀','良好','合格'])
dict_items([('员工甲','优秀'),('员工乙','良好'),('员工丙','合格')])
```

从本例中可以发现，keys()、values()和items()返回值的类型分别为dict_keys、

dict_values 和 dict_items，并不是常见的列表或者元组类型。如果需要返回列表等类型，则使用 list( )函数将它们返回的数据转换成列表或使用 for in 循环遍历它们的返回值。

【例 2-39】 使用 in 运算符。

```
score={'科目A':67.5,'科目B':83,'科目C':90,'科目D':78}
for k in score.keys():
    print(k,score[k])
```

运算结果：

```
>>>
科目A 67.5
科目B 83
科目C 90
科目D 78
```

5. copy( )、update( )和 setdefault( )方法

copy( )方法返回一个字典的拷贝，也即返回一个具有相同键值对的新字典。

【例 2-40】 字典的 copy( )方法应用。

```
a={'第一名':1,'第二名':2,'第三名并列':[3,4,5]}
b=a.copy()
#向a中添加新键值对,由于b已经提前将a所有键值对都深拷贝过来
#因此a添加新键值对,不会影响b。
a['第六名']=100
print(a,"\n",b)
#由于b和a共享[1,2,3](浅拷贝),因此移除a中列表中的元素,也会影响b。
a['第三名并列'].remove(5)
print(a,"\n",b)
```

运算结果：

```
>>>
{'第一名':1,'第二名':2,'第三名并列':[3,4,5],'第六名':100}
 {'第一名':1,'第二名':2,'第三名并列':[3,4,5]}
{'第一名':1,'第二名':2,'第三名并列':[3,4],'第六名':100}
 {'第一名':1,'第二名':2,'第三名并列':[3,4]}
```

从运行结果不难看出，对 a 增加新键值对，b 不变；而修改 a 某键值对中列表内的元素，b 也会相应改变。

update( )方法可以使用一个字典所包含的键值对来更新已有的字典。在执行 update( )方

法时，如果被更新的字典中已包含对应的键值对，那么原 value 会被覆盖；如果被更新的字典中不包含对应的键值对，则该键值对被添加进去。

【例 2-41】 字典的 update( )方法应用。

```
tup1=(['No.2',2300],['No.1',3100],['No.3',1800],['No.4',1200])
dic1=dict(tup1)
dic1.update({'No.2':2250,'No.5':1150})
print(dic1)
```

运算结果：

```
>>>
{'No.2':2250,'No.1':3100,'No.3':1800,'No.4':1200,'No.5':1150}
```

从运行结果可以看出，由于被更新的字典中已包含键为“No.2”的键值对，因此更新时该键值对的 value 将被改写；而被更新的字典中不包含键为“No.5”的键值对，所以更新时会为原字典增加一个新的键值对。

setdefault( )方法用来返回某个键对应的值，其语法格式如下：

```
dictname.setdefault(key,defaultvalue)
```

其中，dictname 表示字典名称，key 表示键，defaultvalue 表示默认值（可以不写，默认是 None）。

当指定的 key 不存在时，setdefault( )会先为这个不存在的 key 设置一个默认的 defaultvalue，然后再返回 defaultvalue。也就是说，setdefault( )方法总能返回指定 key 对应的 value：

1）如果该 key 存在，那么直接返回该 key 对应的 value。

2）如果该 key 不存在，那么先为该 key 设置默认的 defaultvalue，然后再返回该 key 对应的 defaultvalue。

【例 2-42】 字典的 setdefault( )方法使用案例。

```
ratio={'A':0.45,'B':0.57}
#key 不存在,指定默认值
ratio.setdefault('C',0.28)
print(ratio)
#key 不存在,不指定默认值
ratio.setdefault('D')
print(ratio)
#key 存在,指定默认值
ratio.setdefault('B',0.11)
print(ratio)
```

运算结果：

```
>>>
{'A':0.45,'B':0.57,'C':0.28}
{'A':0.45,'B':0.57,'C':0.28,'D':None}
{'A':0.45,'B':0.57,'C':0.28,'D':None}
```

从本例中可以看出，key 为'B'存在时，直接返回该 key 对应的 value，即 0.57，而不会更改为 0.11。

2.3 集合数据类型

2.3.1 集合及其创建

集合（Set）和数学中的集合概念一样，是一组无序的不同的元素的集合。它有可变集合(set())和不可变集合(frozenset())两种。

从形式上看，和字典类似，集合会将所有元素放在一对大括号“{}”中，相邻元素之间用“,”分隔，如下所示：

```
{element1,element2,...,elementn}
```

其中，elementn 表示集合中的元素，个数没有限制。

从内容上看，同一集合中，只能存储不可变的数据类型，包括整型、浮点型、字符串、元组，无法存储列表、字典、集合这些可变的数据类型，否则 Python 解释器会报 TypeError 错误。

Python 提供了 2 种创建 set 集合的方法，分别是使用“{}”创建和使用 set()函数将列表、元组等类型数据转换为集合。

1. 使用“{}”创建

在 Python 中，创建 set 集合可以像列表、元素和字典一样，直接将集合赋值给变量，从而实现创建集合的目的，其语法格式如下：

```
setname={element1,element2,...,elementn}
```

其中，setname 表示集合的名称，名称既要符合 Python 命名规范，也要避免与 Python 内置函数重名。

【例 2-43】 用“{}”创建集合。

```
set1={'aa',202,(1,-3,2),'aa',202}
print(set1)
```

运算结果：

```
>>>
{202,'aa',(1,-3,2)}
```

2. set( )函数创建集合

set( )函数为 Python 的内置函数，其功能是将字符串、列表、元组、range 对象等可迭代对象转换成集合。该函数的语法格式如下：

```
setname=set(iteration)
```

其中，iteration 表示字符串、列表、元组、range 对象等数据。

【例 2-44】 用 set( )函数创建集合。

```
set1=set("中国制造强国方针")
set2=set([12,22,32,42,52,62])
set3=set((12,22,32,42,52,62))
print("set1:",set1)
print("set2:",set2)
print("set3:",set3)
```

运算结果：

```
>>>
set1:{'国','针','方','制','中','造','强'}
set2:{32,42,12,52,22,62}
set3:{32,42,12,52,22,62}
```

本例运行第二次后，发现集合的排序又发生变化了，这就验证了集合无序的特点。

需要注意的是，如果要创建空集合，只能使用 set( )函数实现。因为如果直接使用一对"{}"，Python 解释器会将其视为一个空字典。

2.3.2 集合的基本操作与方法

集合的基本操作与方法包括成员测试、删除重复值以及计算集合的并、交、差和对称差等数学运算。与其他序列类型一样，集合支持 x in set、len(set) 和 for x in set 等表达形式。集合类型是无序集，因此，集合不会关注元素在集合中的位置、插入顺序。集合也不支持元素索引、切片或其他序列相关的行为。

1. 访问集合元素

由于集合中的元素是无序的，因此无法向列表那样使用下标访问元素。Python 中，访问集合元素最常用的方法是使用循环结构，将集合中的数据逐一读取出来。

【例 2-45】 访问集合元素。

```
GDP=45000
set1={"上海","中国自贸试验区",GDP,(100,10,1),20000}
for str1 in set1:
    print(str1,end='');
```

运算结果：

```
>>>
20000 上海 45000 中国自贸试验区 (100,10,1)
```

2. 删除集合或元素

和其他序列类型一样，可以使用 del( )语句删除集合。

删除现有 set 集合中的指定元素，可以使用 remove( )方法，该方法的语法格式如下：

```
setname.remove(element)
```

使用此方法删除集合中的元素时，需要注意的是，如果被删除元素本就不包含在集合中，则此方法会报 KeyError 错误。

【例 2-46】 删除元素。

```
set1={"5",-2,5,-7}
set1.remove("5")
print(set1)
```

运算结果：

```
>>>
{-7,5,-2}
```

3. 添加元素

在集合中添加元素，可以使用 add( )方法实现，该方法的语法格式为：

```
setname.add(element)
```

其中，setname 表示要添加元素的集合，element 表示要添加的元素内容。

需要注意的是，使用 add( )方法添加的元素，只能是数字、字符串、元组或者布尔类型（True 和 False）值，不能添加列表、字典、集合这类可变的数据，否则 Python 解释器会报 TypeError 错误。

【例 2-47】 添加集合元素。

```
set1={"a",3,15}
set1.add((-3,5))
print(set1)
```

运算结果：

```
>>>
{(-3,5),3,15,'a'}
```

4. 交集、并集、差集运算

集合最常做的操作就是进行交集、并集、差集以及对称差集运算，图2-7所示为集合运算示意。

图2-7中，有2个集合，分别为set1={1,2,3} 和set2={3,4,5}，它们既有相同的元素，也有不同的元素。以这两个集合为例，分别做不同运算，结果见表2-3。

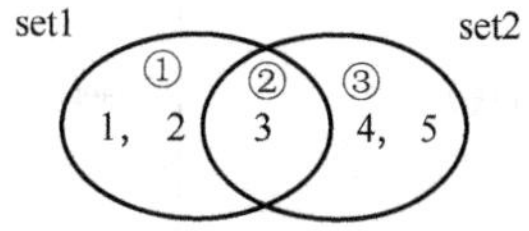

图2-7 集合运算示意

表2-3 集合运算

运算操作	运算符	含义	举例
交集	&	取两个集合公共的元素	>>> set1 & set2↙ {3}
并集	|	取两个集合全部的元素	>>>set1|set2↙ {1,2,3,4,5}
差集	-	取一个集合中另一集合没有的元素	>>>set1-set2↙ {1,2} >>>set2-set1↙ {4,5}
对称差集	^	取集合A和B中不属于A&B的元素	>>>set1^set2↙ {1,2,4,5}

【例2-48】 交集、并集、差集运算应用。

```
s1=set(["1","2",3,4,5])
s2=set([4,5,"6","7" ])
s3=s1 & s2
s4=s1|s2
print(s3)
print(s4)
```

运算结果：

```
>>>
{4,5}
{3,4,5,'7','1','6','2'}
```

5. 其他方法

除了以上所述的集合操作，其他方法的具体语法结构及功能见表 2-4。

表 2-4 Python 中的集合操作方法

方法名	语法格式	功能	实例

clear()	set1.clear()	清空 set1 集合中所有元素	>>> set1={1,2,3}
			>>> set1.clear()
			>>> set1 ↙
			set()

copy()	set2=set1.copy()	拷贝 set1 集合给 set2	>>> set1={1,2,3}
			>>> set2=set1.copy()
			>>> set1.add(4)
			>>> set1 ↙
			{1,2,3,4}
			>>> set2 ↙
			{1,2,3}

difference()	set3=set1.difference(set2)	将 set1 中有而 set2 没有的元素给 set3	>>> set1={1,2,3}
			>>> set2={3,4}
			>>> set3=set1.difference(set2)
			>>> set3 ↙
			{1,2}

difference_update()	set1.difference_update(set2)	从 set1 中删除与 set2 相同的元素	>>> set1={1,2,3}
			>>> set2={3,4}
			>>> set1.difference_update(set2)
			>>> set1 ↙
			{1,2}

discard()	set1.discard(elem)	删除 set1 中的元素 elem	>>> set1={1,2,3}
			>>> set1.discard(2)
			>>> set1 ↙
			{1,3}
			>>> set1.discard(4) ↙
			{1,3}

（续）

方法名	语法格式	功　能	实　例

intersection()	set3=set1.intersection(set2)	取set1和set2的交集给set3	>>> set1={1,2,3}
			>>> set2={3,4}
			>>> set3=set1.intersection(set2)
			>>> set3↙
			{3}

intersection_update()	set1.intersection_update(set2)	取set1和set2的交集，并更新给set1	>>> set1={1,2,3}
			>>> set2={3,4}
			>>> set1.intersection_update(set2)
			>>> set1↙
			{3}

isdisjoint()	set1.isdisjoint(set2)	判断set1和set2是否没有交集，有交集返回False；没有交集返回True	>>> set1={1,2,3}
			>>> set2={3,4}
			>>> set1.isdisjoint(set2)↙
			False

issubset()	set1.issubset(set2)	判断set1是否是set2的子集	>>> set1={1,2,3}
			>>> set2={1,2}
			>>> set1.issubset(set2)↙
			False

issuperset()	set1.issuperset(set2)	判断set2是否是set1的子集	>>> set1={1,2,3}
			>>> set2={1,2}
			>>> set1.issuperset(set2)↙
			True

pop()	a=set1.pop()	取set1中一个元素，并赋值给a	>>> set1={1,2,3}
			>>> a=set1.pop()
			>>> set1↙
			{2,3}
			>>> a↙
			1

symmetric_difference()	set3 = set1.symmetric_difference(set2)	取set1和set2中互不相同的元素，给set3	>>> set1={1,2,3}
			>>> set2={3,4}
			>>> set3=set1.symmetric_difference(set2)
			>>> set3↙
			{1,2,4}

（续）

方法名	语 法 格 式	功　　能	实　　例

symmetric_difference_update()	set1. symmetric_difference_update(set2)	取 set1 和 set2 中互不相同的元素，并更新给 set1	>>> set1 = {1,2,3}
			>>> set2 = {3,4}
			>>> set1. symmetric_difference_update(set2)
			>>> set1 ↙
			{1,2,4}

union()	set3 = set1. union(set2)	取 set1 和 set2 的并集，赋给 set3	>>> set1 = {1,2,3}
			>>> set2 = {3,4}
			>>> set3 = set1. union(set2)
			>>> set3 ↙
			{1,2,3,4}

update()	set1. update(elem)	添加列表或集合中的元素 elem 到 set1	>>> set1 = {1,2,3}
			>>> set1. update([3,4])
			>>> set1 ↙
			{1,2,3,4}

【例 2-49】 集合其他方法应用。

```
# 使用集合的内置方法求交集
s1=set('abc')
s2=set('abdef')
s2.difference(s1)
print(s2)
# 判断该集合是否是另一集合的子集
s1=set('abc')
s2=set('abd')
s3=set('abdef')
print(s1.issubset(s3))
print(s2.issubset(s3))
# 将可迭代数据更新至集合中
s1=set('abc')
s2=set('def')
s1.update(s2)    #对比 set.add(),add()只可添加一个元素,update()可添加多
个元素
print(s1)
```

运算结果：

```
>>>
{'f','a','b','d','e'}
False
True
{'f','b','c','a','d','e'}
```

2.4 采用选择与循环实现组合数据操作

2.4.1 列表推导式

推导式是可以从一个数据序列构建另一个新的数据序列的结构体，共有三种推导，包括列表（list）推导式、字典（dict）推导式、集合（set）推导式。

使用“[ ]”生成列表的基本格式为：

```
variable=[out_exp_res for out_exp in input_list if out_exp==2]
```

其中，out_exp_res 为列表生成元素表达式，可以是有返回值的函数；for out_exp in input_list 为迭代 input_list 将 out_exp 传入 out_exp_res 表达式中；if out_exp==2 表示根据条件过滤哪些值。

【例 2-50】 列表推导式应用。

```
# 显示从 0 到 9 的平方
list1=[x*x for x in range(10)]
print(list1)
# 显示从-5 到 35 之间能被 4 整除余 2 的值
list2=[i for i in range(-5,35) if i % 4 is 2]
print(list2)
# 添加 2 个 for
list3=[[x,y] for x in range(2) for y in range(2)]
print(list3)
```

运算结果：

```
>>>
[0,1,4,9,16,25,36,49,64,81]
[-2,2,6,10,14,18,22,26,30,34]
[[0,0],[0,1],[1,0],[1,1]]
```

2.4.2 字典推导式

字典推导和列表推导的使用方法是类似的，需要将中括号改成大括号。

【例 2-51】 字典推导式应用。

```
# 大小写 key 合并
mcase0={'c':20,'d':-9,'C':22,'D':33}
mcase1={
    k.lower():mcase0.get(k.lower(),0)+mcase0.get(k.upper(),0)
    for k in mcase0.keys()
    if k.lower() in ['c','d']
}
print(mcase1)
# 快速更换 key 和 value
mcase2={'a':23,'B':55,'cc':-7}
mcase3={v:k for k,v in mcase2.items()}
print(mcase3)
```

运算结果：

```
>>>
{'c':42,'d':24}
{23:'a',55:'B',-7:'cc'}
```

2.4.3 集合推导式

集合推导式跟列表推导式也是类似的，唯一的区别在于它使用大括号“{}”。

【例 2-52】 集合推导式应用。

```
# 用 for 语句进行集合推导
set1={(a**2-2*a+1) for a in [9,3,1,0]}
print(set1)
# 增加更多的 for 语句进行集合推导
set2={(x,y) for x in range(3) for y in range(3)}
print(set2)
# 显示那些能被 3 整除的平方数
set3={x*x for x in range(10) if x % 3==0}
print(set3)
```

运算结果：

```
>>>
{64,0,4,1}
{(0,1),(1,2),(2,1),(0,0),(1,1),(2,0),(0,2),(2,2),(1,0)}
{0,9,36,81}
```

从例中可以看到，如果只想打印出那些能被 3 整除的平方数，只需要通过在推导式中添加一个 if 部分就可以完成。

2.5 综合项目编程实例

2.5.1 编写计算班级学生平均分的程序

【例 2-53】 输入班级学生数和每位学生的成绩后计算平均分。

基本思路：采用 while 结构控制班级学生数和每位学生的成绩录入，将符合条件的成绩添加到 score 这个列表变量中，最后采用列表的求和函数 sum( ) 和计算列表的元素长度函数 len( ) 来简化平均分运算。

源程序如下：

```
#预设最多学生数和单项分数最大值
i_max=50
score_max=100
score=[]
while True:
    student_number=int(input("请输入班级学生数目:"))
    #如果超出则要求用户重新输入
    if student_number > i_max:
        print("班级学生数 > 50")
    else:#否则跳出循环
        break;
#申请两个变量用户循环
count=1                          #计次_1 开始
total=0                          #总数
#循环条件是已输入学生数小于等于学生总数
while count <=student_number:
    print("请输入第",count,"位学生的成绩分数(0-100):")
    score1=int(input())          #输入学生成绩分数
```

```
        #判断已经递增的学生总分数值是否大于 score_max
        if (score1 > score_max)or (score1 < 0):
            #如果录入学生分数异常,将告诉用户在输入第几位学生分数时产生了这
样的问题
            print ("分数输入错误,No. ",count,"学生.")
            total=0
            count=1
        else:
            score.append(score1)
            count +=1
    #总数除以学生数=平均分
    print("成绩列表:",score)
    print("班级平均分:",sum(score)/len(score))
```

运算结果:

```
>>>
请输入班级学生数目:5
请输入第 1 位学生的成绩分数(0-100):
101
分数输入错误,No.1 学生.
请输入第 1 位学生的成绩分数(0-100):
55
请输入第 2 位学生的成绩分数(0-100):
55
请输入第 3 位学生的成绩分数(0-100):
66
请输入第 4 位学生的成绩分数(0-100):
88
请输入第 5 位学生的成绩分数(0-100):
90
成绩列表:[55,55,66,88,90]
班级平均分:70.8
```

2.5.2 编写判断输入的数是否为素数的程序

【例 2-54】 输入一个正整数 n，判断它是否是素数，如果不是素数，输出它可以被哪些数整除。

基本思路：只能被 1 和它本身整除的数称为素数，当然 1 既不是素数也不是合数。采用

判断和循环结构来实现素数的判断，在循环中，被除数设为 range(2,n)，将可以整除的数添加到公约数列表（即 gongyueshu 列表变量）中，如果最终该列表的长度超过 1 的话，则认为该数 n 不为素数，并在该公约数列表中添加 [1]、[n] 两个公约数。

源程序如下：

```
n=int(input("请输入一个正整数 n:"))
gongyueshu=[]
if n<2: #判断是否是大于 1 的整数,且 1 不是素数
    print("%d 不符合输入正整数要求!"%n)
else:
    for i in range(2,n):
        if n % i==0:#判断 n 是否能被 2~i 之间的数整除
            gongyueshu.append(i)
    if len(gongyueshu)>0:
        gongyueshu=[1]+gongyueshu+[n]
        print("%d 不是素数!它的公约数列表为:"%n,gongyueshu)
    else:
        print("%d 是素数!"%n)
```

运算结果：

```
>>>
请输入一个正整数 n:69
69 不是素数! 它的公约数列表为:[1,3,23,69]
```

2.5.3 嵌套循环实现冒泡排序

【例 2-55】 输入一连串的待排序的整数序列，中间用空格进行隔开，进行冒泡排序。

冒泡排序算法的实现遵循以下几步：

1）比较相邻的元素，如果第一个比第二个大，就交换它们两个的位置。

2）从最开始的第一对到结尾的最后一对，对每一对相邻元素做步骤 1 所描述的比较工作，并将最大的元素放在后面。这样，当从最开始的第一对到结尾的最后一对都执行完后，整个序列中的最后一个元素便是最大的数。

3）将循环缩短，除去最后一个数（因为最后一个已经是最大的了），再重复步骤 2 的操作，得到倒数第二大的数。

4）持续做步骤 3 的操作，每次将循环缩短一位，并得到本次循环中的最大数。直到循环个数缩短为 1，即没有任何一对数字需要比较，此时便得到了一个从小到大排序的序列。

通过分析冒泡排序算法的实现原理，要想实现该算法，需要借助嵌套循环结构，使用

for 循环或者 while 循环都可以。

源程序如下：

```
str1=input("请输入一个待排序的整数序列,最多10个,中间用空格隔开。\n")
numarr0=str1.split(" ")
print(numarr0)
numarr=[]
for i in range(len(numarr0)):
    if numarr0[i].strip(" ")!="":
        numarr.append(int(numarr0[i]))
print("原先的序列为:",numarr)
if len(numarr)<11:
    #实现冒泡排序
    for i in range(len(numarr)-1):
        for j in range(len(numarr)-i-1):
            if(numarr[j]>numarr[j+1]):
                numarr[j],numarr[j+1]=numarr[j+1],numarr[j]
    print("排序后序列为:",numarr)
else:
    print("您所输入的序列元素不符合要求")
```

运算结果：

```
>>>
请输入一个待排序的整数序列,最多10个,中间用空格隔开。
23 4  567    -5    10  79
['23','4','','567','','','','-5','','','10','','79']
原先的序列为:[23,4,567,-5,10,79]
排序后序列为:[-5,4,10,23,79,567]
```

可以看到，实现冒泡排序使用了 2 层循环，其中外层循环负责冒泡排序进行的次数，而内层循环负责将列表中相邻的两个元素进行比较，并调整顺序，即将较小的放在前面，较大的放在后面。

需要注意的是，在输入字符串进行空格分割后的列表进行 int( ) 转换时，如果有多个空格，就会出现语法错误，因此本程序进行了 strip( ) 函数运算，将空格去掉。

2.5.4 用户名和密码的输入验证

【例 2-56】 新建某一个用户名和密码组成的字典，在系统中可以显示进入系统的三个菜单：（N）新建用户名、（E）已存在用户名和（Q）退出。

源程序如下：

```
#建立一个用户名和密码的空字典
db={}
prompt="""
(N)新建用户名
(E)已存在用户名
(Q)退出
请选择:"""
done=False
while not done:
    chosen=False
    while not chosen:
        choice=input(prompt).strip()[0].lower()
        print ('\n 你已经选择菜单:[%s]'% choice)
        if choice not in 'neq':
            print ('菜单选择错误,请重新输入:')
        else:
            chosen=True
        #退出
        if choice=='q':done=True
        #新建用户名
        if choice=='n':
            prompt1='您需要新增的用户名为:'
            while True:
                name=input(prompt1)
                if name in db:
                    prompt1='用户名已经存在,请重新输入\n'
                    continue
                else:
                    break
            pwd=input('密码:')
            db[name]=pwd
        #已存在用户名的输入
        if choice=='e':
```

```
name=input('用户名:')
pwd=input('密码:')
passwd=db.get(name)
if passwd==pwd:
    print('欢迎回来',name)
else:
    print('登录出错')
```

运算结果：

```
>>>
(N)新建用户名
(E)已存在用户名
(Q)退出
请选择:N

你已经选择菜单:[n]
您需要新增的用户名为:tom
密码:9898

(N)新建用户名
(E)已存在用户名
(Q)退出
请选择:n

你已经选择菜单:[n]
您需要新增的用户名为:tom
用户名已经存在,请重新输入
tom1
密码:999

(N)新建用户名
(E)已存在用户名
(Q)退出
请选择:e

你已经选择菜单:[e]
```

```
用户名:tom
密码:9898
欢迎回来 tom

(N)新建用户名
(E)已存在用户名
(Q)退出
请选择:q

你已经选择菜单:[q]
```

第 3 章 函数与模块

Chapter 3

导读

做工程化项目开发时，如果项目中的代码文件非常多，可以使用“包”（package）来管理“模块”（module），再通过模块来管理函数，包其实就是一个文件夹，而模块就是一个 Python 文件，通过这种方式就可以很好地解决大型项目团队开发中经常遇到的命名冲突的问题。除了内置系统函数与模块之外，Python 语言还允许用户建立自己的函数与模块，同时面向对象程序设计还需要掌握类的声明、对象的创建与使用等内容。利用继承不仅使得代码的重用性得以提高，还可以清晰描述事物间的层次分类关系。Python 提供了多继承机制，通过继承父类，子类可以获得父类所拥有的方法和属性，并可以添加新的属性和方法来满足新需求。

3.1 函数的定义

3.1.1 Python 程序结构特点

Python 的程序由包（对应文件夹）、模块（即一个 Python 文件）、函数和类（存在于 Python 文件）等组成，如图 3-1 所示。包是由一系列模块组成的集合，模块是处理某一类问题的函数和类的集合。需要注意的是，包中必须至少含有一个“__init__. py”文件，该文件的内容可以为空，用于标识当前文件夹是一个包。

1. 程序构架

Python 程序的构架是指将一个程序分割为源代码文件的集合以及将这些部分连接在一起的方法。Python 程序的构架示意图如图 3-2 所示。

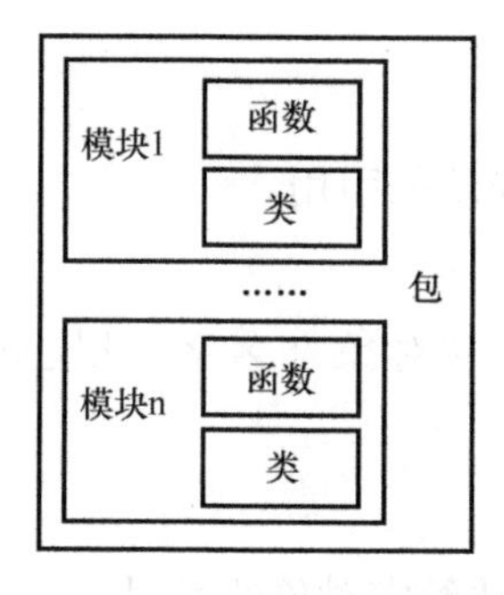

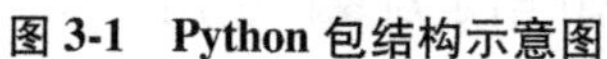
图 3-1 Python 包结构示意图

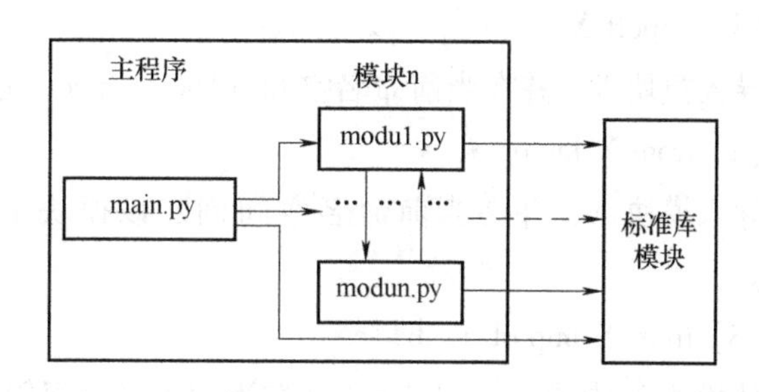

图 3-2 Python 程序的构架示意图

2. 模块

模块是 Python 中最高级别的组织单元，它将程序代码和数据封装起来以便重用。其实，每一个以扩展名“. py”结尾的 Python 文件都是一个模块。

模块具有三个角色：

1）代码重用。

2）系统命名空间的划分（模块可理解为变量名封装，即模块就是命名空间）。

3）实现共享服务和共享数据。

图 3-3 描述了模块内的情况以及与其他模块的交互，即模块的执行环境。模块可以被导入，模块也会导入和使用其他模块，而这些模块可以用 Python 或其他语言（如 C 语言）编写。

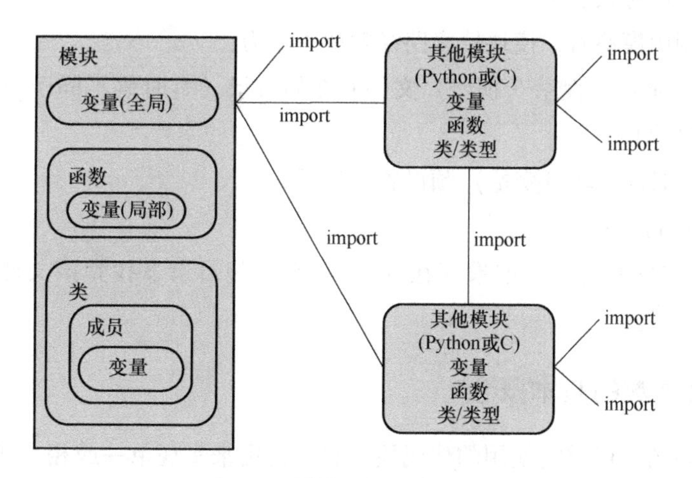

图 3-3 模块及其交互示意

3. import 导入

一个文件可通过导入一个模块（文件）读取这个模块的内容，即导入从本质上讲，就是在一个文件中载入另一个文件，并且能够读取那个文件的内容。一个模块内的内容通过这样的特性（object. attribute）能够被外界使用。导入（import）是 Python 程序结构的重点所在。

import 模块共有四种方式，分别如下所示：

（1）import X

导入模块 X，并在当前命名空间（Namesapce）创建该模块的引用。

（2）from X import *

导入模块 X，并在当前命名空间创建该模块中所有公共对象（名字不以_开头）的引用。

（3）from X import a，b，c

从模块 X 中导入 a、b、c，并在当前命名空间创建该模块给定对象的引用。

（4）X=_import_('X')

类似（1）import X，但这里显式指定了 X 为当前命名空间中的变量。

这里需要注意，使用 import 导入函数、模块时，还可以使用 as 关键字进行别名定义。

导入模块时，Python 解释器首先会检查 module registry（sys. modules）部分，查看该模块是否先前就已经导入，如果 sys. modules 中已经存在（即已注册），则使用当前存在的模块对象即可。如果 sys. modules 中还不存在，则分三步来执行：

第一步，创建一个新的、空的模块对象（本质上是一个字典）；

第二步，在 sys. modules 字典中插入该模块对象；

第三步，加载该模块代码所对应的对象（如果需要，可以先编译好）。

然后在新的模块命名空间执行该模块代码对象（Code Object）。所有由该代码指定的变量均可以通过该模块对象引用。

使用 import 调用模块时，模块搜索路径顺序一般为：

a. 程序的主目录：即程序（顶层）文件所在的目录（有时候不同于当前工作目录（指启动程序时所在目录））；

b. PYTHONPATH：（环境变量）预设置的目录；

c. 标准链接库目录；

d. 任何 . pth 文件的内容（如果存在的话）：在安装目录下找到该文件，以行的形式加入所需要的目录即可。

3.1.2 自定义函数的基本概念

函数是组织好的、可重复使用的代码段，它往往用来实现单一或相关联的功能。函数能提高应用的模块性和代码的重复利用率。Python 提供了许多系统内置函数（见表 3-1），具体使用说明请参考 Python 官方网站。

表 3-1　内置函数一览表

abs()	divmod()	input()	open()	staticmethod()
all()	enumerate()	int()	ord()	str()
any()	eval()	isinstance()	pow()	sum()

（续）

basestring()	execfile()	issubclass()	print()	super()
bin()	file()	iter()	property()	tuple()
bool()	filter()	len()	range()	type()
bytearray()	float()	list()	raw_input()	unichr()
callable()	format()	locals()	reduce()	unicode()
chr()	frozenset()	long()	reload()	vars()
classmethod()	getattr()	map()	repr()	xrange()
cmp()	globals()	max()	reverse()	zip()
compile()	hasattr()	memoryview()	round()	__import__()
complex()	hash()	min()	set()	
delattr()	help()	next()	setattr()	
dict()	hex()	object()	slice()	
dir()	id()	oct()	sorted()	

除了内置函数之外，用户也可以自己创建函数，它被称为用户自定义函数，以下是用户自定义函数的规则：

1）函数代码块以关键词 def 开头，后接函数标识符名称和圆括号“()”。

2）任何传入参数和自变量必须放在圆括号中间，圆括号之间可以用于定义参数。

3）函数的第一行语句可以选择性地使用文档字符串，用于存放函数说明。

4）函数内容以冒号起始，并且统一缩进。

定义一个函数需要包含函数名称，指定函数里包含的参数和代码块结构，同时以“return[表达式]”来结束函数，选择性地返回一个值给调用方，如不包含表达式 return 则相当于返回 None。函数的语法如下：

```
def  函数名([参数1,参数2,...,参数n]):
     "函数_文档字符串"
     函数体(语句块)
     [return[表达式]]
```

函数的基本结构完成以后，用户可以通过指令来调用执行，也可以直接从 Python 提示符执行，或者将函数作为一个值赋值给指定变量。

【例 3-1】 函数定义应用。

```
def goods_price(number_of_egg,number_of_cake):
     #金额计算
     total_egg=number_of_egg*8
     total_cake=number_of_cake*32
```

```
    total=total_egg+total_cake
    return total
#调用函数
a=15
b=12
print("此次购物包括鸡蛋%d千克、蛋糕%d包,共计人民币%d元。"%(a,b,goods_
price(a,b)))
```

运行结果：

```
>>>
此次购物包括鸡蛋15千克、蛋糕12包,共计人民币504元。
```

3.1.3 形式参数、实际参数以及传递机制

1. 两种类型的参数

在使用函数时，经常会用到形式参数（简称“形参”）和实际参数（简称“实参”），二者都叫参数，它们之间的区别是：

1）形式参数：在定义函数时，函数名后面括号中的参数就是形式参数，例如：

```
#定义函数时,这里的函数参数obj就是形式参数
def demo(obj):
    print(obj)
```

2）实际参数：在调用函数时，函数名后面括号中的参数称为实际参数，也就是函数的调用者给函数的参数。例如：

```
a="人工智能Python编程"
#调用已经定义好的demo()函数,此时传入的函数参数a就是实际参数
demo(a)
```

根据实际参数的类型不同，函数参数的传递方式可分为两种，分别为值传递和引用（地址）传递：

1）值传递：适用于实参类型为不可变类型（字符串、数字、元组）的情况。

2）引用（地址）传递：适用于实参类型为可变类型（列表，字典）的情况。

值传递和引用传递的区别是，函数参数进行值传递后，若形参的值发生改变，不会影响实参的值；而函数参数继续引用传递后，改变形参的值，实参的值也会一同改变。

【例 3-2】 定义一个名为 adds 的函数，用于两个变量的相加，现在分别传入一个字符串类型的变量（代表值传递）和列表类型的变量（代表引用传递）。

```
def adds(obj):
        obj +=obj
        print("形参值为:",obj)
print("-------值传递-----")
a="人工智能 Python 编程"
print("a 的值为:",a)
adds(a)
print("实参值为:",a)
print("-----引用传递-----")
list1=["人工","智能","Python","编程"]
print("set1 的值为:",list1)
adds(list1)
print("实参值为:",list1)
```

运行结果：

```
>>>
-------值传递-----
a 的值为:人工智能 Python 编程
形参值为:人工智能 Python 编程人工智能 Python 编程
实参值为:人工智能 Python 编程
-----引用传递-----
set1 的值为:['人工','智能','Python','编程']
形参值为:['人工','智能','Python','编程','人工','智能','Python','编程']
实参值为:['人工','智能','Python','编程','人工','智能','Python','编程']
```

分析运行结果不难看出，在执行值传递时，改变形式参数的值，实际参数并不会发生改变；而在进行引用传递时，改变形式参数的值，实际参数也会发生同样的改变。

2. 值传递机制

【例 3-3】 定义一个名为 swap 的函数，通过值传递进行两个变量的交换。

```
def swap(a,b):
     # 下面代码实现 a、b 变量的值交换
     a,b=b,a
     print("swap 函数里,a 的值是",a,";b 的值是",b)
a=16
b=19
swap(a,b)
print("交换结束后,变量 a 的值是",a,";变量 b 的值是",b)
```

运行结果：

```
>>>
swap 函数里,a 的值是 19;b 的值是 16
交换结束后,变量 a 的值是 16;变量 b 的值是 19
```

从上面的运行结果来看，在 swap( ) 函数里，a 和 b 的值分别是 19、16；交换结束后，变量 a 和 b 的值依然是 16、19。从这个运行结果可以看出，程序中实际定义的变量 a 和 b，并不是 swap( ) 函数里的 a 和 b。根据形参和实参的定义，swap( ) 函数里的 a 和 b 只是主程序中变量 a 和 b 的复制品，这两个变量在内存中的存储示意图如图 3-4 所示。

当程序执行 swap( ) 函数时，系统进入 swap( ) 函数，并将主程序中的 a、b 变量作为参数值传入 swap( ) 函数，但传入 swap( ) 函数的只是 a、b 的副本，而不是 a、b 本身。进入 swap( ) 函数后，系统中产生了 4 个变量，这 4 个变量在内存中的存储示意图如图 3-5 所示。

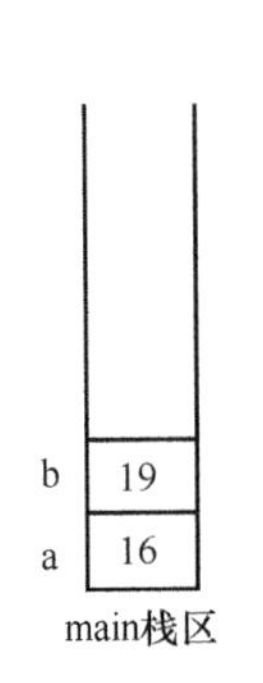

图 3-4　主栈区中 a、b 变量存储示意图

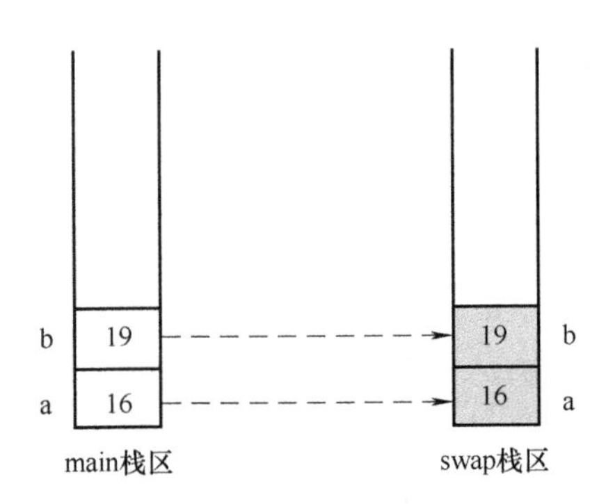

图 3-5　主栈区的变量作为参数值传入 swap( ) 函数后的存储示意图

当在主程序中调用 swap( ) 函数时，系统分别为主程序和 swap( ) 函数分配两块栈区，用于保存它们的局部变量。将主程序中的 a、b 变量作为参数值传入 swap( ) 函数，实际上是在 swap( ) 函数栈区中重新产生了两个变量 a、b，并将主程序栈区中 a、b 变量的值分别赋值给 swap( ) 函数栈区中的 a、b 参数（就是对 swap( ) 函数的 a、b 两个变量进行初始化）。此时，系统存在两个 a 变量、两个 b 变量，只是存在于不同的栈区中而已。

程序在 swap( ) 函数中交换 a、b 两个变量的值，实际上是对图 3-5 中灰色区域的 a、b 变量进行交换。交换结束后，输出 swap( ) 函数中 a、b 变量的值，可以看到 a 的值为 9，b 的值为 6，此时在内存中的存储示意图如图 3-6 所示。

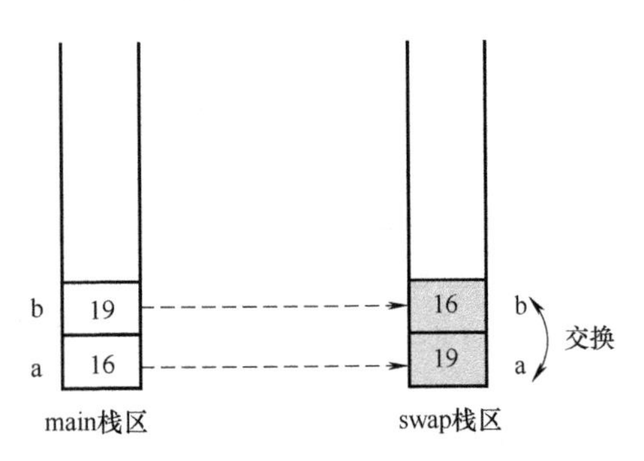

图 3-6　swap( ) 函数中 a、b 交换之后的存储示意图

对比图 3-5 与图 3-6，可以看到两个示意图中主程序栈区中 a、b 的值并未有任何改变，程序改变的只是 swap( ) 函数栈区中 a、b 的值。这就是值传递的实质：当系统开始执行函数时，系统对形参执行初始化，就是把实参变量的值赋给函数的形参变量，在函数中操作的并不是实际的实参变量。

3. 引用传递机制

【例 3-4】 定义一个名为 swap 的函数，通过引用传递进行两个变量的交换。

```
def swap(dw):
        # 下面代码实现 dw 的 a、b 两个元素的值交换
        dw['a'],dw['b']=dw['b'],dw['a']
        print("swap 函数里,a 元素的值是",dw['a'],";b 元素的值是",dw['b'])
dw={'a':16,'b':19}
swap(dw)
print("交换结束后,a 元素的值是",dw['a'],";b 元素的值是",dw['b'])
```

运行结果：

```
>>>
swap 函数里,a 元素的值是 19;b 元素的值是 16
交换结束后,a 元素的值是 19;b 元素的值是 16
```

从上面的运行结果来看，在 swap( ) 函数里，dw 字典的 a、b 两个元素的值被交换成功。不仅如此，当 swap( ) 函数执行结束后，主程序中 dw 字典的 a、b 两个元素的值也被交换了。这很容易造成一种错觉，即在调用 swap( ) 函数时，传入 swap( ) 函数的就是 dw 字典本身，而不是它的复制品。下面结合示意图来说明程序的执行过程。

程序开始创建了一个字典对象，并定义了一个 dw 引用变量（其实就是一个指针）指向字典对象，这意味着此时内存中有两个东西：对象本身和指向该对象的引用变量。此时在系统内存中的存储示意图如图 3-7 所示。

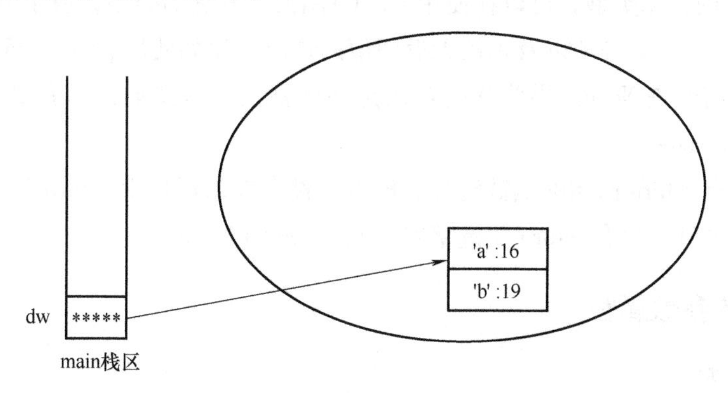

图 3-7 主程序创建了字典对象后存储示意图

接下来主程序开始调用 swap( ) 函数，在调用 swap( ) 函数时，dw 变量作为参数传入 swap( ) 函数，这里依然采用值传递方式：把主程序中 dw 变量的值赋给 swap( ) 函数的 dw 形参，从而完成 swap( ) 函数的 dw 参数的初始化。值得指出的是，主程序中的 dw 是一个引用

变量（也就是一个指针），它保存了字典对象的地址值，当把 dw 的值赋给 swap( ) 函数的 dw 参数后，就是让 swap( ) 函数的 dw 参数也保存这个地址值，即也会引用到同一个字典对象。图 3-8 显示了 dw 字典传入 swap( ) 函数后的存储示意图。

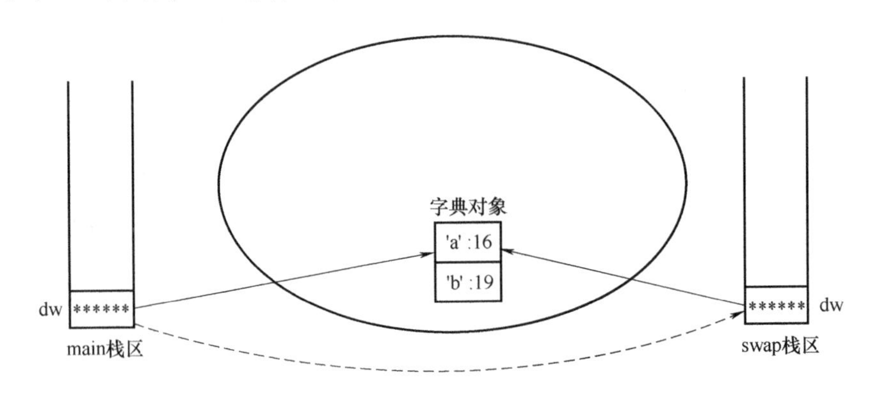

图 3-8　dw 字典传入 swap( ) 函数后存储示意图

从图 3-8 来看，这种参数传递方式是不折不扣的值传递方式，系统同样复制了 dw 的副本传入 swap( ) 函数。但由于 dw 只是一个引用变量，因此系统复制的是 dw 变量，并未复制字典本身，当程序在 swap( ) 函数中操作 dw 参数时，实际操作的还是字典对象。此时，不管是操作主程序中的 dw 变量，还是操作 swap( ) 函数里的 dw 参数，其实操作的都是它们共同引用的字典对象。因此，当在 swap( ) 函数中交换 dw 参数所引用字典对象的 a、b 两个元素的值后，可以看到在主程序中 dw 变量所引用字典对象的 a、b 两个元素的值也被交换了。

4. 返回值 None

常量 None（N 必须大写），和 False 不同，它不表示 0，也不表示空字符串，而表示“没有值”，也就是空值。这里的空值并不代表空对象，即 None 和 [ ]、“” 不同。

None 有自己的数据类型，可以在使用 type( ) 函数查看它的类型，属于 NoneType 类型。

None 常用于 assert、判断以及函数无返回值的情况。比如使用 print( ) 函数输出数据，其实该函数的返回值就是 None。因为它的功能是在屏幕上显示文本，不需要返回任何值，所以 print( ) 就返回 None。

对于所有没有 return 语句的函数定义，Python 都会在末尾加上 return None。使用不带值的 return 语句（也就是只有 return 关键字本身），也返回 None。

3.1.4 函数的参数属性

1. 关键字参数

使用函数时所用的参数都是位置参数，即传入函数的实际参数必须与形式参数的数量和位置对应。而关键字参数是指使用形式参数的名字来确定输入的参数值，可以避免牢记参数位置的麻烦，令函数的调用和参数传递更加灵活方便。

【例 3-5】 使用关键字参数的形式给函数传参。

```
def dinner_menu(food,drink,dessert):
        print("主食提供"+food+",")
        print("酒水提供"+drink+",")
        print("甜点提供"+dessert+"。")
#位置参数
dinner_menu("馒头","黄酒","冰淇淋")
#关键字参数
dinner_menu("牛排",drink="白酒",dessert="果子露")
```

运行结果：

```
>>>
主食提供馒头,
酒水提供黄酒,
甜点提供冰淇淋。
主食提供牛排,
酒水提供白酒,
甜点提供果子露。
```

可以看到，在调用有参函数时，既可以根据位置参数来调用，也可以使用关键字参数（程序中第8行）来调用。在使用关键字参数调用时，可以任意调换参数传参的位置。当然，还可以像第6行代码这样，使用位置参数和关键字参数混合传参的方式，但需要注意，混合传参时关键字参数必须位于所有的位置参数之后。

2. 默认值参数

在调用函数时如果不指定某个参数，Python 解释器会抛出异常。为了解决这个问题，Python 允许为参数设置默认值，即在定义函数时，直接给形式参数指定一个默认值。这样即便调用函数时没有给拥有默认值的形参传递参数，该参数可以直接使用定义函数时设置的默认值。

Python 定义带有默认值参数的函数，其语法格式如下：

```
def 函数名(...,形参名,形参名=默认值):
    代码块
```

注意，在使用此格式定义函数时，指定有默认值的形式参数必须在所有没设置默认值的参数的最后，否则会产生语法错误。

【例 3-6】 函数参数的调用。

```
#str1 没有默认值,str2 有默认值
def prints(str1,str2="鸿蒙"):
```

```
    print("str1:",str1,"str2:",str2)
#采用默认参数
prints("操作系统")
prints("操作系统","UOS 系统")
```

运行结果：

```
>>>
str1:操作系统 str2:鸿蒙
str1:操作系统 str2:UOS 系统
```

上面程序中，prints()函数有 2 个参数，其中第 2 个设有默认值。这意味着，在调用该函数时，可以仅传入 1 个参数，此时该参数会传给 str1 参数，而 str2 会使用默认的参数，如程序中代码 prints("操作系统")所示。当然在调用 prints()函数时，也可以给所有的参数传值，如代码 prints("操作系统","UOS 系统")所示，这时即便 str2 有默认值，它也会优先使用传递给它的新值。

3. 可变长参数

可变长参数是指在调用函数时，传入的参数个数可以不固定。从上述参数属性知道，调用函数时，传值的方式无非位置实参和关键字实参，如果参数个数不固定时，可以采用可变长参数，即 * 或 ** 来表示。

（1）可变长形参之 *

形参中的 * args 会将溢出的位置实参全部接受，然后以元组的形式存储，然后把元组赋值给 * 后的参数，需要注意的是 * 后的参数名约定成俗称为 args。

【例 3-7】 可变长形参实例 1。

```
def sum_sef(*args):
    res=0
    for num in args:
        res+=num
    return res
res=sum_sef(1,2,3,4,5)#由于没有形参来接受实参的值,故全部给 args
print(res)
```

运行结果：

```
>>>
15
```

【例 3-8】 可变长形参实例 2。

```
def sum_sef(x, * args):
    res=0
    for num in args:
        res+=num
    return res
res=sum_sef(1,2,3,4,5) #形参 x 接受了 1,剩下的实参没有形参接受
print(res)
```

运行结果：

```
>>>
14
```

【例 3-9】 可变长形参实例 3。

```
def sum_sef(x,y,z, * args):
    print(x,y,z,args)
    print(args)              #arg 中存储了(4,5,6)
    print( * args)           #输出的时候加上 * 可以去掉()
    print(type(args))        #args 是元组类型
sum_sef(1, * (2,3),4,5,6)  #将 * 号内元素打散成 1、2、3、4、5、6,对形参进行赋值
```

运行结果：

```
>>>
1 2 3 (4,5,6)
(4,5,6)
4 5 6
<class 'tuple'>
```

从本例中可以看出，实参中的 * 会将其参数的值循环取出，打散成位置实参。

（2）可变长形参之 **

形参中的 ** 会将溢出的关键字实参全部接收，然后存储成字典的形式，把字典赋值给 ** 后的参数。需要注意的是 ** 后的参数名约定成俗称为 kwargs。

【例 3-10】 可变长形参实例 4。

```
def func(x,y, ** kwargs):
    print(kwargs)
func("1","2",a=15,b=12)
```

运行结果：

```
>>>
{'a':15,'b':12}
```

【例 3-11】 可变长形参实例 5。

```
def func(x,y,b,**kwargs):#形参中不可任意添加值,比如 z,因为在实参中并没有值和 z 对应
    print(x,y,b)
    print(kwargs)
func('rrr','789',**{'a':1,'b':2,'c':3}) #打散后,由于形参中有 b,因此提出 b 值,其余的赋值给 **kwargs
```

运行结果:

```
>>>
rrr 789 2
{'a':1,'c':3}
```

从本例中可以看出，实参中的 ** 会将参数后面的值循环取出，打散成关键字实参。

3.1.5 函数的变量特性

1. 局部变量

在函数内部定义的变量，它的作用域也仅限于函数内部，在函数外部就不能使用了，这样的变量称为局部变量（Local Variable），可以通过 locals() 函数来访问。当函数被执行时，Python 会为其分配一块临时的存储空间，所有在函数内部定义的变量，都会存储在这块空间中。而在函数执行完毕后，这块临时存储空间随即被释放并回收，该空间中存储的变量自然也就无法再被使用。

如果试图在函数外部访问其内部定义的变量，Python 解释器会报 NameError 错误，并提示没有定义要访问的变量，这也证实了当函数执行完毕后，其内部定义的变量会被销毁并回收。需要指出的是，函数的参数也属于局部变量，只能在函数内部使用。

2. 全局变量

在函数内部为不存在的变量赋值时，默认就是重新定义新的局部变量。如果要使用全局变量，则需要通过 globals() 函数或 global 语句来实现。

【例 3-12】 通过 locals() 和 globals() 函数来实现局部变量和全局变量的访问。

```
outerVar="这是全局变量的字符串"
def test():
    innerVar="这是局部变量字符串"
```

```
        print("局部变量=")
        print(locals())
    test()
    print("全局变量=")
    print(globals())
    print(globals()['outerVar'])
```

运行结果：

```
>>>
局部变量=
{'innerVar':'这是局部变量字符串'}
全局变量=
{'__name__':'__main__','__doc__':None,'__package__':None,'__loader__':
<class '_frozen_importlib.BuiltinImporter'>,'__spec__':None,'__anno-
tations__':{},'__builtins__':<module 'builtins'(built-in)>,'__file__':
'D:/Python/ch3/EX3-函数11.py','outerVar':'这是全局变量的字符串','test':
<function test at 0x000001458C123370>}
这是全局变量的字符串
```

从例中可以看到，locals()和globals()函数输出的是字典，其中全局变量非常多。

【例3-13】 通过global语句来访问全局变量。

```
name='字符串'
def test():
    # 声明name是全局变量,后面的赋值语句不会重新定义局部变量
    global name
    # 直接访问name全局变量
    print(name)
    name='string'
test()
print(name)
```

运行结果：

```
>>>
字符串
string
```

3.1.6 相关内置函数

1. help( )内置函数

通过调用 Python 的 help( )内置函数可以查看某个函数的使用说明文档，对于用户自定义的函数，其说明文档也可以由程序员自己编写。函数的说明文档，本质就是一段字符串，通常位于函数内部、所有代码的最前面。

【例 3-14】 函数参数的调用。

```
#定义一个比较字符串大小的函数
def str_max(str1,str2,str3):
    '''
    比较 3 个字符串的大小
    '''
    str0=str1 if str1 > str2 else str2
    str=str0 if str0 > str3 else str3
    return str
#调用字符串比较,并提供说明文档
str1=input("请输入第 1 个字符串")
str2=input("请输入第 2 个字符串")
str3=input("请输入第 3 个字符串")
print(str_max(str1,str2,str3))
help(str_max)
#print(str_max.__doc__)
```

运行结果：

```
>>>
请输入第 1 个字符串 ab↙
请输入第 2 个字符串 a↙
请输入第 3 个字符串 1↙
ab
Help on function str_max in module __main__:

str_max(str1,str2,str3)
    比较 3 个字符串的大小
```

2. map( )函数

map( )函数会根据提供的函数对指定序列做映射，其语法如下：

```
map(function,iterable,...)
```

第一个参数 function 指参数序列 iterable 中的每一个元素调用的函数，返回包含每次 function 函数返回值的新列表；第二个参数 iterable 表示一个或多个序列。

【例 3-15】 用 map( )函数求平方数列表。

```
def square(x):# 计算平方数
    return x ** 2
a=list(map(square,[1,2,3,4,5,6,7,8]))
print(a)
```

运算结果：

```
>>>
[1,4,9,16,25,36,49,64]
```

3. zip( )函数及用法

zip( )函数是 Python 内置函数之一，它可以将多个序列（列表、元组、字典、集合、字符串以及 range( )区间构成的列表）“压缩”成一个 zip 对象。所谓“压缩”，其实就是将这些序列中对应位置的元素重新组合，生成一个新的元组。

zip( )函数的语法格式为：

```
zip(iterable,...)
```

其中 iterable 表示一个或多个列表、元组、字典、集合、字符串、range( )区间。

【例 3-16】 zip( )函数基本应用。

```
my_list=[-1,-2,-3]
my_tuple=("a","b","c")
print([x for x in zip(my_list,my_tuple)])
my_dic={101:2,102:4,103:5}
print([x for x in zip(my_dic)])
my_pychar="China"
my_shechar="中国地大物博"
print([x for x in zip(my_pychar,my_shechar)])
```

运算结果：

```
>>>
[(-1,'a'),(-2,'b'),(-3,'c')]
[(101,),(102,),(103,)]
[('C','中'),('h','国'),('i','地'),('n','大'),('a','物')]
```

分析以上的程序和相应的输出结果不难发现，在使用 zip( )函数“压缩”多个序列时，它会分别取各序列中第 1 个元素、第 2 个元素……，各自组成新的元组。需要注意的是，当多个序列中元素个数不一致时，会以最短的序列为准进行压缩。

对于 zip( )函数返回的 zip 对象，既可以像上面程序那样，通过遍历提取其存储的元组，也可以通过调用 list( )函数将 zip( )对象强制转换成列表。

4. reversed( )函数及用法

reversed( )函数是 Pyton 内置函数之一，其功能是对于给定的序列（包括列表、元组、字符串以及 range( )区间），该函数可以返回一个逆序序列的迭代器（用于遍历该逆序序列）。

reversed( )函数的语法格式如下：

```
reversed(seq)
```

其中，seq 可以是列表、元组、字符串以及 range( )生成的区间列表。

【例 3-17】 reversed( )函数基本应用。

```
#将列表进行逆序
print([x for x in reversed([-1,1,3,5,7])])
#将元组进行逆序
print([x for x in reversed((-1,1,3,5,7))])
#将字符串进行逆序
print([x for x in reversed("china")])
#将 range()生成的区间列表进行逆序
print([x for x in reversed(range(5))])
```

运算结果：

```
>>>
[7,5,3,1,-1]
[7,5,3,1,-1]
['a','n','i','h','c']
[4,3,2,1,0]
```

需要注意的是，使用 reversed( )函数进行逆序操作，并不会改变原来序列中元素的顺序。

5. sorted( )函数及用法

sorted( )函数是 Python 内置函数之一，其功能是对序列（列表、元组、字典、集合、还包括字符串）进行排序。

sorted( )函数的基本语法格式如下：

```
list=sorted(iterable,key=None,reverse=False)
```

sorted()函数会返回一个排好序的列表。其中，iterable 表示指定的序列，key 参数可以自定义排序规则；reverse 参数指定以升序（False，默认）还是降序（True）进行排序；key 参数和 reverse 参数是可选参数，即可以指定，也可以忽略。

【例 3-18】 sorted()函数基本应用。

```
#对列表进行排序
list1=[23,12,24,33,1]
print(sorted(list1))
#对元组进行排序
tup1=(23,12,24,33,1)
print(sorted(tup1))
#字典默认按照 key 进行排序
dict1={4:1,5:2,3:3,2:6,1:8}
print(sorted(dict1.items()))
#对集合进行排序
set1={23,12,24,33,1}
print(sorted(set1))
#对字符串进行排序
str1="51423"
print(sorted(str1))
```

运算结果：

```
>>>
[1,12,23,24,33]
[1,12,23,24,33]
[(1,8),(2,6),(3,3),(4,1),(5,2)]
[1,12,23,24,33]
['1','2','3','4','5']
```

【例 3-19】 sorted()函数使用要点。

使用 sorted()函数对序列进行排序，并不会在原序列的基础进行修改，而是会重新生成一个排好序的列表。除此之外，sorted()函数默认对序列中元素进行升序排序，通过手动将其 reverse 参数值改为 True，可实现降序排序。

```
#对列表进行排序
a=[25,33,14,-2,0]
```

```
print(sorted(a))
#再次输出原来的列表 a
print(a)
#对列表进行排序
a=[25,33,14,-2,0]
print(sorted(a,reverse=True))
```

运算结果：

```
>>>
[-2,0,14,25,33]
[25,33,14,-2,0]
[33,25,14,0,-2]
```

3.2 函数的高级应用

3.2.1 匿名函数 lambda 表达式

对于定义一个简单的函数，Python 还提供了另外一种方法，即使用 lambda 表达式。

lambda 表达式，又称匿名函数，常用来表示内部仅包含 1 行表达式的函数。如果一个函数的函数体仅有 1 行表达式，则该函数就可以用 lambda 表达式来代替。

lambda 表达式的语法格式如下：

```
name=lambda [list]:value
```

其中，定义 lambda 表达式，必须使用 lambda 关键字；[list] 作为可选参数，等同于定义函数是指定的参数列表；value 为该表达式的名称。

该语法格式转换成普通函数的形式，如下所示：

```
def name(list):
    return 表达式
name(list)
```

显然，使用普通方法定义此函数，需要 3 行代码，而使用 lambda 表达式仅需 1 行。

【例 3-20】 分别用传统方法和匿名函数来定义一个计算 3 个数相乘的函数。

```
#传统的函数定义
def mul3(x,y,z):
    return x*y*z
```

```
print(mul3(11,5.5,-2))
#匿名函数定义
mul_3=lambda x,y,z:x*y*z
print(mul_3(11,5.5,-2))
```

运行结果：

```
>>>
-121.0
-121.0
```

由于上面程序中，mul3()函数内部仅有1行表达式，因此该函数可以直接用lambda表达式表示。

相比传统函数，lamba表达式具有以下2个优势：

1）对于单行函数，使用lambda表达式可以省去定义函数的过程，让代码更加简洁。

2）对于不需要多次复用的函数，使用lambda表达式可以在用完之后立即释放，提高程序执行的性能。

【例3-21】 采用lambda表达式来计算0~9每个数的平方。

```
a=list(map(lambda x:x**2,range(10)))
print(a)
```

运行结果：

```
>>>
[0,1,4,9,16,25,36,49,64,81]
```

3.2.2 闭包函数

闭包函数又称闭合函数，它和嵌套函数类似，不同之处在于，闭包中外部函数返回的不是一个具体的值，而是一个函数。一般情况下，返回的函数会赋值给一个变量，这个变量可以在后面被继续执行调用。

【例3-22】 计算一个数的n次幂。

```
#闭包函数,其中exponent称为自由变量
def nth_power(exponent):
    def exponent_of(base):
        return base ** exponent
    return exponent_of #返回值是exponent_of函数
square=nth_power(2) #计算一个数的平方
```

```
quadrillion=nth_power(6) # 计算一个数的六次方
print(square(-6)) # 计算 -6 的平方
print(quadrillion(-6)) # 计算 -6 的五次方
```

运行结果：

```
>>>
36
46656
```

在上面程序中，外部函数 nth_power( )的返回值是函数 exponent_of( )，而不是一个具体的数值。需要注意的是，在执行完 square=nth_power(2)和 quadrillion=nth_power(5)后，外部函数 nth_power( )的参数 exponent 会和内部函数 exponent_of 一起赋值给 squre 和 quadrillion，这样在之后调用 square(-6)或者 quadrillion(-6)时，程序就能顺利地输出结果，而不会报错说参数 exponent 没有定义。

3.2.3 递归函数

在函数内部，可以调用其他函数。如果一个函数在内部调用函数自身，这个函数就是递归函数。递归函数具有以下特性：

1）必须有一个明确的结束条件。

2）每次进入更深一层递归时，问题规模相比上次递归都应有所减少。

3）相邻两次重复调用之间有紧密的联系，前一次要为后一次做准备（通常前一次的输出就作为后一次的输入）。

4）递归效率不高，递归层次过多会导致栈溢出，因为函数调用是通过栈（stack）这种数据结构实现的，每当进入一个函数调用，栈就会加一层栈帧，每当函数返回，栈就会减一层栈帧。由于栈的大小不是无限的，所以，递归调用的次数过多会导致栈溢出。

【例 3-23】 用递归函数计算阶乘。

```
def fact(n):
    if n==1:
        return 1
    return n * fact(n -1)
print(fact(5))
```

运行结果：

```
>>>
120
```

本例中的递归过程如下所示：

```
===> fact(5)
===> 5 * fact(4)
===> 5 * (4 * fact(3))
===> 5 * (4 * (3 * fact(2)))
===> 5 * (4 * (3 * (2 * fact(1))))
===> 5 * (4 * (3 * (2 * 1)))
===> 5 * (4 * (3 * 2))
===> 5 * (4 * 6)
===> 5 * 24
===> 120
```

由此也可以看出：递归函数的优点是定义简单，逻辑清晰。理论上，所有的递归函数都可以写成循环的方式，但循环的逻辑不如递归清晰。同时，使用递归函数需要注意防止栈溢出。

【例 3-24】 用递归函数解决汉诺塔问题。

```
def hanoti(n,x1,x2,x3):
    if(n==1):
        print('move:',x1,'-->',x3)
        return
    hanoti(n-1,x1,x3,x2)
    print('move:',x1,'-->',x3)
    hanoti(n-1,x2,x1,x3)
print(hanoti(3,1,2,3))
```

运行结果：

```
>>>
move:1 --> 3
move:1 --> 2
move:3 --> 2
move:1 --> 3
move:2 --> 1
move:2 --> 3
move:1 --> 3
None
```

本例的流程图如图 3-9 所示。

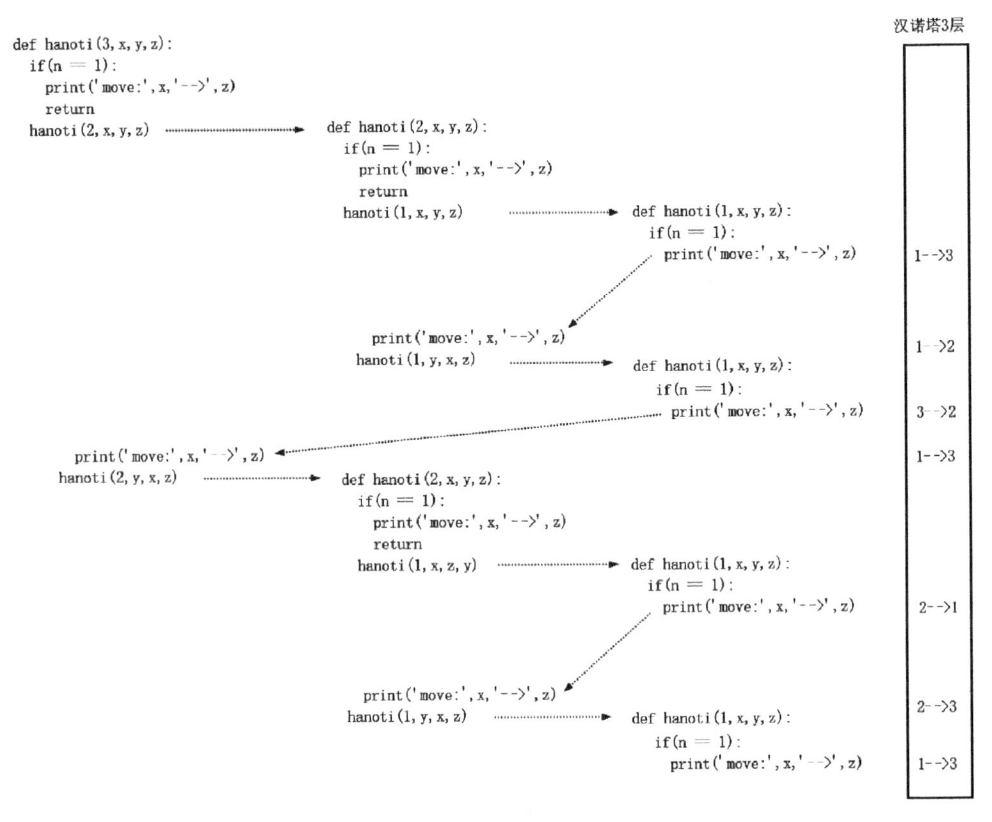

图 3-9　用递归函数解决汉诺塔问题流程图

3.3 对象与类

3.3.1 对象的引入

面向对象编程（Object-oriented Programming，OOP），是一种封装代码的方法。将无序的数据放入列表中，这是一种简单的封装，是数据层面的封装；把常用的代码块打包成一个函数，这也是一种封装，是语句层面的封装。代码封装，其实就是隐藏实现功能的具体代码，仅留给用户使用的接口。面向对象编程，也是一种封装的思想，不过显然比以上两种封装更先进，它可以更好地模拟真实世界里的事物（将其视为对象），并把描述特征的数据和代码块（函数）封装到一起。

1. 对象实例

如果要在某游戏中设计一个乌龟的角色，应该如何来实现？使用面向对象的思想会更简单，可以分为如下两个方面进行描述：

从表面特征来描述，例如，绿色的、有 4 条腿、重 10kg、有外壳等。

从所具有的行为来描述，例如，它会爬、会吃东西、会睡觉、会将头和四肢缩到壳里等。

如果将乌龟用代码来表示，则其表面特征可以用变量来表示，其行为特征可以通过建立各种函数来表示。参考代码如下所示：

【例 3-25】 创建“乌龟”的封装。

```
class tortoise:
        bodyColor="绿色"
        footNum=4
        weight=10
        hasShell=True
        #会爬
        def crawl(self):
                print("乌龟会爬")
        #会吃东西
        def eat(self):
                print("乌龟吃东西")
        #会睡觉
        def sleep(self):
                print("乌龟在睡觉")
        #会缩到壳里
        def protect(self):
                print("乌龟缩进了壳里")
```

因此，从某种程序上，相比较只用变量或只用函数，使用面向对象的思想可以更好地模拟现实生活中的事物。

不仅如此，在 Python 中，所有的变量其实也都是对象，包括整型（int）、浮点型（float）、字符串（str）、列表（list）、元组（tuple）、字典（dict）和集合（set）。以字典（dict）为例，它包含多个函数供使用，例如使用 keys()获取字典中所有的键，使用 values()获取字典中所有的值，使用 item()获取字典中所有的键值对等。

2. 对象的常用术语

面向对象编程中，常用术语包括：

1）类：可以理解是一个模板，通过它可以创建出无数个具体实例。比如，前面编写的 tortoise 类表示的只是乌龟这个物种，通过它可以创建出无数个实例来代表各种不同特征的乌龟（这一过程又称为类的实例化）。

2）对象：类并不能直接使用，通过类创建出的实例（又称对象）才能使用。这有点像汽车图纸和汽车的关系，汽车图纸本身（类）并不能为人们使用，通过图纸生产出的汽车（对象）才能使用。

3）属性：类中的所有变量称为属性。例如，tortoise 这个类中，bodyColor、footNum、weight、hasShell 都是这个类拥有的属性。

4）方法：类中的所有函数通常称为方法。不过，和函数所有不同的是，类方法至少要包含一个 self 参数（后续会做详细介绍）。例如，tortoise 类中，crawl( )、eat( )、sleep( )、protect( )都是这个类所拥有的方法，类方法无法单独使用，只能和类的对象一起使用。

3. 类的定义

Python 中使用关键字 class 定义一个类，其基本语法格式如下：

```
class 类名:
    多个(≥0)类属性...
    多个(≥0)类方法...
```

注意，无论是类属性还是类方法，对于类来说，它们都不是必需的，可以有也可以没有。另外，类属性和类方法所在的位置是任意的，即它们之间并没有固定的前后次序。

和变量名一样，类名本质上就是一个标识符，必须符合 Python 的语法，同时考虑程序的可读性。因此，在给类起名字时，最好使用能代表该类功能的单词，例如用“Student”作为学生类的类名；甚至如果必要，可以使用多个单词组合而成。如果由单词构成类名，建议每个单词的首字母大写，其他字母小写。

给类起好名字之后，其后要跟有冒号“:”，表示告诉 Python 解释器，下面要开始设计类的内部功能了，也就是编写类属性和类方法。类属性指的就是包含在类中的变量；而类方法指的是包含在类中的函数。需要注意的一点是，同属一个类的所有类属性和类方法，要保持统一的缩进格式。

4. 类和对象的关系

定义的类只有进行实例化，也就是使用该类创建对象之后，才能得到应用，其定义如下：

```
变量名=类名称(初始化参数)
```

简单来说，就是把带有初始化参数的类赋值给一个变量。

实例化后的类对象可以执行以下操作：

（1）类对象访问变量或方法

使用已创建好的类对象访问类中实例变量的语法格式如下：

```
类对象名.变量名
```

（2）使用类对象调用类中方法的语法格式如下：

```
对象名.方法名(参数)
```

需要注意的是，对象名和变量名以及方法名之间用点“.”连接。

3.3.2 类的构造方法

1. __init__( )方法

在创建类时，可以手动添加一个__init__( )方法，该方法是一个特殊的类实例方法，称为构造方法（或构造函数）。

构造方法用于创建对象时使用，每当创建一个类的实例对象时，Python 解释器都会自动调用它。Python 类中，手动添加构造方法的语法格式如下：

```
def__init__(self,...):
    代码块
```

__init__()方法名中，开头和结尾各有两个下划线，且中间不能有空格。它可以包含多个参数，但必须包含一个名为 self 的参数，且必须作为第一个参数。也就是说，类的构造方法最少也要有一个 self 参数。

【例 3-26】 构建__init__()方法并调用。

```
#构造方法
class NewObj:
        def __init__(self):
            print("调用构造方法")
        # 下面定义了一个类属性
        add='Python 学习'
        # 下面定义了一个 say 方法
        def say(self,content):
            print(content)
#调用构造方法
new1=NewObj()
```

运行结果：

```
>>>
调用构造方法
```

显然，在创建 new1 这个对象时，隐式调用了手动创建的__init__()构造方法。

【例 3-27】 构建 3 个数相乘类的方法并调用。

```
#定义 3 个数相乘类
class NewSums:
        def __init__(self,a,b,c):
            self.a=a
            self.b=b
            self.c=c
        def muls(self,a,b,c):
```

```
        d=a*b*c
        print(d)
#创建类及调用方法
str1=NewSums(5,9,-1)
str1.muls(5,9,-1)
str2=NewSums("abc",3,2)
str2.muls("abc",3,2)
```

运行结果：

```
>>>
-45
abcabcabcabcabcabc
```

从例中可以看到，除了数字可以相乘外，字符串也可以进行相乘。

2. 实例化与self用法

在定义类的过程中，无论是显式创建类的构造方法，还是向类中添加实例方法，都要求将self参数作为方法的第一个参数。

【例3-28】 实例化和self用法。

```
#定义类
class op:
    def__init__(self,p):
        self.p=p
    def a(self):
        self.p +=5
    def b(self):
        self.a()  #在函数b中调用函数a
        print(self.p)
#创建并调用方法
var=op(2)
var.b()
```

运行结果：

```
>>>
8
```

该程序的实例化图解如图3-10所示。

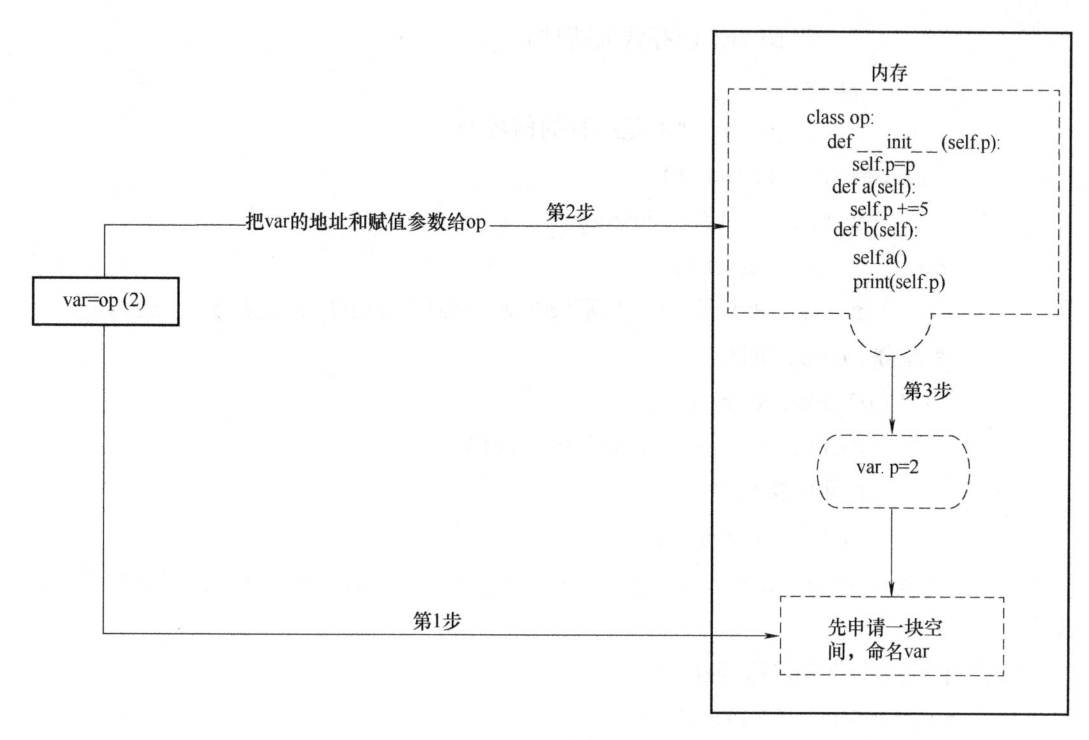

图 3-10　实例化图解

3.3.3 property()函数和@property 装饰器

1. property()函数

property()函数的基本使用格式如下：

```
属性名=property(fget=None,fset=None,fdel=None,doc=None)
```

其中，fget 参数用于指定获取该属性值的类方法，fset 参数用于指定设置该属性值的方法，fdel 参数用于指定删除该属性值的方法，doc 是一个文档字符串，用于说明此函数的作用。

【例 3-29】　设钱是私有属性，模拟银行卡交易案例。

```
class Card:
    def __init__(self,card_no):
        '''初始化方法'''
        self.card_no=card_no
        self.__money=0
    def set_money(self,money):
        if money % 100==0:
            self.__money +=money
```

```
                print("存钱成功!")
            else:
                print("不是一百的倍数")
        def get_money(self):
            return self.__money
        def __str__(self):
            return "卡号%s,余额%d" % (self.card_no,self.__money)
        # 删除money属性
        def del_money(self):
            print("----->要删除money")
            # 删除类属性
            del Card.money
        money=property(get_money,set_money,del_money,"有关余额操作的
属性")
    #执行卡的实例化并进行操作
    c=Card("4559238024925290")
    print(c)
    c.money=500
    print(c.money)
    print(Card.money.__doc__)
```

运行结果：

```
>>>
卡号622238024925290,余额0
存钱成功!
500
有关余额操作的属性
```

以上程序中，当在类外部执行print(对象.money)的时候会调用get_money()方法；当类外部给对象.money赋值的时候会调用set_money()方法；当执行print(类名.属性名.__doc__)的时候会打印出字符串的内容。

2. @property装饰器

通过@property装饰器，可以直接通过方法名来访问方法，不需要在方法名后添加一对小括号“()”。@property的语法格式如下：

```
@property
```

```
def 方法名(self)
    代码块
```

【例 3-30】 通过@ property 装饰器，可以直接通过方法名来访问方法。

```
class Person:
    def __init__(self,name):
        self.__name=name
    @property
    def say(self):
        return self.__name
liming=Person("李明")
#直接通过方法名来访问 say 方法
print("我的名字是:",liming.say)
```

运行结果：

```
>>>
我的名字是:李明
```

上面程序中，使用@ property 修饰了 say( )方法，这就使得该方法变成了 name 属性的 getter 方法。修饰符，比如说：

```
class A:
@staticmethod
def m(self):
pass
就相当于
class A:
def m(self):
pass
m=staticmethod(m)
```

需要注意的是："@"用作函数的修饰符，可以在模块或者类的定义层内对函数进行修饰，出现在函数定义的前一行，不允许和函数定义在同一行。一个修饰符就是一个函数，它将被修饰的函数作为参数，并返回修饰后的同名函数或其他可调用的东西。在 Python 的函数中偶尔会看到函数定义的上一行有@ functionName 的修饰，当解释器读到"@"这样的修饰符的时候会优先解除"@"后的内容，直接就把"@"的下一行的函数或者类作为"@"后边函数的参数，然后将返回值赋给下一个修饰的函数对象。

3.4 类的封装与继承

3.4.1 封装

Python 采取了下面的方法以实现类的封装：

1）默认情况下，Python 类中的变量和方法都是公有（public）的，它们的名称前都没有下划线“_”；

2）如果类中的变量和函数，其名称以双下划线“__”开头，则该变量（函数）为私有变量（私有函数），其属性等同于 private。

除此之外，还可以定义以单下划线“_”开头的类属性或者类方法（例如_name、_display(self)），这种类属性和类方法通常被视为私有属性和私有方法，虽然它们也能通过类对象正常访问，但这是一种约定俗称的用法。

注意，Python 类中还有以双下划线开头和结尾的类方法（例如类的构造函数__init__(self)），这些都是 Python 内部定义的，用于 Python 内部调用。我们自己定义类属性或者类方法时，不要使用这种格式。

【例 3-31】 封装实例。

```
class Website:
    def setname(self,name):
        if len(name) < 3:
            raise ValueError('名称长度必须大于 3！')
        self.__name=name
    def getname(self):
        return self.__name
    #为 name 配置 setname 和 getname 方法
    name=property(getname,setname)
    def setaddr(self,addr):
        if addr.startswith("http://"):
            self.__addr=addr
        else:
            raise ValueError('地址必须以 http:// 开头')
    def getaddr(self):
        return self.__addr
    #为 addr 配置 setaddr 和 getaddr 方法
    addr=property(getaddr,setaddr)
```

```
        #定义私有方法
        def __display(self):
            print(self.__name,self.__addr)
web1=Website()
web1.name="新华网"
web1.addr="http://www.xinhuanet.com"
print(web1.name)
print(web1.addr)
```

运行结果：

```
>>>
新华网
http://www.xinhuanet.com
```

上面程序中，Website 将 name 和 addr 属性都隐藏了起来，但同时也提供了可操作的“窗口”，也就是 setname( )、getname( )、setaddr( )、getaddr( )方法，这些方法都是公有（public）的。不仅如此，以 addr 属性的 setaddr( )方法为例，通过在该方法内部添加控制逻辑，即通过调用 startswith( )方法，控制用户输入的地址必须以“http：//”开头，否则程序将会执行 raise 语句抛出 ValueError 异常（即如果用户输入不规范，程序将会报错）。

通过此程序的运行逻辑不难看出，通过对 Website 类进行良好的封装，使得用户仅能通过暴露的 setname( )、getname( )、setaddr( )、getaddr( )方法操作 name 和 addr 属性，而通过对 setname( )和 setaddr( )方法进行适当的设计，可以避免用户对类中属性的不合理操作，从而提高了类的可维护性和安全性。

3.4.2 继承

1. 继承的定义

继承机制经常用于创建和现有类功能类似的新类，或者新类只需要在现有类基础上添加一些成员（属性和方法），但又不想直接将现有类代码复制给新类。也就是说，通过使用继承这种机制，可以轻松实现类的重复使用。

实现继承的类称为子类，被继承的类称为父类（也可称为基类、超类）。子类继承父类时，只需在定义子类时，将父类（可以是多个）放在子类之后的圆括号里即可。语法格式如下：

```
class 类名(父类1,父类2,...):
#类定义部分
```

【例 3-32】 继承的定义。

```
class Person(object):                    # 定义一个父类
    def sociality(self):                 # 父类中的方法
        print("人具有社会性。")
class Chinese(Person):                   # 定义一个子类,继承 Person 类
    def virtues(self):                   # 在子类中定义其自身的方法
        print('中国人具有传统美德。')
#类的继承调用
c=Chinese()
c.sociality()                            # 调用继承的 Person 类的方法
c.virtues()                              # 调用本身的方法
```

运行结果:

```
>>>
人具有社会性。
中国人具有传统美德。
```

2. 构造函数的继承

如果要给实例传递参数，就要使用到构造函数。继承类的构造方法有两种方法:

1）父类名称.__init__(self,参数1,参数2,…)。

2）super(子类,self).__init__(参数1,参数2,…)。

【例3-33】 构造函数的继承实例。

```
class Person(object):                  #定义一个父类
    def__init__(self,name,age):
        self.name=name
        self.age=age
        self.weight='weight'
    def sociality(self):               # 父类中的方法
        print("人具有社会性。")
class Chinese(Person):                 # 定义一个子类,继承 Person 类
    def __init__(self,name,age,language): # 先继承,再重构
        Person.__init__(self,name,age) #继承父类的构造方法,也可以写成:
                          #super(Chinese,self).__init__(name,age)
        self.language=language         # 定义类的本身属性
    def virtues(self):                 # 在子类中定义其自身的方法
        print('中国人具有传统美德。')
class American(Person):                # 定义另外一个子类,继承 Person 类
```

```
    pass
#继承类的实例化
c=Chinese('李明',21,'中文')
print(c.name,c.age,c.language)
c.virtues()
c.sociality()
```

运行结果：

```
>>>
李明 21 中文
中国人具有传统美德。
人具有社会性。
```

在上述程序中，如果只是简单的在子类 Chinese 中定义一个构造函数，其实就是在重构。这样子类就不能继承父类的属性了。所以在定义子类的构造函数时，要先继承再构造，这样也能获取父类的属性了。

子类构造函数基础父类构造函数过程如下：

实例化对象 c→c 调用子类__init__()→子类__init__()继承父类__init__()→调用父类__init__()。

3. 子类对父类方法的重写

如果对基类/父类的方法需要修改，可以在子类中重构该方法。

【例 3-34】 构造函数的继承实例。

```
class Person(object):                          #定义一个父类
    def__init__(self,name,age):
        self.name=name
        self.age=age
        self.weight='weight'
    def sociality(self):                       #父类中的方法
        print("人具有社会性。")
class Chinese(Person):                         #定义一个子类,继承 Person 类
    def __init__(self,name,age,language):#先继承,再重构
        Person.__init__(self,name,age) #继承父类的构造方法,也可以写成:
super(Chinese,self).__init__(name,age)
        self.language=language                 #定义类的本身属性
    def sociality(self):                       #子类重构方法
```

```
            print("中国人具有社会集体性。")
        def virtues(self):#在子类中定义其自身的方法
            print('中国人具有传统美德。')
class American(Person):                    #定义另外一个子类,继承 Person 类
        pass
#继承类的实例化
c=Chinese('李明',21,'中文')
print(c.name,c.age,c.language)
c.virtues()
c.sociality()
```

运行结果:

```
>>>
李明 21 中文
中国人具有传统美德。
中国人具有社会集体性。
```

3.4.3 多态

多态指的是一类事物有多种形态，因此多态一定是发生在子类和父类之间、且子类重写了父类的方法。

【例 3-35】 构造函数的多态实例。

```
class Programer(object):              #定义了一个 Programer 类
    hobby="Play Computer"             #在类里面直接定义一个属性 hobby
    def __init__(self,name,age,weight): #在构造函数里面定义了三个属性
        self.name=name
        self._age=age
        self.__weight=weight
    @classmethod      #方法的装饰器;调用的时候直接用类名,而不是某个对象
    def get_hobby(cls):
        return cls.hobby
    @property                         #方法的装饰器;像访问属性一样调用方法
    def get_weight(self):
        return self.__weight
    def self_introduction(self):
```

```
        print('我的名字是%s\n 我今年%s 岁\n'% (self.name,self._age))
#类的继承
class PythonProgramer(Programer):
#定义一个 PythonProgramer 类,继承了 Programer 类
#对构造函数进行了修改,多出一个 language 属性
#使用 super 调用了 PythonProgramer 父类的构造函数,对 language 属性进行了赋值
    def __init__(self,name,age,weight,language):
#构造函数多出一个 language 属性
        super(PythonProgramer,self).__init__(name,age,weight)
#使用 super 调用了 PythonProgramer 父类的构造函数
        self.language=language  #将 language 属性进行了赋值
    def self_introduction(self):  #重写父类里的 self_introduction()
方法,将输出稍微做了修改
        print ('My name is %s \nMy favorite language is %s'%
(self.name,self.language))
def introduce(programer):                #定义了一个 introduce 函数
    if isinstance(programer,Programer):  #判断传进来的这个参数是不是
属于 Programer 这个对象
        programer.self_introduction()    #如果判断是 Programer 这个
对象,就直接调用这个对象的 self_introduction()方法
#实例化
programer=Programer('李明',21,80) #将 Programer 这个类进行实例化
Python_programer=PythonProgramer('赵一',18,90,'Python')
                                  #将 PythonProgramer 这个类进行实例化
introduce(programer)              #用 introduce 这个函数来调用 self_
introduction()方法
introduce(Python_programer)       #用 introduce 这个函数来调用 self_
introduction()方法
```

运行结果：

```
>>>
我的名字是李明
我今年 21 岁
My name is 赵一
My favorite language is Python
```

3.5 模块与库的导入

3.5.1 导入模块

1. 使用 import 来导入模块的语法格式

使用 Python 进行编程时，有些功能不需要自己实现，可以借助 Python 现有的标准库或者第三方库，比如一些数学函数包括余弦函数 cos( )、绝对值函数 fabs( )等，它们位于 Python 标准库中的 math（或 cmath）模块中，只需要将此模块导入到当前程序，就可以直接拿来用。

Python 使用 import 来导入模块或库的语法格式最常见有以下两种。

第一种语法格式：

```
import 模块名 1[as 别名 1],模块名 2[as 别名 2],…
```

使用这种语法格式的 import 语句，会导入指定模块中的所有成员（包括变量、函数、类等)。不仅如此，当需要使用模块中的成员时，需用该模块名（或别名）作为前缀，否则会报错。这里用“[ ]”括起来的部分，可以使用，也可以省略。

第二种语法格式：

```
from 模块名 import 成员名 1[as 别名 1],成员名 2[as 别名 2],…
```

使用这种语法格式的 import 语句，只会导入模块中指定的成员，而不是全部成员。同时，当程序中使用该成员时，无需附加任何前缀，直接使用成员名（或别名）即可。该 import 语句可以导入指定模块中的所有成员，即使用

```
form 模块名 import *
```

2. __name__ == '__main__'作用详解

一般情况下，当写完自定义的模块之后，都会写一个测试代码，检验一些模块中各个功能是否能够成功运行。

【例 3-36】 自定义模块和测试模块的综合应用。

首先创建一个 m2ftmodule. py 文件，并编写如下代码：

```
'''
米和英尺的相互转换模块
'''
def m2ft(alen):
    if alen[-1]=="m":
        blen=eval(alen[:-1])*3.2808
        #c="{:.2f}ft".format(blen)
```

```
    return blen
def ft2m(alen):
    if alen[-2:]=="ft":
        blen=eval(alen[:-2])/3.2808
        #d="{:.2f}m".format(blen)
    return blen
def test():
    print("测试数据:1m=%.2f ft" % m2ft("1m"))
    print("测试数据:3.28ft=%.2f m" % ft2m("3.28ft"))
test()
```

运行结果：

```
>>>
测试数据:1m=3.28ft
测试数据:3.28ft=1.00m
```

在 m2ftmodule.py 模块文件的基础上，在同目录下再创建一个 m2ftdemo.py 文件，并编写如下代码：

```
import m2ftmodule
print("0.5m=%.2f ft" % m2ftmodule.m2ft("0.5m"))
print("6.19ft=%.2f m" % m2ftmodule.ft2m("6.19ft"))
```

运行结果：

```
>>>
测试数据:1m=3.28ft
测试数据:3.28ft=1.00m
0.5m=1.64ft
6.19ft=1.89m
```

可以看到，Python 解释器将模块 m2ftmodule.py 中的测试代码也一起运行了，这并不是想要的结果。想要避免这种情况的关键在于，要让 Python 解释器知道，当前要运行的程序代码，是模块文件本身，还是导入模块的其他程序。为了实现这一点，就需要使用 Python 内置的系统变量__name__，它用于标识所在模块的模块名。因此，在 m2ftmodule.py 程序文件中，添加系统变量后的代码如下所示：

```
'''
米和英尺的相互转换模块
'''
```

```
def m2ft(alen):
    if alen[-1]=="m":
        blen=eval(alen[:-1])*3.2808
        #c="{:.2f}ft".format(blen)
    return blen
def ft2m(alen):
    if alen[-2:]=="ft":
        blen=eval(alen[:-2])/3.2808
        #d="{:.2f}m".format(blen)
    return blen
def test():
    print("测试数据:1m=%.2f ft" % m2ft("1m"))
    print("测试数据:3.28ft=%.2f m" % ft2m("3.28ft"))
if __name__=='__main__':
    test()
```

此时再次运行 m2ftmodule.py 程序，运行结果：

```
>>>
0.5m=1.64ft
6.19ft=1.89m
```

因此，“if __name__=='__main__':”的作用是确保只有单独运行该模块时，此表达式才成立，才可以进入此判断语句，执行其中的测试代码；反之，如果只是作为模块导入到其他程序文件中，则此表达式不成立，运行其他程序时，也就不会执行该判断语句中的测试代码。

3.5.2 时间和日期处理模块

Python 中提供了多个用于对时间和日期进行操作的内置模块：datetime 模块、time 模块和 calendar 模块。

1. datetime 模块

该模块提供了处理日期和时间的类，既有简单的方式，又有复杂的方式。

datetime 模块定义表 3-2 所示，包括 date、time、datetime、timedelta、tzinfo、timezone。表 3-3 所示为 datetime 的对象方法/属性名称。

表 3-2　datetime 模块定义的类名称与描述

类 名 称	描　　述
datetime.date	表示日期，常用的属性有：year，month 和 day
datetime.time	表示时间，常用属性有：hour，minute，second，microsecond

（续）

类 名 称	描 述
datetime. datetime	表示日期时间
datetime. timedelta	表示两个 date、time、datetime 实例之间的时间间隔，分辨率（最小单位）可达到微秒
datetime. tzinfo	时区相关信息对象的抽象基类。它们由 datetime 和 time 类使用，以提供自定义时间的而调整
datetime. timezone	实现 tzinfo 抽象基类的类，表示与 UTC 的固定偏移量

表 3-3 datetime 的对象方法/属性名称

对象方法/属性名称	描 述
d. year	年
d. month	月
d. day	日
d. replace(year[,month[,day]])	生成并返回一个新的日期对象，原日期对象不变
d. timetuple()	返回日期对应的 time. struct_time 对象
d. toordinal()	返回日期是自 0001-01-01 开始的第多少天
d. weekday()	返回日期是星期几，范围是［0,6］，0 表示星期一
d. isoweekday()	返回日期是星期几，范围是［1,7］，1 表示星期一
d. isocalendar()	返回一个元组，格式为：(year,weekday,isoweekday)
d. isoformat()	返回'YYYY-MM-DD'格式的日期字符串
d. strftime(format)	返回指定格式的日期字符串，与 time 模块的 strftime(format,struct_time)功能相同

time 类的定义如下：

```
class datetime.time (hour,[minute[,second,[microsecond[,tzinfo]]]])
```

datetime 类的定义如下：

```
class datetime.datetime(year,month,day,hour=0,minute=0,second=0,microsecond=0,tzinfo=None)
```

year，month 和 day 是必须要传递的参数，tzinfo 可以是 None 或 tzinfo 子类的实例。

【例 3-37】 显示当前时间的所有数据，显示当前日期、时间和星期，跟 2010 年 11 月 12 日相比差了多少天。

```
import datetime
#当前时间,返回的是一个 datetime 类型
now=datetime.datetime.now()
#返回一个 time 结构
```

```
print(now.timetuple())
#当前日期,时间和星期
print(now.date())
print(now.time())
print(now.weekday())
past=datetime.datetime(2010,11,12,13,14,15,16)
#进行比较运算,返回的是 timedelta 类型
print(now-past)
```

运行结果根据实际的结果有关，这里不再列出。这里介绍以下运行中的 struct_time 的结构，具体见表 3-4。

表 3-4　struct_time 的结构

索引（Index）	属性（Attribute）	值（Value）
0	tm_year（年）	比如 2011
1	tm_mon（月）	1~12
2	tm_mday（日）	1~31
3	tm_hour（时）	0~23
4	tm_min（分）	0~59
5	tm_sec（秒）	0~61
6	tm_wday（weekday）	0~6（0 表示周日）

【例 3-38】 显示本周/上周第一天和本月/上月第一天的日子。

```
import datetime
def first_day_of_month():          #获取本月第一天
    return datetime.date.today()-datetime.timedelta(days=datetime.
datetime.now().day-1)
def first_day_of_week():           #获取本周第一天
    return datetime.date.today()-datetime.timedelta(days=datetime.
date.today().weekday())
if __name__=="__main__":
    this_week=first_day_of_week()
    last_week=this_week-datetime.timedelta(days=7)
    this_month=first_day_of_month()
    last_month=this_month-datetime.timedelta(days=(this_month-
datetime.timedelta(days=1)).day)
    print("本周第一天:",this_week)
```

```
    print("上周第一天:",last_week)
    print("本月第一天:",this_month)
    print("上月第一天:",last_month)
```

运行结果将随着日期的变化而变化。本程序所用的 timedelta 类是用来计算两个 datetime 对象的差值。此类中包含如下属性，days：天数；microseconds：微秒数（≥0 并且<1 秒）；seconds：秒数（≥0 并且<1 天）。

2. time 模块

time 模块的使用方法跟 datetime 类似。

time. localtime([secs])：将一个时间戳转换为当前时区的 struct_time。如果 secs 参数未指定，则以当前时间为准。

time. gmtime([secs])：和 localtime()方法类似，gmtime()方法是将一个时间戳转换为 UTC 时区（0 时区）的 struct_time。

time. time()：返回当前时间的时间戳。

time. mktime(t)：将一个 struct_time 转化为时间戳。

time. sleep(secs)：线程推迟指定的时间运行，单位为秒。

time. asctime([t])：把一个表示时间的元组或者 struct_time 表示为这种形式：'Sun Oct 18 23：21：05 2020'。如果没有参数，将会将 time. localtime()作为参数传入。

time. ctime([secs])：把一个时间戳（按秒计算的浮点数）转化为 time. asctime()的形式。如果参数未指定或者为 None 的时候，将会默认 time. time()为参数。它的作用相当于 time. asctime(time. localtime(secs))。

time. strftime(format[,t])：把一个代表时间的元组或者 struct_time（如由 time. localtime()和 time. gmtime()返回）转化为格式化的时间字符串。如果 t 未指定，将传入 time. localtime()。如果元组中任何一个元素越界，ValueError 的错误将会被抛出。

time. strptime(string[， format])：把一个格式化的时间字符串转化为 struct_time。实际上它和 strftime()是逆操作。

【例 3-39】 用 time 模块显示当前时间，其格式为“年-月-日-时_分_秒”。

```
import time
now=time.strftime("%Y-%m-%d-%H_%M_%S",time.localtime(time.time()))
print(now)
```

3.5.3 random 库

random 库是使用随机数的 Python 标准库。从概率论角度来说，随机数是随机产生的数据（比如抛硬币），但计算机是不可能产生随机值，真正的随机数也是在特定条件下产生的确定值，一般通过采用梅森旋转算法生成伪随机序列元素，又被称为伪随机数。

使用随机数的时候首先需要使用 import random 语句。random 库包含两类函数，常用的共 8 个：

1）基本随机函数（表 3-5）：seed( )，random( )。

2）扩展随机函数（表 3-6）：randint ( )，getrandbits ( )，uniform ( )，randrange ( )，choice( )，shuffle( )。

表 3-5　基本随机函数

函　　数	描　　述
seed(a = None)	初始化给定的随机数种子，默认为当前系统时间 >>>random. seed(1)　　#产生种子 1 对应的序列
random( )	生成一个[0.0,1.0)之间的随机小数 >>>random. random( ) 0. 13436424411240122　#随机数产生与种子有关，如种子是 1 第一个数必定是这个

表 3-6　扩展随机数函数

函　　数	描述（实际结果会随机变化）
randint(a,b)	生成一个[a,b]之间的整数 >>>random. randint(10,100)
randrange(m,n[,k])	生成一个[m,n)之间以 k 为步长的随机整数 >>>random. randrange(10,100,10)
getrandbits(k)	生成一个 k 比特长的随机整数 >>>random. getrandbits(16) 55537
uniform(a,b)	生成一个[a,b]之间的随机小数 >>>random. uniform(10,100) 82. 20385550513652
choice(seq) 序列相关	从序列中随机选择一个元素 >>>random. choice([1,2,3,4,5,6,7,8,9]) 2
shuffle(seq) 序列相关	将序列 seq 中元素随机排列，返回打乱后的序列 >>>s=[1,2,3,4,5,6,7,8,9];random. shuffle(s);print(s) [9,4,6,3,5,2,8,7,1]

随机数函数的使用要点：

1）能够利用随机数种子产生“确定”伪随机数，即 seed 生成种子、random 函数产生随机数。

2）能够产生随机整数。

3）能对序列类型进行随机操作。

【例 3-40】　利用 random 库实现简单的随机 200 元红包发放给 8 个人。

```
import random
def red_packet(total,num):
        for i in range(num-1):
                per=random.uniform(0.01,total/2)
                total=total-per
                print('%.2f'%per)
        else:
                print('%.2f'%total)
#实例化(200 元发 8 个红包)
red_packet(200,8)
```

运行结果：

```
>>>
37.83
8.66
5.92
53.80
38.40
12.11
10.11
33.17
```

同样，多运行几次试试，结果会不一样。

3.5.4 string 模块

在 python 有各种各样的 string 操作函数，在本书的第 2 章已经进行了一些介绍。string 类在 python 中经历了一段轮回的历史。在最开始的时候，python 有一个专门的 string 模块，要使用 string 的操作方法要先导入该模块，但后来由于众多 python 使用者的建议，string 操作方法改为用 S.method()的形式调用，只要 S 是一个字符串对象就可以这样使用，而不用再导入模块。同时为了保持向后兼容，现在的 python 版本中仍然保留了一个有关 string 操作方法的模块，其中定义的方法与 S.method()是相同的，这些方法最后都指向了用 S.method()调用的函数。

但是在使用表 3-7 所示的常量时，还需要采用 import string。

表 3-7 string 模块的字符串常量

常 数	含 义
string.ascii_lowercase	小写字母'abcdefghijklmnopqrstuvwxyz'
string.ascii_uppercase	大写的字母'ABCDEFGHIJKLMNOPQRSTUVWXYZ'

（续）

常　　数	含　　义
string. ascii_letters	ascii_lowercase 和 ascii_uppercase 常量的连接串
string. digits	数字 0~9 的字符串：'0123456789'
string. hexdigits	字符串'0123456789abcdefABCDEF'
string. letters	字符串'abcdefghijklmnopqrstuvwxyzABCDEFGHIJKLMNOPQRSTUVWXYZ'
string. lowercase	小写字母的字符串'abcdefghijklmnopqrstuvwxyz'
string. octdigits	字符串'01234567'
string. punctuation	所有标点字符
string. printable	可打印的字符的字符串。包含数字、字母、标点符号和空格
string. uppercase	大学字母的字符串'ABCDEFGHIJKLMNOPQRSTUVWXYZ'
string. whitespace	空白字符 '\t\n\x0b\x0c\r '

【例 3-41】 利用 random 和 string 模块实现四位随机验证码。

```
import random
import string
s=string.digits+string.ascii_letters
v=random.sample(s,4)
print(v)
print(''.join(v))
```

运行结果：

```
>>>
['U','9','0','Q']
U90Q
```

3.5.5 math 和 cmath 模块

math 模块提供了许多对浮点数的数学运算函数，cmath 模块包含了一些用于复数运算的函数。cmath 模块的函数跟 math 模块函数基本一致，区别是 cmath 模块是复数运算，math 模块是实数运算。

1. math 模块函数的用法

要使用 math 模块的函数必须先导入：

```
import math
```

部分常见的 math 模块函数用法见表 3-8。

表 3-8 部分常见的 math 模块函数用法

函 数	用 法	例 子
ceil(x)	向上取整操作，返回类型：int	ceil(3.2) 输出：4
floor(x)	向下取整操作，返回类型：int	floor(3.2) 输出：3
round(x)	四舍五入操作；注意：此函数不在 math 模块当中	round(2.3) 输出：2；round(2.5) 输出：2；round(2.6) 输出：3
pow(x,y)	计算一个数 x 的 y 次方；返回类型：float，该操作相当于 ** 运算，但是结果为浮点	pow(2,3) 输出：8.0
sqrt(x)	开平方，返回类型：float	sqrt(4) 输出：2.0
fabs(x)	对一个数值获取其绝对值	fabs(-1) 输出：1
abs(x)	对一个数值获取其绝对值；注意：abs()是内置函数	abs(-1) 输出：1
copysign(x,y)	返回 x 的正负为 y 值符号的数值，返回类型：float	copysign(2,-4) 输出：-2.0；copysign(2,4) 输出：2.0
factorial(x)	返回整形数值 x 的阶乘	factorial(3) 输出：6
fmod(x,y)	返回 x/y 的余数（模），返回类型：float	fmod(4,2) 输出：0.0；fmod(4,5) 输出：4.0；fmod(4,3) 输出：1.0
frexp(x)	返回给定值 x 的一对尾数 m 和指数 e，其中 m 是浮点数，e 是整数，使得 x = m * 2 ** e	frexp(3) 输出：(0.75,2)# 0.75 * 2 ** 2 = 3.0
fsum([])	返回迭代器中值的精确浮点和，返回类型：float	fsum([1.1,2.23]) 输出：3.33 fsum([2.4,3.3]) 输出：6.6999999999999999
gcd(a,b)	返回 a、b 的最大公约数，返回类型：int	gcd(2,4) 输出：2
isclose(a,b, * ,rel_tol = 1e-09, abs_tol = 0.0)	判断两个数是否接近，返回类型：布尔	isclose(0.99,1,rel_tol = 0.2) 输出：True；isclose(0.9999999999,0.999999999991) 输出：True；isclose(0.99,0) 输出：False
ldexp(x,i)	返回 x * (2 ** i)。这实际上是函数 frexp()的倒数，返回类型：float	ldexp(2,3) 输出：16.0
modf(x)	返回 x 的小数部分和整数部分。两个结果都带有 x 的符号，并且都是浮点数	modf(2.4) 输出：(0.3999999999999999,2.0)
trunc	取整，返回类型：int	trunc(43.3333) 输出：44
isfinite(x)	如果 x 既不是无穷大也不是 NaN，返回 True，否则返回 False，返回类型：bool	略

（续）

函　数	用　法	例　子
isinf(x)	如果 x 是正无穷或负无穷，返回 True，否则返回 False	略
isnan(x)	如果 x 是 NaN（不是数字），返回 True，否则返回 False	略
pi	圆周率：3.141592653589793	略
e	自然对数：2.718281828459045	略

2. cmath 模块函数的用法

Python 提供对于复数运算的支持，复数在 Python 中的表达式为 c=c.real+c.imag*j，复数 c 由实部 real 和虚部 imag 组成。

【例 3-42】 复数运算实例。

```
import cmath
z=1+2j
print(z*z)
print(cmath.sqrt(z))
```

运行结果：

```
>>>
(-3+4j)
(1.272019649514069+0.7861513777574233j)
```

3.5.6 sys 模块

Python 的 sys 模块提供访问由解释器使用或维护的变量的接口，并提供了一些函数用来和解释器进行交互、操控 Python 的运行时环境，具体如下：

sys.argv：接收外部传递的参数。

sys.exit([arg])：程序退出，arg 为 0 正常退出。

sys.getdefaultencoding()：获取系统当前编码，一般默认为 ascii。

sys.setdefaultencoding()：设置系统默认编码，执行 dir(sys)时不会看到这个方法，在解释器中执行不通过，可以先执行 reload(sys)，再执行 setdefaultencoding('utf8')，此时将系统默认编码设置为 utf8。

sys.getfilesystemencoding()：获取文件系统使用编码方式，Windows 下返回'mbcs'，Macos 下返回'utf-8'。

sys.platform：获取当前系统平台。

sys.stdin、sys.stdout、sys.stderr：标准输入、标准输出、标准错误，包含与标准 I/O 流

对应的流对象。

sys. modules：一个全局字典，该字典在 python 启动后就加载在内存中。每当导入新的模块，sys. modules 将自动记录该模块。当第二次再导入该模块时，python 会直接到字典中查找，从而加快了程序运行的速度。它拥有字典所拥有的一切方法。

sys. path：获取指定模块搜索路径的字符串集合，可以将写好的模块放在得到的某个路径下，就可以在程序中导入时正确找到。

3.5.7 webbrowser 模块

webbrowser 模块提供了一个高层级接口，允许向用户显示基于 Web 的文档。在大多数情况下，只需调用此模块的 open( ) 函数就可以了，其语法如下：

```
webbrowser.open(url,new=0,autoraise=True)
```

其中：使用默认浏览器显示 url。如果 new 为 0，则尽可能在同一浏览器窗口中打开 url。如果 new 为 1，则尽可能打开新的浏览器窗口。如果 new 为 2，则尽可能打开新的浏览器页面（标签）。如果 autoraise 为“True”，则会尽可能置前窗口（请注意，在许多窗口管理器下，无论此变量的设置如何，都会置前窗口）。

除此之外，还有两个相关的打开 url 的函数，即 webbrowser. open_new(url) 和 webbrowser. open_new_tab(url)。其中 webbrowser. open_new(url) 是在默认浏览器的新窗口中打开 url；而 webbrowser. open_new_tab(url) 是在默认浏览器的新页面（标签）中打开 url。

【例 3-43】 打开浏览器。

```
import webbrowser
url1='https://www.baidu.com/'
url2='https://cn.bing.com/'
# 打开 url1
webbrowser.open_new_tab(url1)
# 在新的窗口中打开 url2
webbrowser.open_new(url2)
```

运行结果如图 3-11 所示。

图 3-11 打开浏览器运行结果

3.6 综合项目编程实例

3.6.1 递归函数的综合应用

【例 3-44】 利用递归函数采用二分法查找数值。

二分法查找是一种快速查找的方法，即不断地找出中间值，用中间值和需要找的实际值作比较。若中间值大，则继续找左边的值；若中间值小，则继续找右边的值。可以看出二分法就是不断重复上述过程，所以就可以通过递归方式来实现二分法查找了。

```
#采用二分法来查找数
def Binary_Search(data_source,find_n):
    #判断列表长度是否大于或等于1
    if len(data_source) >=1:
        #获取列表中间索引;奇数长度列表长度除以 2 会得到小数,通过 int()将
列表长度转换为整型
        mid=int(len(data_source)/2)
        #判断查找值是否超出最大值
        if find_n > data_source[-1]:
            print('{}查找值不存在! '.format(find_n))
            exit()
        #判断查找值是否小于最小值
        elif find_n < data_source[0]:
            print('{}查找值不存在! '.format(find_n))
            exit()
        #判断列表中间值是否大于查找值
        if data_source[mid] > find_n:
            print('查找值在 {} 左边'.format(data_source[mid]))
            #调用函数自身,并将中间值左边所有元素做参数
            Binary_Search(data_source[:mid],find_n)
        #判断列表中间值是否小于查找值
        elif data_source[mid] < find_n:
            #print('查找值在 {} 右边'.format(data_source[mid]))
            #调用函数自身,并将中间值右边所有元素做参数
            Binary_Search(data_source[mid:],find_n)
        else:
```

```
                #找到查找值
                print('找到查找值',data_source[mid])
    else:
        #特殊情况,返回查找不到
        print('{}查找值不存在! '.format(find_n))
#给出实际列表
data1=[14,-3,300,99,11,37,889,42,88,117]
#列表从小到大排序
data1.sort()
print(data1)
#查找300
Binary_Search(data1,300)
```

运行结果:

```
>>>
[-3,11,14,37,42,88,99,117,300,889]
找到查找值 300
```

3.6.2 继承的综合应用

【例3-45】 学校成员分为教师和学生，其中教师具有姓名、年龄、性别、工资、课程等属性和注册、显示、开除、教授课程等方法，学生具有姓名、年龄、性别、学费、课程属性和注册、显示、开除、学费支付等方法。请用类的继承来编写注册教师、学生以及开除成员、显示成员数量的程序。

基本思路：采用类的继承来编写。其中学校成员为父类，教师和学生都为子类。父类具有姓名、年龄、性别等属性和注册、显示、开除等方法。教师子类继承了父类的属性和方法，又增加了工资、课程等属性和教授课程等方法；学生子类继承了父类的属性和方法，又增加学费、课程等属性和学费支付等方法。

```
class SchoolMember(object):
    '''学习成员基类'''
    member=0
    def __init__(self,name,age,sex):
        self.name=name
        self.age=age
        self.sex=sex
        self.enroll()
```

```
    def enroll(self):
        '注册'
        print('刚刚注册了一位学校成员[%s].'% self.name)
        SchoolMember.member +=1
    def tell(self):
        print('----%s----'% self.name)
        for k,v in self.__dict__.items():
            print(k,v)
        print('----end-----')
    def __del__(self):
        print('开除了[%s]'% self.name)
        SchoolMember.member -=1
class Teacher(SchoolMember):
    '教师'
    def __init__(self,name,age,sex,salary,course):
        SchoolMember.__init__(self,name,age,sex)
        self.salary=salary
        self.course=course
    def teaching(self):
        print('Teacher[%s]is teaching[%s]'%(self.name,self.course))
class Student(SchoolMember):
    '学生'
    def __init__(self,name,age,sex,course,tuition):
        SchoolMember.__init__(self,name,age,sex)
        self.course=course
        self.tuition=tuition
        self.amount=0
    def pay_tuition(self,amount):
        print('student [%s] has just paied [%s]'% (self.name,amount))
        self.amount +=amount
#实例化
t1=Teacher('李老师',38,'男',3000,'python')
t1.tell()
s1=Student('王欣',18,'女','python',30000)
s1.tell()
s2=Student('李明',19,'女','python',11000)
```

```
s2.tell()
print("现有学校成员",SchoolMember.member,"个。")
del s2
print("现有学校成员",SchoolMember.member,"个。")
```

运行结果：

```
>>>
刚刚注册了一位学校成员[李老师].
----李老师----
name 李老师
age 38
sex 男
salary 3000
course python
----end-----
刚刚注册了一位学校成员[王欣].
----王欣----
name 王欣
age 18
sex 女
course python
tuition 30000
amount 0
----end-----
刚刚注册了一位学校成员[李明].
----李明----
name 李明
age 19
sex 女
course python
tuition 11000
amount 0
----end-----
现有学校成员 3 个。
开除了[李明]
现有学校成员 2 个。
```

3.6.3 日期时间模块的综合应用

【例 3-46】 显示当前的日期和时间，并每隔 1s 显示当前的秒读数。

```
from datetime import datetime
#当前的日期和时间
print(datetime.today())
#每一秒只显示一次读数(秒),且遇到 59 秒时自动切换到 0 秒
while True:
    dt=datetime.now()
    sec1=dt.second
    while True:
        dt1=datetime.now()
        sec2=dt1.second
        if (sec2-1>=sec1) or (sec2==0):
            break
    print("秒读数=:",dt.second)
    while (dt.second==0):
        dt2=datetime.now()
        sec3=dt2.second
        if (sec3==1):
            break
```

从以上程序可以看出，由于 datetime.second 的取值范围为 0~59，因此当前秒读数从 59 到 0 过渡时，需要进行特别的处理。

第 4 章 Chapter 4

文件及文件夹操作

导读

常见的文件包括文本文件 txt、逗号分隔值文件 csv 和制表文件 Excel，本章主要介绍了文本文件的打开、读取和追加数据、插入和删除数据、关闭文件、删除文件等基本操作，同时介绍了 os、shutil、glob 模块等，通过引入这些模块，可以获得大量实现文件操作可用的函数和方法（类属性和类方法），大大提高了编写代码的效率。为了确保在文件或文件夹操作中避免异常情况发生，需要进行文件异常处理。在人工智能处理数据中广泛用到的 csv 和 excel 文件，介绍了如何读取和写入 csv、新建工作簿和单元格格式等。

4.1 文件对象

4.1.1 文件概述

1. 文件的分类

程序运行时，变量、序列、对象等数据暂时存储在内存中，当程序终止时它们就会丢失。为了能够永久地保存程序相关的数据，就需要将它们存储到磁盘或光盘中的文件里。这些文件可以传送，也可以后续被其他程序使用。从这个意义上来说，文件是指一组相关数据的有序集合，是计算机中程序、数据的永久存在形式，这个集合或形式有一个名称，称为文件名。

文件的分类比较多，从用户的角度，文件可分为设备文件和普通文件两种。

第一种是设备文件。通常把显示器定义为标准输出文件，文件名为 sys. stdout，一般情况下在屏幕上显示有关信息就是向标准输出文件输出。如前面经常使用的 print( ) 函数就是这类输出。键盘通常被指定为标准输入文件，文件名为 sys. stdin，从键盘上输入就意味着从标准输入文件上输入数据。input( ) 函数就属于这类输入。标准错误输出也是标准设备文件，文件名为 sys. stderr。

第二种是普通文件。普通文件就是在各种硬盘、磁盘、光盘、U 盘等介质上的有序数据文件，包括源程序文件、可执行文件、数据文件、库文件等。普通文件根据存储方式又可分为编码（ASCII 码）文件和二进制码文件两种。ASCII 文件也称为文本文件，这种文件在磁盘中存放时，每个字符对应一个字节，用于存放对应的 ASCII 码。二进制文件是按二进制的编码方式来存放文件数据内容的一类文件。二进制文件虽然也可在屏幕上显示，但其内容一般无法读懂。然而，二进制文件占用存储空间少，在进行读、写操作时不用进行编码转换，效率要高。

2. 文件的编码

常见的文件编码有 UTF-8、GBK 和 GB2312 等。

UTF-8 是 Unicode Transformation Format-8bit 的简写，是用以解决国际上字符的一种多字节编码，它对英文使用 8 位（即一个字节）、中文使用 24 位（三个字节）来编码。UTF-8 包含全世界所有国家需要用到的字符，是国际编码，通用性强。UTF-8 编码的文字可以在各国支持 UTF—8 的字符集的浏览器上显示。

GBK 是在国家标准 GB2312 基础上扩容后兼容 GB2312 的标准，它是用双字节来表示的，即不论中、英文字符均使用双字节来表示，为了区分中文，将其最高位都设定成 1。GBK 包含全部中文字符，是国家编码，通用性不加 UTF—8，而 UTF—8 占用的数据库比 GBK 大。

GBK、GB2312 等与 UTF—8 之间都必须通过 Unicode 编码才能相互转换：即 GBK、GB2312 通过 Unicode 转换为 UTF—8，或者 UTF—8 通过 Unicode 转换为 GBK、GB2312。图 4-1 所示为记事本编辑器在保存为 *. txt 文件时可以选择的编码格式。需要注意的是，在简体中文系统下，ANSI 编码代表 GB2312 编码，也就意味着用 GBK 编码可以打开，而不能用 UTF—8 编码打开。

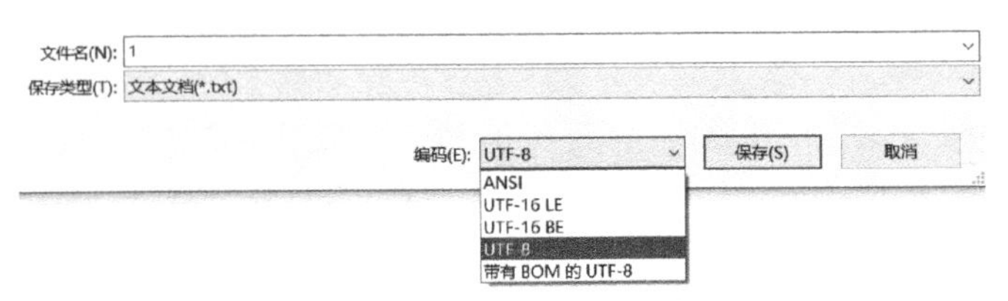

图 4-1　文本文件的编码格式选择

4.1.2 用 open( ) 函数打开文件

1. 语法与打开模式

在读写磁盘文件前，必须先用 Python 内置的 open( ) 函数打开一个文件，创建一个 file 对象。

语法为：

```
<file object>=open(file_name [,access_mode='r'] [,buffering=-1]
[,encoding=None] [,errors = None] [,newline = None] [,closefd = True]
[,opener=None])
```

此格式中，用“[ ]”括起来的部分为可选参数，即可以使用也可以省略。其中，各个参数所代表的含义如下：

file：表示要创建的文件对象。

file_name：要创建或打开文件的文件名称，该名称要用引号（单引号或双引号都可以）括起来。如果要打开的文件和当前执行的代码文件位于同一目录，则直接写文件名即可；否则，此参数需要指定打开文件所在的完整路径。

mode：可选参数，用于指定文件的打开模式。可选的打开模式见表4-1。如果不写，则默认以只读模式（r）打开文件。

buffering：可选参数，用于指定对文件做读写操作时，是否使用缓冲区。

encoding：手动设定打开文件时所使用的编码格式，不同平台的encoding参数值也不同，以Windows为例，其默认为cp936（即GBK编码）。

表4-1　可选的打开模式

模式	意　义	注意事项
r	只读模式打开文件，读文件内容的指针会放在文件的开头	操作的文件必须存在
rb	以二进制格式、采用只读模式打开文件，读文件内容的指针位于文件的开头，一般用于非文本文件，如图片文件、音频文件等	
r+	打开文件后，既可以从头读取文件内容，也可以从开头向文件中写入新的内容，写入的新内容会覆盖文件中等长度的原有内容	
rb+	以二进制格式、采用读写模式打开文件，读写文件的指针会放在文件的开头，通常针对非文本文件（如音频文件）	
w	以只写模式打开文件，若该文件存在，打开时会清空文件中原有的内容	若文件存在，会清空其原有内容（覆盖文件）；反之，则创建新文件
wb	以二进制格式、只写模式打开文件，一般用于非文本文件（如音频文件）	
w+	打开文件后，会对原有内容进行清空，并对该文件有读写权限	
wb+	以二进制格式、读写模式打开文件，一般用于非文本文件	
a	以追加模式打开一个文件，对文件只有写入权限。如果文件已经存在，文件指针将放在文件的末尾（即新写入内容会位于已有内容之后）；反之，则会创建新文件	—
ab	以二进制格式打开文件，并采用追加模式，对文件只有写权限。如果该文件已存在，文件指针位于文件末尾（新写入文件会位于已有内容之后）；反之，则创建新文件	—
a+	以读写模式打开文件；如果文件存在，文件指针放在文件的末尾（新写入文件会位于已有内容之后）；反之，则创建新文件	—
ab+	以二进制模式打开文件，并采用追加模式，对文件具有读写权限，如果文件存在，则文件指针位于文件的末尾（新写入文件会位于已有内容之后）；反之，则创建新文件	—

文件打开模式，直接决定了后续可以对文件做哪些操作。例如，使用 r 模式打开的文件，后续编写的代码只能读取文件，而无法修改文件内容。图 4-2 是将以上几个容易混淆的文件打开模式的功能做了很好的对比。

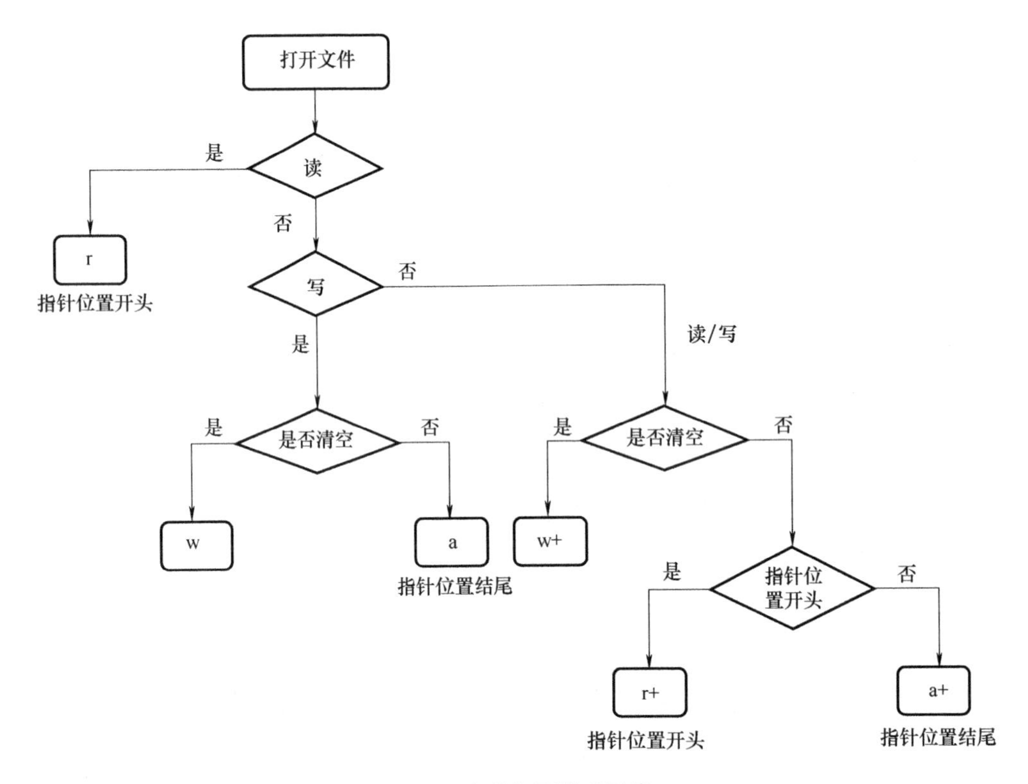

图 4-2　文件打开模式示意

【例 4-1】 默认打开“file1. txt”文件。

```
#当前程序文件同目录下有 file1.txt 文件
file=open('file1.txt')
print(file)
```

运行结果：

```
>>>
<_io.TextIOWrapper name='file1.txt'mode='r'encoding='cp936'>
```

可以看到，当前输出结果中，输出了 file1. txt 文件对象的相关信息，包括打开文件的名称、打开模式、打开文件时所使用的编码格式。当以默认模式打开文件时，默认使用 r 权限，由于该权限要求打开的文件必须存在，因此，如果当前目录下无 file1. txt 文件时，就会报错，即“FileNotFoundError：［Errno 2］No such file or directory：'file1. txt'”（文件未被找到错误：［错误编号 2］没有'file1. txt'这样的文件或文件夹）。

使用 open( ) 函数打开文件时，默认采用 GBK 编码。GBK 编码支持国际标准 ISO/

IEC10646-1 和国家标准 GB13000-1 中的全部中日韩汉字，并包含了 BIG5 编码中的所有汉字。但当要打开的文件不是 GBK 编码格式时，可以在使用 open( ) 函数时，手动指定打开文件的编码格式，例如：

```
file=open("file1.txt",encoding="utf-8")
```

如果是含有中文字符，需要清楚它是采用何种方式保存，再采用相应的 encoding。还需要注意的是，手动修改 encoding 参数的值，仅限于文件以文本的形式打开，也就是说，以二进制格式打开时，不能对 encoding 参数的值做任何修改，否则程序会报“ValueError”异常。

2. open( ) 函数的缓冲区

通常情况下，建议在使用 open( ) 函数时打开缓冲区，即不需要修改 buffing 参数的值。

如果 buffing 参数的值为 0（或者 False），则表示在打开指定文件时不使用缓冲区；如果 buffing 参数值为大于 1 的整数，该整数用于指定缓冲区的大小（单位是字节）；如果 buffing 参数的值为负数，则代表使用默认的缓冲区大小。

原因很简单，目前为止计算机内存的 I/O 速度仍远远高于计算机外设（例如键盘、鼠标、硬盘等）的 I/O 速度，如果不使用缓冲区，则程序在执行 I/O 操作时，内存和外设就必须进行同步读写操作，也就是说，内存必须等待外设输入（输出）一个字节之后，才能再次输出（输入）一个字节。这意味着，内存中的程序大部分时间都处于等待状态。

而如果使用缓冲区，则程序在执行输出操作时，会先将所有数据都输出到缓冲区中，然后继续执行其他操作，缓冲区中的数据会由外设自行读取处理；同样，当程序执行输入操作时，会先等外设将数据读入缓冲区中，无需同外设做同步读写操作。

3. 使用 open( ) 函数打开的文件对象的属性

一个文件被打开后，有一个 file 对象，可以调用文件对象本身拥有的属性获取当前文件的部分信息，见表 4-2。

表 4-2 文件的部分信息

属　性	描　述
file. closed	如果文件已被关闭，返回 True，否则返回 False
file. encoding	返回打开文件时使用的编码格式
file. mode	返回被打开文件的访问模式
file. name	返回文件的名称

【例 4-2】 默认打开“file1. txt”文件。

```
#当前程序文件同目录下有 file1.txt 文件
# 以默认方式打开文件
f=open('file1.txt')
# 输出文件是否已经关闭
```

```
print(f.closed)
# 输出访问模式
print(f.mode)
#输出编码格式
print(f.encoding)
# 输出文件名
print(f.name)
```

运行结果：

```
>>>
False
r
cp936
file1.txt
```

需要注意的是：使用 open( ) 函数打开的文件对象，必须手动进行关闭（即 close( ) 函数），Python 的垃圾回收机制无法自动回收打开文件所占用的资源。

4. 二进制文件与文本文件的区别

根据经验，文本文件通常用来保存肉眼可见的字符，比如“.txt”文件“.c”文件“.dat”文件等，用文本编辑器打开这些文件，能够顺利看懂文件的内容；而二进制文件通常用来保存视频、图片、音频等不可阅读的内容，当用文本编辑器打开这些文件，会看到一堆乱码。

实际上，从数据存储的角度上分析，二进制文件和文本文件没有区别，它们的内容都是以二进制的形式保存在磁盘中的。之所以能看懂文本文件的内容，是因为文本文件中采用的是 ASCII、UTF-8、GBK 等字符编码，文本编辑器可以识别出这些编码格式，并将编码值转换成字符展示出来。而对于二进制文件，文本编辑器无法识别这些文件的编码格式，只能按照字符编码格式胡乱解析，所以最终看到的是一堆乱码。

使用 open( ) 函数以文本格式打开文件和以二进制格式打开文件，唯一的区别是对文件中换行符的处理不同。在 Windows 系统中，文件中用“\r\n”作为行末标识符（即换行符），当以文本格式读取文件时，会将“\r\n”转换成“\n”；反之，以文本格式将数据写入文件时，会将“\n”转换成“\r\n”。这种隐式转换换行符的行为，对于用文本格式打开文本文件是没有问题的，但如果用文本格式打开二进制文件，就有可能改变文本中的数据（将“\r\n”隐式转换为“\n”）。

因此，对于 Windows 系统最好用“b”属性打开二进制文件，如：

```
binfile=open(filepath,'rb')#打开二进制文件
```

5. 关闭已打开的文件

close()函数是专门用来关闭已打开文件的，其语法格式也很简单，如下所示：

```
file.close()
```

其中，file 表示已打开的文件对象。文件在打开并操作完成之后，就应该及时关闭，否则程序的运行可能出现问题。

4.1.3 读取文件的 3 种函数

file 对象提供了一系列方法，能让文件访问更轻松，如下 3 种函数都可以实现读取文件中数据的操作：

read()函数：逐个字节或者字符读取文件中的内容；

readline()函数：逐行读取文件中的内容；

readlines()函数：一次性读取文件中多行内容。

1. read()函数

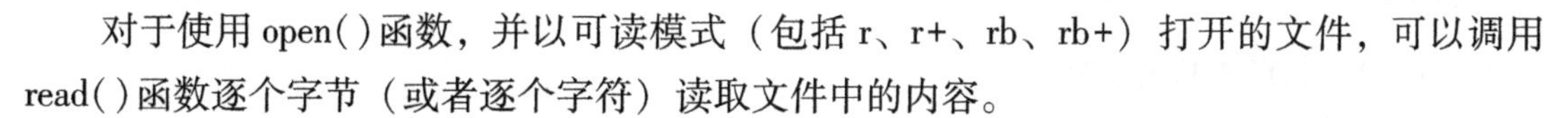

对于使用 open()函数，并以可读模式（包括 r、r+、rb、rb+）打开的文件，可以调用 read()函数逐个字节（或者逐个字符）读取文件中的内容。

如果文件是以文本模式（非二进制模式）打开的，则 read()函数会逐个字符进行读取；反之，如果文件以二进制模式打开，则 read()函数会逐个字节进行读取。

read()函数的基本语法格式如下：

```
file.read([size])
```

其中，file 表示已打开的文件对象；size 作为一个可选参数，用于指定一次最多可读取的字符（字节）个数，如果省略，则默认一次性读取所有内容。

【例 4-3】 在当前目录下用文本编辑器创建“file2.txt”文件（ANSI 编码），具体内容输入 2 行，即第 1 行“中国外交部网站”、第 2 行“https://www.fmprc.gov.cn”，然后打开并输出：全部文件内容或前面 12 个字符。

```
#打开指定文件
f=open("file2.txt")
#输出读取到的全部数据
print(f.read())
#关闭文件
f.close()
#再次打开文件
f=open("file2.txt")
#输出读取到的 12 个字符数据
```

```
print(f.read(12))
#关闭文件
```

运行结果：

```
>>>
中国外交部网站
https://www.fmprc.gov.cn
中国外交部网站
http
```

这里通过使用size参数，指定read()每次可读取的最大字符（或者字节）数，比如本程序中使用print(f.read(12))来替代原来的语句，包括换行符。

需要强调的是：size表示的是一次最多可读取的字符（或字节）数，因此即便设置的size大于文件中存储的字符（字节）数，read()函数也不会报错，它只会读取文件中所有的数据。

【例4-4】 以二进制打开上述“file2.txt”文件（ANSI编码）并输出文件内容。

```
#以二进制形式打开指定文件
f=open("file2.txt",'rb+')
#输出读取到的数据
print(f.read())
#关闭文件
f.close()
```

运行结果：

```
>>>
b'\xd6\xd0\xb9\xfa\xcd\xe2\xbd\xbb\xb2\xbf\xcd\xf8\xd5\xbe\r\nht-
tps://www.fmprc.gov.cn'
```

可以看到，输出的数据为bytes字节串，此时可以调用decode()方法，将其转换成可以看懂的字符串。

【例4-5】 以二进制打开“file2.txt”文件（ANSI编码）并输出文件内容，同时用decode()方法进行转换。

```
#以二进制形式打开指定文件,该文件编码格式为中文gbk
f=open("file2.txt",'rb+')
byt=f.read()
print(byt)
print("转换后:")
```

```
print(byt.decode('gbk'))
#关闭文件
f.close()
```

运行结果：

```
>>>
b'\xd6\xd0\xb9\xfa\xcd\xe2\xbd\xbb\xb2\xbf\xcd\xf8\xd5\xbe\r\nhttps://www.fmprc.gov.cn'
转换后：
中国外交部网站
https://www.fmprc.gov.cn
```

2. readline()函数

readline()函数用于读取文件中的一行，包含最后的换行符“\n”。此函数的基本语法格式为：

```
file.readline([size])
```

其中，file为打开的文件对象；size为可选参数，用于指定读取每一行时，一次最多读取的字符（字节）数。

和read()函数一样，此函数成功读取文件数据的前提是，使用open()函数指定打开文件的模式必须为可读模式（包括r、rb、r+、rb+这4种）。

【例4-6】 用gbk的编码格式打开已编辑创建的“file2.txt”文件（ANSI编码），通过readline()函数输出文件内容。

```
#以gbk的编码格式打开指定文件
f=open("file2.txt",encoding="gbk")
#读取一行数据
for j in range(2):
    byt=f.readline()
    print(byt)
#关闭文件
f.close()
```

运行结果：

```
>>>
中国外交部网站

https://www.fmprc.gov.cn
```

从运算结果可以看出：输出结果中多出了一个空行，这是由于 readline( ) 函数在读取文件中一行的内容时，会读取最后的换行符“\n”，并且 print( ) 函数输出内容时默认会换行。

3. readlines( ) 函数

readlines( ) 函数用于读取文件中的所有行，它和调用不指定 size 参数的 read( ) 函数类似，只不过该函数返回是一个字符串列表，其中每个元素为文件中的一行内容。和 readline( ) 函数一样，readlines( ) 函数在读取每一行时，会连同行尾的换行符一块读取。

readlines( ) 函数的基本语法格式如下：

```
file.readlines()
```

其中，file 为打开的文件对象。和 read( )、readline( ) 函数一样，它要求打开文件的模式必须为可读模式（包括 r、rb、r+、rb+这 4 种）。

【例 4-7】 用 gbk 的编码格式打开已编辑创建的“file2.txt”文件（ANSI 编码），通过 readlines( ) 函数输出文件内容。

```
#以 utf-8 的编码格式打开指定文件
f=open("file2.txt",encoding="gbk")
#读取多行数据
byt=f.readlines()
print(byt)
#关闭文件
f.close()
```

运行结果：

```
>>>
['中国外交部网站\n','https://www.fmprc.gov.cn']
```

显然，它输出的结果是一个序列。

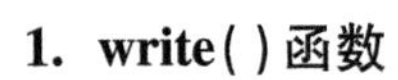

4.1.4 用 write( ) 和 writelines( ) 函数写入文件

1. write( ) 函数

Python 文件对象提供了 write( ) 函数，可以向文件中写入指定内容。该函数的语法格式如下：

```
file.write(string)
```

其中，file 表示已经打开的文件对象；string 表示要写入文件的字符串（或字节串，仅适用写入二进制文件中）。在使用 write( ) 向文件中写入数据，需保证使用 open( ) 函数是以 r+、w、w+、a 或 a+的模式打开文件，否则执行 write( ) 函数会报“io.UnsupportedOperation”（即不支持的输入输出操作）错误。

【例4-8】 在“file3. txt”文件（ANSI编码）中写入3行文本，即“双碳战略”“2030年前碳达峰”和“2060年前碳中和”，然后读取该文件并显示文本内容，同时将键盘上输入的文本用write()函数写入该文件，最后读取该文件并显示文本内容。

```
#先打开指定文件
f=open("file3.txt",encoding="gbk")
#输出读取到的数据并关闭
print(f.read())
f.close()
#再次打开指定文件
f=open("file3.txt",'a',encoding="gbk")
f.write(input("请输入你要添加的一句话:")+"\n")
f.close()
#最后打开指定文件输出新的内容
f=open("file3.txt",encoding="gbk")
print(f.read())
f.close()
```

运算结果（运行3次）：

```
>>>
请输入你要添加的一句话:双碳战略
双碳战略
>>>
双碳战略
请输入你要添加的一句话:2030年前碳达峰
双碳战略
2030年前碳达峰
>>>
双碳战略
2030年前碳达峰
请输入你要添加的一句话:2060年前碳中和
双碳战略
2030年前碳达峰
2060年前碳中和
```

如果打开文件模式中为“w（写入）”，那么向文件中写入内容时，就会先清空原文件中的内容，然后再写入新的内容。本例中打开文件模式中包含“a（追加）”，则不会清空原有内容，而是将新写入的内容会添加到原内容后边。

2. writelines( )函数

Python 的文件对象中，不仅提供了 write( ) 函数，还提供了 writelines( ) 函数，可以实现将字符串列表写入文件中。注意，写入函数只有 write( ) 和 writelines( ) 函数，而没有名为 writeline 的函数。

【例 4-9】 将 file3. txt 文件（ANSI 编码）中的数据复制到 file4. txt 文件中。

```
f1=open('file3.txt','r')
f2=open('file4.txt','w+')
f2.writelines(f1.readlines())
f2.close()
f1.close()
```

观察运算结果可以发现，在同个目录下生成 file4. txt，且里面的数据与 file3. txt 一模一样。

4.1.5 with as 用法

前面在介绍文件操作时，一直强调打开的文件最后一定要关闭，否则会因为程序的运行造成意想不到的隐患。但是，即便使用 close( ) 做好了关闭文件的操作，如果在打开文件或文件操作过程中抛出了异常，还是无法及时关闭文件。

为了更好地避免此类问题，不同的编程语言都引入了不同的机制。在 Python 中，对应的解决方式是使用 with as 语句操作上下文管理器（context manager），它能够帮助用户自动分配并且释放资源。使用 with as 操作已经打开的文件对象（本身就是上下文管理器），无论期间是否抛出异常，都能保证 with as 语句执行完毕后自动关闭已经打开的文件。

with as 语句的基本语法格式为：

```
with expression[as target]:
    代码块
```

其中用“[ ]”括起来的部分可以使用，也可以省略。target 参数用于指定一个变量，该语句会将 expression 指定的结果保存到该变量中。with as 语句中的代码块如果不想执行任何语句，可以直接使用 pass 语句代替。

【例 4-10】 用 with as 语句依次写入“第 1 次”“第 2 次”……“第 6 次”到 file5. txt，并将该文件的内容文本显示出来。

```
f="file5.txt"
a=7
with open(f,"w") as file:#w 代表着每次运行都覆盖内容
```

```
    for i in range(a):
        if i!=0:
            file.write("第"+str(i)+"次"+" "+"\n")
    a+=1
with open(f,"r") as file1:#显示文件内容
    print(file1.read())
```

运行结果：

```
>>>
第1次
第2次
第3次
第4次
第5次
第6次
```

如果修改为 with open(f,"a") as file，代表着在文件末尾追加内容。

【例 4-11】 用 with as 语句来处理类。

```
class MySampleClass:
    def __enter__(self):
        print('初始化部分')
        return self
    def myfunc(self):
        print('中间执行步骤...')
    def __exit__(self,exception_type,exception_value,traceback):
        print('结束部分')
with MySampleClass() as c:
    c.myfunc()
```

运行结果：

```
>>>
初始化部分
中间执行步骤...
结束部分
```

如果未采用 with as 语句，而只是使用 c.myfunc()，结果只输出“中间执行步骤...”。

4.2 os、glob 与 shutil 标准库模块

4.2.1 os 模块

1. os 概述

os 是“operating system”的缩写，os 是 Python 标准库模块，提供的就是各种 Python 程序与操作系统进行交互的接口。它包含几百个函数，常用的有路径操作、进程管理、环境参数等。

通过使用 os 模块，一方面可以方便地与操作系统进行交互，另一方面也可以极大增强代码的可移植性。如果该模块中相关功能出错，会抛出 OSError 异常或其子类异常。导入 os 模块时要注意，千万不要为了图省事而将 os 模块全部包导入，即不要使用“from os import *”来导入 os 模块；否则 os. open( )将会覆盖内置函数 open( )，从而造成预料之外的错误。

对于使用 os 模块的建议如下：

如果是读写文件，建议使用内置函数 open( )；

如果是路径相关的操作，建议使用 os 的子模块 os. path；

如果要逐行读取多个文件，建议使用 fileinput 模块；

要创建临时文件或路径，建议使用 tempfile 模块；

要进行更高级的文件和路径操作，则应当使用 shutil 模块。

2. os. name 和 os. walk( )

os. name 属性宽泛地指明了当前 Python 运行所在的环境，实际上是导入的操作系统相关模块的名称，这个名称也决定了模块中哪些功能是可用的，哪些是没有相应实现的。目前有效名称为以下三个：posix，nt，java。其中 posix 是“Portable Operating System Interface of UNIX”（UNIX 可移植操作系统接口）的缩写，Linux 和 Mac OS 均会返回该值；nt 全称为“Microsoft Windows NT”，可以等同于 Windows 操作系统，因此 Windows 环境下会返回该值；java 则是 Java 虚拟机环境下的返回值。

os. walk( )函数需要传入一个路径作为 top 参数，函数的作用是在以 top 为根节点的目录树中游走，对树中的每个目录生成一个由（dirpath，dirnames，filenames）三项组成的三元组。其中，dirpath 是一个指示这个目录路径的字符串，dirnames 是一个 dirpath 下子目录名（除去“.”和“..”）组成的列表，filenames 则是由 dirpath 下所有非目录的文件名组成的列表。要注意的是，这些名称并不包含所在路径本身，要获取 dirpath 下某个文件或路径从 top 目录开始的完整路径，需要使用 os. path. join(dirpath,name)。

【例 4-12】 显示当前 Python 运行所在的环境以及当前目录的文件与文件夹。

```
import os
print("当前环境为:",os.name)
for item in os.walk("."):
    print(item)
```

运行结果：

```
>>>
当前环境为:nt
('.',['test1'],['os2.py'])
('.\\test1',[],['Python.txt'])
```

从运算结果可以看出，目前环境为 Windows 操作系统；当前的文件和文件夹如图 4-3 所示。

```
.
├ os2.py
└ test1
  └ Python.txt
```

图 4-3 当前的文件和文件夹

3. os.mkdir()

“mkdir” 即 “make directory”，即新建一个路径。需要传入一个类路径参数用以指定新建路径的位置和名称，如果指定路径已存在，则会抛出 FileExistsError 异常。该函数只能在已有的路径下新建一级路径，否则（即新建多级路径）会抛出 FileNotFoundError 异常。

相应地，在需要新建多级路径的场景下，可以使用 os.makedirs()来完成任务。函数 os.makedirs()执行的是递归创建，若有必要，会分别新建指定路径经过的中间路径，直到最后创建出末端路径。

【例 4-13】 在当前文件夹下创建 test3 文件夹及该文件夹下的文件夹 test33。

```
import os
os.mkdir("test3")
os.mkdir("test3/test33")
```

注意，在运行该程序之前，需要删除当前目录下的 test3 及 test3/test33 文件夹，否则将报错 “FileNotFoundError：[WinError 3] 系统找不到指定的路径。”

4. os.remove()和 os.rmdir()

os.remove()函数用于删除文件，如果指定路径是目录而非文件的话，就会抛出 “IsADirectoryError” 异常。删除目录应该使用 os.rmdir()函数。同样地，删除路径操作使用 os.rmdir()函数。

5. os.rename()

该函数的作用是将文件或路径重命名，一般调用格式为 os.rename(src,dst)，即将 src 指向的文件或路径重命名为 dst 指定的名称。

4.2.2 os.path 模块

该模块要注意一个很重要的特性：os.path 中的函数基本上是纯粹的字符串操作。换句话说，传入该模块函数的参数甚至不需要是一个有效路径，该模块也不会试图访问这个路径，而仅仅是按照 “路径” 的通用格式对字符串进行处理。

1. os.path.join()

该函数可以将多个传入路径组合为一个路径。实际上是将传入的几个字符串用系统的分隔符连接起来，组合成一个新的字符串，所以一般的用法是将第一个参数作为父目录，第二个及后面的参数作为下一级目录，从而组合成一个新的符合逻辑的路径。

但如果传入路径中存在一个“绝对路径”格式的字符串，且这个字符串不是函数的第一个参数，那么在这个参数之前的其他所有参数都会被丢弃，余下的参数再进行组合。更准确地说，只有最后一个“绝对路径”及其之后的参数才会体现在返回结果中。

【例 4-14】 将多个传入路径组合为一个路径实例。

```
import os
ss=os.path.join("just","do","python","dot","com")
print(ss)
ss=os.path.join("just","do","d:/","python","dot","com")
print(ss)
ss=os.path.join("just","do","d:/","python","dot","g:/","com")
print(ss)
```

运行结果：

```
>>>
just\do\python\dot\com
d:/python\dot\com
g:/com
```

2. os.path.abspath()

将传入路径规范化，返回一个相应的绝对路径格式的字符串。也就是说当传入路径符合“绝对路径”的格式时，该函数仅仅将路径分隔符替换为适应当前系统的字符，不做其他任何操作，并将结果返回。所谓“绝对路径的格式”，其实指的就是一个字母加冒号，之后跟分隔符和字符串序列的格式。

【例 4-15】 传入路径规范化实例。

```
import os
ss=os.path.abspath("d:/just/do/python")
print(ss)
ss=os.path.abspath("ityouknow")
print(ss)
```

运行结果：

```
>>>
d:\just\do\python
D:\Python\ch5\ityouknow
```

从上述程序的运行结果可以看出，所谓“绝对路径的格式”，其实指“d:/just/do/python”中的“/”改为“\”；当指定的路径不符合上述格式时，该函数会自动获取当前工作路径，并使用 os. path. join( ) 函数将其与传入的参数组合成为一个新的路径字符串。

3. os. path. split( )

函数 os. path. split( ) 的功能就是将传入路径以最后一个分隔符为界，分成两个字符串，并打包成元组的形式返回；由此衍生出 os. path. dirname( ) 和 os. path. basename( )，其返回值分别是函数 os. path. split( ) 返回值的第一个、第二个元素。而通过 os. path. join( ) 函数又可以把它们组合起来得到原先的路径。

4. 其他函数

os. path. exists( ) 函数用于判断路径所指向的位置是否存在。若存在则返回 True，不存在则返回 False。

os. path. isabs( ) 函数判断传入路径是否是绝对路径，若是则返回 True，否则返回 False。当然，仅仅是检测格式，同样不对其有效性进行任何核验：

os. path. isfile( ) 和 os. path. isdir( ) 这两个函数分别判断传入路径是否是文件或路径，注意，此处会核验路径的有效性，如果是无效路径将会持续返回 False。

4.2.3 glob 模块

glob 模块是 Python 标准库模块，表示文件名模式匹配，不用遍历整个目录判断每个文件是不是符合。

1. 通配符

星号（*）匹配零个或多个字符。

【例 4-16】 检索当前路径子目录“glob”下的所有文件夹和文件。

```
import glob
for name in glob.glob('glob/*'):
    print(name)
```

运行结果：

```
>>>
glob\1
glob\1.txt
glob\2
glob\2.txt
```

表示该子目录下有 2 个文件夹和 2 个文件。

【例 4-17】 列出子目录中的文件，必须在模式中包括子目录名。

```
import glob
#用子目录查询文件
print ('以明确名字命名:')
for name in glob.glob('glob/1/*'):
    print ('\t',name)
#用通配符*代替子目录名
print ('以通配符命名:')
for name in glob.glob('glob/*/*'):
    print ('\t',name)
```

运行结果：

```
>>>
以明确名字命名:
    glob/1\new1
以通配符命名:
    glob\1\new1
    glob\2\new2
```

表示。

2. 单个字符通配符

用问号“?”匹配任何单个的字符。

【例 4-18】 列出子目录 new 中所有 ff?. txt 文件。

```
import glob
for name in glob.glob('new/ff?.txt'):
    print(name)
```

运行结果：

```
>>>
new\ff2.txt
new\ff3.txt
```

3. 字符范围

当需要匹配一个特定的字符，可以使用一个范围。

【例 4-19】 列出子目录 new 中所有 ff?. txt 文件。

```
import glob
for name in glob.glob('new/ff?.txt'):
    print(name)
```

运行结果：

```
>>>
new\f1.txt
new\ff2.txt
new\ff3.txt
```

4.2.4 shutil 模块

1. 复制功能

shutil 是 Python 标准库的高级文件操作模块。虽然 os 模块提供了对文件和目录的一些简单的操作功能，但是并没有像移动、复制、打包、压缩、解压等功能，而这些正是 shutil 模块所提供的主要功能。

（1）shutil. copyfileobj( )

shutil. copyfileobj（文件 1，文件 2）：将文件 1 的数据复制给文件 2。

【例 4-20】 在“shu1. txt”文件中写入任意文本，然后利用 shutil 模块将它复制到另外一个文件“shu2. txt”中。

```
#文件复制
import shutil
f1=open("shu1.txt")
f2=open("shu2.txt","w")
shutil.copyfileobj(f1,f2)
f1.close()
f2.close()
```

运算完成后，将会在同目录下出现文件“shu2. txt”，其内容与“shu1. txt”文件一样。

（2）shutil. copyfile( )

shutil. copyfile（文件 1，文件 2）：不用打开文件，直接用文件名进行复制。

【例 4-21】 把当前目录下的 test_old 子目录中的文件“old. txt”用 shutil 模块将它复制到同一个子目录下的文件“new. txt”中。

```
import shutil
path_old='./test_old/old.txt'
path_new='./test_old/new.txt'
shutil.copyfile(path_old,path_new)
```

运算完成后，将会在同目录下出现文件“new. txt”，其内容与“old. txt”文件一样，如图 4-4 所示。

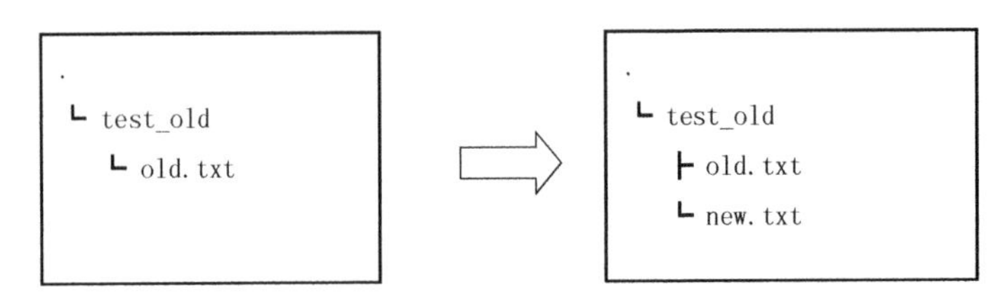

图 4-4 程序执行前后

(3) 其他复制函数

shutil. copymode(文件 1，文件 2)：只复制权限，内容组、用户均不变。

shutil. copystat(文件 1，文件 2)：只复制了权限。

shutil. copy(文件 1，文件 2)：复制文件和权限都进行复制。

shutil. copy2(文件 1，文件 2)：复制了文件和状态信息。

shutil. copytree(源目录，目标目录)：可以递归复制多个目录到指定目录下。

【例 4-22】 把当前目录下的 test_old 子目录中的所有文件用 shutil 模块复制到新的子目录 test_new 下。

```
import shutil
path_old='./test_old'
path_new='./test_new'
shutil.copytree(path_old,path_new)
```

运算完成后，将会在新目录下出现“old. txt”，如图 4-5 所示。

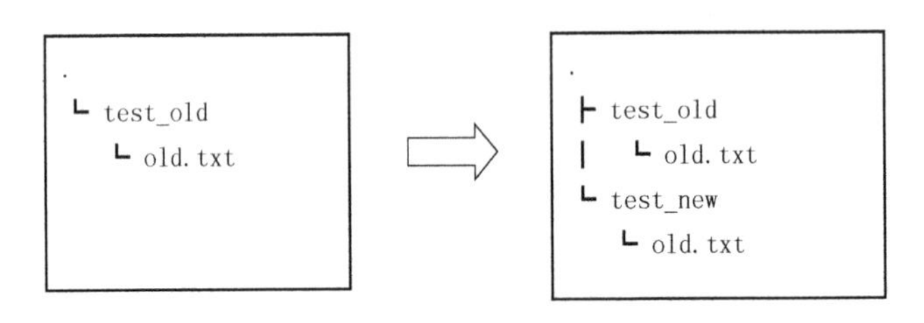

图 4-5 程序执行前后

2. 压缩解压功能

shutil 模块可以创建压缩包并返回文件路径，其压缩解压功能主要通过以下语句实现：

```
shutil.make_archive(base_name,format,root_dir=None,base_dir=None,verbose=0,dry_run=0,owner=None,group=None,logger=None)
```

其中 base_name 是压缩包的文件名，也可以是压缩包的路径。只是文件名时，则保存至当前目录，否则保存至指定路径，如：“www”表示保存至当前路径；“/Users/wupeiqi/www”表示保存至“/Users/wupeiqi/”。format 是压缩包种类，“zip”“tar”“bztar”“gztar”。root_dir 是打包时切换到的根路径，也就是说，开始打包前，会先执行路径切换，切换到 root_dir 所指定的路径，默认值为当前路径。base_dir 是开始打包的路径，该命令会对 base_dir 所指定的路径进行打包，默认值为 root_dir，即打包切换后的当前目录，亦可指定某一特定子目录，从而实现打包的文件包含此统一的前缀路径。

【例 4-23】 将当前目录下的 sousuo 文件夹统一打包到 sss. zip 文件。

```
import shutil
ret=shutil.make_archive('sss','zip',root_dir='sousuo')
```

运算完成后，将会在同目录下出现“sss. zip”，文件解压后发现就是目录下的 sousuo 文件夹的所有内容。

shutil 模块对压缩包的处理是调用 ZipFile 和 TarFile 两个模块来进行的。

【例 4-24】 将当前目录下的“sss. zip”进行解压，默认为当前文件夹。

```
# 解压
import zipfile
z=zipfile.ZipFile('sss.zip','r')
z.extractall()
z.close()
```

3. 文件和文件夹的移动和改名

调用函数 shutil. move(source,destination)，将路径 source 处的文件夹移动到路径 destination，并返回新位置的绝对路径的字符串。该函数可以实现文件和文件夹的改名，移动时目标文件夹必须存在，否则抛出 FileNotFoundError 异常。

【例 4-25】 将当前目录下的“2000. txt”文件改名为“2001. txt”。

```
#文件移动、改名
import shutil
shutil.move('2000.txt','2001.txt')
```

4. 永久删除文件和文件夹

调用函数 shutil. rmtree(path)将删除路径 path 处的文件夹，它包含的所有文件和文件夹都会被删除。

【例 4-26】 把当前目录下的 test_old 子目录中的所有文件和该子目录永久删除。

```
import shutil
path_old='./test_old'
shutil.rmtree(path_old)
```

运算完成后，将会删除 test_old 子目录及其文件，如图 4-6 所示。

与本例功能类似的有 os 模块，即用 os. unlink(path)将删除 path 处的文件，调用 os. rmdir(path)将删除 path 处的文件夹，但该文件夹必须为空，没有任何文件和文件夹。

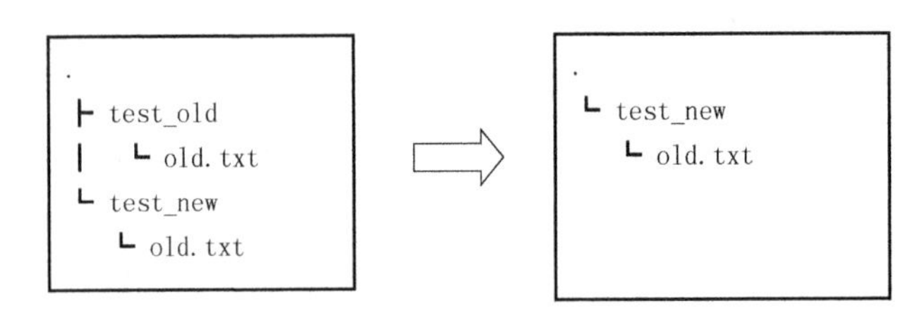

图 4-6　删除文件和文件夹

4.3 csv 文件操作

4.3.1 csv 简介

csv(Comma Separated Values)，即逗号分隔值（也称字符分隔值，因为分隔符可以不是逗号)，是一种常用的文本格式，用以存储表格数据，包括数字或者字符。很多程序在处理数据时都会碰到 csv 这种格式的文件，它的使用是比较广泛的。csv 虽然使用广泛，但却没有通用的标准，所以在处理 csv 格式时常常会碰到问题，Python 内置了 csv 模块可以方便地对 csv 文件进行处理。

4.3.2 reader( )函数

该函数的语法格式为：

```
reader(csvfile,dialect='excel', ** fmtparams)
```

参数说明：csvfile，必须是支持迭代的对象，可以是文件（file）对象或者列表（list）对象；dialect，编码风格，默认为 excel 的风格，也就是用逗号“,”分隔，dialect 方式也支持自定义，通过调用 register_dialect 方法来注册；fmtparams，格式化参数，用来覆盖之前 dialect 对象指定的编码风格。

	A	B
1	1	rice
2	2	corn
3	3	土豆

图 4-7　csvfile1. csv 内容

【例 4-27】 根据图 4-7 所示的 csvfile1. csv 内容，读取该文件并输出。

```
#导入 csv 模块
import csv
with open('csvfile1.csv','r') as csvred:
    spam=csv.reader(csvred)
    for rem in spam:
        print(','.join(rem))
        print(rem,type(rem))
```

运算结果：

```
1,rice
['1','rice'] <class 'list'>
2,corn
['2','corn'] <class 'list'>
3,土豆
['3','土豆'] <class 'list'>
```

本例中，rem 是一个列表，如果想要查看固定的某列，则需要加下标。例如想要查看序号，那么只需要改为 rem[1]；想要查看内容，则改为 rem[2]。

4.3.3 writer()函数

该函数的语法格式为：

```
writer(csvfile,dialect='excel',**fmtparams)
```

参数的意义同 reader()函数。

具体的写入数据则是采用 writero()和 writerows()，前者接受一维数据（一行），而后者接受二维数据（多行）。

【例 4-28】 向 csvfile2.csv 文件中写入相关列表数据。

```
import csv
with open('csvfile2.csv','a+',encoding='gbk',newline='') as csvfile:
    writer=csv.writer(csvfile)
    #写入一行
    writer.writerow(['1','土豆','3','小麦','5','花椰菜','6'])
    #写入多行
    writer.writerows([[0,1,3],[1,2,3],[2,3,4]])
```

运算结果如图 4-8 所示。

	A	B	C	D	E	F	G
1	1	土豆	3	小麦	5	花椰菜	6
2	0	1	3				
3	1	2	3				
4	2	3	4				

图 4-8　例 4-28 运算结果

从本例中可以看出，使用 writerow()写入文件总有空行出现，因此需要在打开文件的方法里面设置参数 newline=''即可。

【例 4-29】 向 csvfile3. csv 文件中写入规则数据。

```
import csv
headers=['组号','姓名','性别','身高','年龄']
rows=[
        [1,'小王','男',168,23],
        [1,'小张','女',162,22],
        [2,'小陈','男',177,21],
        [2,'小李','女',158,21]
    ]
with open('csvfile3.csv','w',newline='')as f:
    f_csv=csv.writer(f)
    f_csv.writerow(headers)
    f_csv.writerows(rows)
```

运算结果如图 4-9 所示。

	A	B	C	D	E
1	组号	姓名	性别	身高	年龄
2	1	小王	男	168	23
3	1	小张	女	162	22
4	2	小陈	男	177	21
5	2	小李	女	158	21

图 4-9 例 4-29 运算结果

4.3.4 DictReader()函数

它和 reader()函数类似，接收一个可迭代的对象，能返回一个生成器，但是返回的每一个单元格都放在一个字典的值内，而这个字典的键则是这个单元格的标题（即列头）。

【例 4-30】 把例 4-29 中的 csvfile3. csv 文件分 2 次读取，第 1 次是读取所有的信息到字典，第 2 次是读取所有的姓名。

```
import csv
#读取 CSV 文件
with open("csvfile3.csv","r") as f:
    reader=csv.DictReader(f)
    column=[row for row in reader]
print(column)
with open("csvfile3.csv","r") as f:
    reader=csv.DictReader(f)
    column1=[row['姓名'] for row in reader]
print(column1)
```

运算结果：

```
[{'组号':'1','姓名':'小王','性别':'男','身高':'168','年龄':'23'},{'组号':'1','姓名':'小张','性别':'女','身高':'162','年龄':'22'},{'组号':'2','姓名':'小陈','性别':'男','身高':'177','年龄':'21'},{'组号':'2','姓名':'小李','性别':'女','身高':'158','年龄':'21'}]['小王','小张','小陈','小李']
```

4.4 Excel 文件操作

4.4.1 openpyxl 概述

Excel 是常见的数据处理表格文件，要读写 Excel 文件，Python 没有提供标准库，因此用户需要安装一个专用的库，比如开源的 openpyxl，在命令提示符下输入“pip3 install openpyxl”进行安装，如果显示“Successfully installed”，则说明安装成功。

openpyxl 可以读写 Excel 2007 及以后的 XLSX 和 XLSM 文件，并应用在如下场合中：

1）需要修改已有文件，或者在写入过程中需要不断修改 Excel 数据。

2）需要处理的 Excel 数据量可能会很大。

3）需要跨平台进行 Excel 文件操作。

4.4.2 openpyxl 库函数

1. 导入模块并实例化

在使用之前需要先导入模块 openpyxl，即采用“import openpyxl”语句，也可以只调用其中的 Workbook 模块，即“from openpyxl import Workbook”。

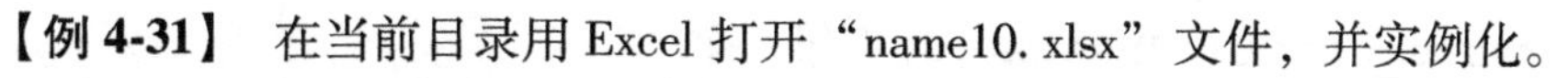

【例 4-31】 在当前目录用 Excel 打开“name10. xlsx”文件，并实例化。

```
import openpyxl
# Excel 模板(原文件 name10. xlsx 已经存在)
file1='name10. xlsx'
wb=openpyxl. load_workbook(file1)
```

也可以采用如下编程方式：

```
from openpyxl import Workbook
# Excel 模板(原文件 name10. xlsx 已经存在)
file1='name10. xlsx'
wb=Workbook(file1)
```

2. 创建工作簿中的工作表

这里以 wb 为打开的实例化 Excel 文件，即工作簿，创建工作表则是通过 wb. create_sheet( ) 方法来实现，比如：

```
ws1=wb.create_sheet('Mysheet1')         # 默认是最后一个工作表
ws2=wb.create_sheet('Mysheet2',0)       # 第一个工作表
```

创建完成工作表以后，还需要使用 wb. save( ) 来保存文件，如：

```
wb.save('write.xlsx')   # write.xlsx 为创建的文件名加文件后缀名
```

如果选择默认的方式，创建的工作表名称会按照 sheet、sheet1、sheet2……的顺序自动叠加，同时通过 title 属性可以修改其名称，如：

```
ws.title='New Title'
```

默认工作表的 tab 是白色的，可以通过 RRGGBB 颜色来修改 sheet_ properties. tabColor 属性，从而修改 tab 按钮的颜色，比如：

```
ws.sheet_properties.tabColor='1072BA'
```

当设置了工作表名称后，可以使用 wb. get_sheet_by_name( ) 方法来获取；查看工作簿中的所有工作表名称可以使用 wb. get_sheet_names( )。

【例 4-32】 在当前目录用 Excel 新建工作簿“New001. xlsx”，并建立 3 个工作表。

```
from openpyxl import Workbook
# Excel 模板(无原文件)
wb=Workbook()
ws1=wb.create_sheet('SheetZ')  # 默认是最后一个
ws2=wb.create_sheet('SheetA',0) # 第一个
#创建完成以后,还需要保存文件
wb.save('New001.xlsx')              # New001.xlsx 为创建的文件名加文件后缀名
print(wb.sheetnames)                #查看 wb 所有工作表名称
for sheet in wb:                    #遍历 wb 所有工作表
    print(sheet.title)
```

运行结果：

```
['SheetA','Sheet','SheetZ']
SheetA
Sheet
SheetZ
```

本程序共建立了三个工作表，其中 Sheet 为缺省，SheetA 和 SheetZ 为新建，如图 4-10 所示为新建的工作簿和工作表名称。

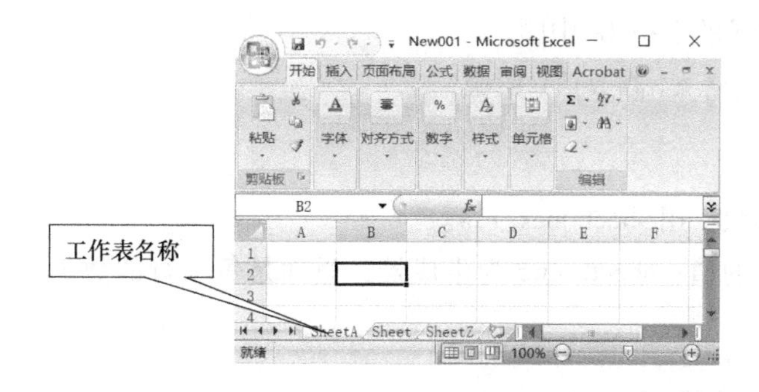

图 4-10 新建的 New001. xlsx 文件

3. 获取单元格数据

进行工作簿数据读取除了采用上述讲过的 Workbook 模块之外，还可以导入 load_workbook 模块，即“from openpyxl import load_workbook”，然后进行实例化，插入需要读取表格文件的文件名。打开的文件，默认 read_only=False，即可读可写；若有需要，可以指定 read_only 为 True，即只读模式。

```
wb=load_workbook(filename='write.xlsx')   # write.xlsx 是 Excel 文件名
sheet=wb['new_name']                      # new_name 为工作表的名称
print(sheet['B1'].value)                  #显示单元格 B1 的值
```

当目标单元格内填充的是公式时，需要指定 data_only=True，这样返回的就是数字；如果不加这个参数，则读取到的是公式本身。

获取单元格数据的另外一种方式是用 cell( )方法来操作某行某列的某个值，比如：

```
d=ws.cell(row=4,column=2,value=10)  # 为工作表 ws 的 B4 赋值 10
print(ws.cell(row=4,column=1).value) # 显示工作表 ws 的 A4 单元格的值
```

【例 4-33】 新建“New002.xlsx”文件，对第一个工作表 SheetA 的 A4 单元格数据进行读写。

```
from openpyxl import Workbook
wb=Workbook()
ws1=wb.create_sheet('SheetZ')    #默认是最后一个
ws2=wb.create_sheet('SheetA',0) #第一个
print('SheetA 的单元格 A4 初始值=',ws2.cell(row=4,column=1).value)
ws2['A4']=input('请输入你要输入的字符串:')
print('SheetA 的单元格 A4 修改值=',ws2.cell(row=4,column=1).value)
#创建完成以后,还需要保存下文件
wb.save('New002.xlsx')               # New002.xlsx 为创建的文件名加文件后缀名
```

运行结果：

```
SheetA 的单元格 A4 初始值=None
请输入你要输入的字符串:中国↙
SheetA 的单元格 A4 修改值=中国
```

4. 获取行

1）获取最大行数：用 sheet. max_row。

2）获取每一行的值：sheet. rows 为生成器，里面是每一行的数据，每一行又由一个元组构成，如：

```
for row in sheet.rows:
    for cell in row:
        print(cell.value)
```

因为是按行获取，所以返回值的顺序为 A1、B1、C1。

【例 4-34】 新建“New003. xlsx”文件，对第一个工作表 SheetA 的 A4、C2 单元格数据进行读写，并显示所有的单元格数据。

```
from openpyxl import Workbook
wb=Workbook()
ws1=wb.create_sheet('SheetA',0)    #第一个
ws1['A4']=input('请输入 A4 的字符串:')
print('SheetA 的单元格 A4 修改值=',ws1.cell(row=4,column=1).value)
ws1['C2']=input('请输入 C2 的字符串:')
print('SheetA 的单元格 C2 修改值=',ws1.cell(row=2,column=3).value)
#创建完成以后,还需要保存下文件
wb.save('New003.xlsx')            # New003.xlsx 为创建的文件名加文件扩展名
for row in ws1.rows:
    for cell in row:
        print(cell,'值=',cell.value)
```

运行结果：

```
请输入 A4 的字符串:中国↙
SheetA 的单元格 A4 修改值=中国
请输入 C2 的字符串:自贸区↙
SheetA 的单元格 C2 修改值=自贸区
<Cell 'SheetA'.A1> 值=None
<Cell 'SheetA'.B1> 值=None
```

```
<Cell 'SheetA'.C1> 值=None
<Cell 'SheetA'.A2> 值=None
<Cell 'SheetA'.B2> 值=None
<Cell 'SheetA'.C2> 值=自贸区
<Cell 'SheetA'.A3> 值=None
<Cell 'SheetA'.B3> 值=None
<Cell 'SheetA'.C3> 值=None
<Cell 'SheetA'.A4> 值=中国
<Cell 'SheetA'.B4> 值=None
<Cell 'SheetA'.C4> 值=None
```

这里可以看出，由于输入行数最大为4、列数最大为3，因此取最大值为4×3=12个数据。

5. 获取列

1）获取最大列数，用sheet.max_column。

2）获取每一列的值：与sheet.rows类似，不过这里的每一个元组是每一列单元格的值，如：

```
for column in sheet.columns:
    for cell in column:
        print(cell.value)
```

因为按列获取，所以输出结果的顺序为A1、A2、A3。

仍旧以【例4-33】进行说明，将最后3行修改为：

```
for column in ws1.columns:
    for cell in column:
        print(cell,'值=',cell.value)
```

这样执行结果顺序就不一样了。

6. 获取任意单元格的值

最简单的方法就是使用索引获取单个单元格的值。如果要获得某行的数据，需要将sheet.rows与sheet.columns转换成list之后再使用索引，例如list(sheet.rows)[2]可以获取到第二行所有值，具体代码为：

```
for cell in list(sheet.rows)[2]:
    print(cell.value)
```

7. 获取任意区间的单元格

可以使用range()函数，通过输入以下的语句，可以获得以A1为左上角、B3为右下角矩形区域的所有单元格、需要注意的是，range从1开始的，因为在openpyxl模块中，为了和 Excel 中的表达方式一致，并不以编程语言的习惯用 0 表示第一个值，如：

```
for i in range(1,4):
    for j in range(1,3):
        print(sheet.cell(row=i,column=j).value)
```

还可以使用切片的方式获取单元格的值，sheet［'A1'，'B2'］返回一个元组，该元组内部由每一行的单元格构成一个元组，如：

```
for row_cell in sheet['A1':'B3']:
    for cell in row_cell:
        print(cell)
```

8. 添加数据

使用 append()函数可以一次添加多行数据，从第一行空白行开始（下面所有的都是空白行）写入。将需要添加的值分别写入到每一行单元格中，其中添加的值的类型必须是列表、元组、范围等。

【例 4-35】 新建“New004.xlsx”文件，对第一个工作表 SheetA 的 A4、C2 单元格数据进行读写，并利用 append()函数在最后一行添加一行数据“1,2,3,4,5”。

```
from openpyxl import Workbook
wb=Workbook()
ws1=wb.create_sheet('SheetA',0) # 第一个
ws1['A4']=input('请输入 A4 的字符串:')
print('SheetA 的单元格 A4 修改值=',ws1.cell(row=4,column=1).value)
ws1['C2']=input('请输入你要输入 C2 的字符串:')
print('SheetA 的单元格 C2 修改值=',ws1.cell(row=2,column=3).value)
#在最后一行后面添加相关数值
row=[1,2,3,4,5]
ws1.append(row)
wb.save('New004.xlsx') # New004.xlsx 为新建的文件名加文件扩展名
```

运行结果：

```
请输入 A4 的字符串:20
SheetA 的单元格 A4 修改值=20
请输入 C2 的字符串:40
SheetA 的单元格 C2 修改值=40
```

打开当前目录下新建的“New004.xlsx”文件，其结果如图 4-11 所示，增加了第 5 行，同时发现输入的 A4、C2 是字符不是数值，而新增加的则是数值。

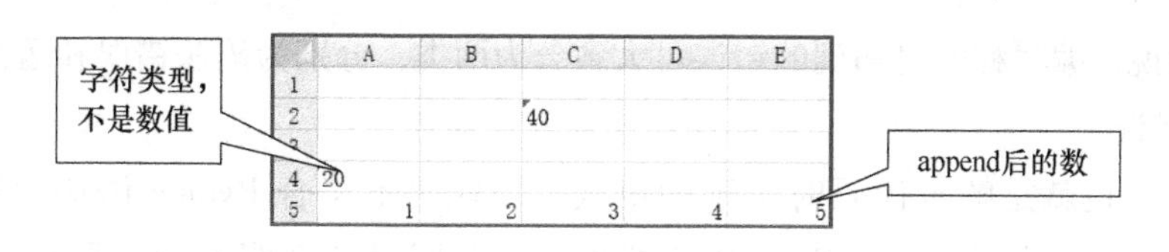

图 4-11 append( )函数结果

9. 设置单元格风格

在设置之前需要先导入模块，如：

```
from openpyxl.styles import Font,colors,Alignment  # 字体、颜色、对齐方式
bold_italic_24_font=Font(name='等线',size=24,italic=True,color=
colors.RED,bold=True)                              # 设置字体样式
sheet['A1'].font=bold_italic_24_font               # 设置单元字体样式
```

设置对齐方式直接使用属性 aligment，这里指定垂直居中和左右居中。除了 center，还可以使用 right、left 等参数，如：

```
sheet['B1'].aligment=Alignment(horizontal='center',vertical=
'center')
sheet.row_dimensions[2].height=40          # 设置第二行行高
sheet.column_dimensions['C'].width=30      # 设置 C 列列宽
```

10. 合并和拆分单元格

合并单元格是以合并区域的右上角的单元格为基准，覆盖其他单元格。合并单元格时是在左上角单元格写入数据，如果这些单元格都有数据，则只保存左上角的单元格的数据，如：

```
sheet.merge_cells('B1:G1')      # 合并一行中的单元格
sheet.merge_cells('A1:C3')      #合并矩形区域的单元格
```

拆分单元格是将一个大单元格拆分为几个小单元格，拆分完成后，大单元格中的值回到 A1 的位置，如：

```
sheet.unmerge_cells('A1:C3')
```

4.5 文件异常处理

4.5.1 异常的类型与含义

开发人员在编写程序时，难免会遇到错误，有的是编写人员疏忽造成的语法错误，有的是程序内部隐含逻辑问题造成的数据错误，还有的是程序运行时与系统的规则冲突造成的系统错误等。总的来说，编写程序时遇到的错误可大致分为两类，分别为语法错误和运行时错误。

1. 语法错误

语法错误，也就是解析代码时出现的错误。当代码不符合 Python 语法规则时，Python 解释器在解析时就会报出 SyntaxError 语法错误，与此同时还会明确指出最早探测到错误的语句。例如：

语句 print "Hello,World!"，因为 Python 3 已不再支持上面这种写法，所以在运行时，解释器会报如下错误：

```
SyntaxError:Missing parentheses in call to 'print'
```

语法错误多是由于开发者疏忽导致的，属于真正意义上的错误，是解释器无法容忍的，因此，只有将程序中的所有语法错误全部纠正，程序才能执行。

2. 运行时错误

运行时错误，即程序在语法上都是正确的，但在运行时发生了错误。例如：

```
a=1/0
```

这句代码的意思是“用 1 除以 0，并赋值给 a”，因为 0 作除数是没有意义的，所以运行后会产生如下错误：

```
>>>
Traceback (most recent call last):
  File "<pyshell#0>",line 1,in <module>
    a=1/0
ZeroDivisionError:division by zero
```

以上运行输出结果中，前两段指明了错误的位置，最后一句表示出错的类型。在 Python 中，把这种运行时产生错误的情况叫作异常（Exceptions）。这种异常情况还有很多，常见的几种异常情况见表 4-3。

表 4-3　异常类型与含义

异常类型	含　义
AssertionError	当 assert 关键字后的条件为假时，程序运行会停止并抛出 AssertionError 异常
AttributeError	当试图访问的对象属性不存在时抛出的异常
IndexError	索引超出序列范围会引发此异常
KeyError	字典中查找一个不存在的关键字时引发此异常
NameError	尝试访问一个未声明的变量时，引发此异常
TypeError	不同类型数据之间的无效操作
FileNotFoundError	文件未找到异常
ZeroDivisionError	除法运算中除数为 0 时引发此异常

当一个程序发生异常时，代表该程序在执行时出现了非正常的情况，无法再执行下去。默认情况下，程序是要终止的。如果要避免程序退出，可以使用捕获异常的方式获取这个异常的名称，再通过其他的逻辑代码让程序继续运行，这种根据异常做出的逻辑处理叫作异常处理。

开发者可以使用异常处理全面地控制自己的程序。异常处理不仅能够管理正常的流程运行，还能够在程序出错时对程序进行必要的处理。

4.5.2 异常处理方式

1. try except 语句

用 try except 语句块捕获并处理异常，其基本语法结构如下所示：

```
try:
    可能产生异常的代码块
except [ (Error1,Error2,...)[as e] ]:
    处理异常的代码块 1
except [ (Error3,Error4,...)[as e] ]:
    处理异常的代码块 2
except  [Exception]:
    处理其他异常
```

该格式中，“[]”括起来的部分可以使用，也可以省略。其中各部分的含义如下：

(Error1,Error2,...)、(Error3,Error4,...)：其中，Error1、Error2、Error3 和 Error4 都是具体的异常类型。显然，一个 except 块可以同时处理多种异常。

[as e]：作为可选参数，表示给异常类型起一个别名 e，这样做的好处是方便在 except 块中调用异常类型（后续会用到）。

[Exception]：作为可选参数，可以代指程序可能发生的所有异常情况，其通常用在最后一个 except 块。

从 try except 的基本语法格式可以看出，try 块有且仅有一个，但 except 代码块可以有多个，且每个 except 块都可以同时处理多种异常。

当程序出现不同的错误情况时，会对应特定的异常类型，Python 解释器会根据该异常类型选择对应的 except 块来处理该异常。

try except 语句的执行流程如下：

1）首先执行 try 中的代码块，如果执行过程中出现异常，系统会自动生成一个异常类型，并将该异常提交给 Python 解释器，此过程称为捕获异常。

2）当 Python 解释器收到异常对象时，会寻找能处理该异常对象的 except 块，如果找到合适的 except 块，则把该异常对象交给该 except 块处理，这个过程被称为处理异常。如果 Python 解释器找不到处理异常的 except 块，则程序运行终止，Python 解释器也将退出。

事实上，不管程序代码块是否处于 try 块中，甚至包括 except 块中的代码，只要执行该代码块时出现了异常，系统都会自动生成对应类型的异常。但是，如果此段程序没有用 try 包裹，又或者没有为该异常配置处理它的 except 块，则 Python 解释器将无法处理，程序就会停止运行；反之，如果程序发生的异常经 try 捕获并由 except 块处理完成，则程序可以继续执行。

【例 4-36】 文件未找到，无法打开文件的异常处理。

```
#文件打开异常处理
try:
    file=open(input('请输入文件名:'))
    print(file)
except (FileNotFoundError):
    print('文件未找到')
print('程序继续运行')
```

运行结果：

```
>>>
请输入文件名:200.txt↙
文件未找到
程序继续运行
>>>
请输入文件名:100.txt↙
<_io.TextIOWrapper name='100.txt'mode='r'encoding='cp936'>
程序继续运行
```

从运行结果可以看出，已经存在或不存在文件的两种情况均能正常显示并运行程序。如果故障类型未知，则可以直接写“except:”即可。

2. try except else 结构

在原本的 try except 结构的基础上，Python 异常处理机制还提供了一个 else 块，也就是在原有 try except 语句的基础上再添加一个 else 块，即 try except else 结构。

使用 else 包裹的代码，只有当 try 块没有捕获到任何异常时，才会得到执行；反之，如果 try 块捕获到异常，即便调用对应的 except 处理完异常，else 块中的代码也不会得到执行。

【例 4-37】 文件未找到，无法打开后提示“是否新建”的异常处理。

```
#文件打开异常处理
try:
    ss=input('请输入文件名:')
    file=open(ss)
```

```
    print(file)
except (FileNotFoundError):
    print('文件未找到,是否确认新建(Y)或取消新建(N)')
    if input()=='Y':
        with open(ss,'w') as file:
            print('文件已新建')
    else:
        print('文件未新建')
else:
    print('文件找到,没有异常')
print('程序继续运行')
```

运行结果（3次执行）：

```
>>>
请输入文件名:100.txt↙
<_io.TextIOWrapper name='100.txt'mode='r'encoding='cp936'>
文件找到,没有异常
程序继续运行
>>>
请输入文件名:200.txt↙
文件未找到,是否确认新建(Y)或取消新建(N)
Y
文件已新建
程序继续运行
>>>
请输入文件名:200.txt↙
<_io.TextIOWrapper name='200.txt'mode='r'encoding='cp936'>
文件找到,没有异常
程序继续运行
```

从上述执行结果看，else 的好处在于：当输入正确的数据时，try 块中的程序正常执行，Python 解释器执行完 try 块中的程序之后，会继续执行 else 块中的程序，继而执行后续的程序；否则无法执行 else 后面的语句。

3. try except finally 结构

Python 异常处理机制还提供了一个 finally 语句，通常用来为 try 块中的程序做扫尾清理工作。和 else 语句不同，finally 只要求和 try 搭配使用，而至于该结构中是否包含 except 以及 else，对于 finally 不是必需的（else 必须和 try except 搭配使用）。

在整个异常处理机制中，finally 语句的功能是，无论 try 块是否发生异常，最终都要进入 finally 语句，并执行其中的代码块。

基于 finally 语句的这种特性，在某些情况下，当 try 块中的程序打开了一些物理资源（如文件、数据库连接等）时，由于这些资源必须手动回收，而回收工作通常就放在 finally 块中。

Python 的垃圾回收机制，只能帮我们回收变量、类对象占用的内存，而无法自动完成关闭文件、数据库连接等工作。

【例 4-38】 try except finally 结构实例。

```
#try...except....finally的使用演示
try:
    f1=open('400.txt','rU')
    for i in f1:
        i=i.strip()
        print(i)
except Exception as E_results:
    print('捕捉有异常:',E_results)
finally:#finally的代码是肯定执行的,不管是否有异常,但是 finally 语块是可
选的。
    print('我不管,我肯定要执行。')
      f1.close
```

运行结果：

```
>>>
Warning (from warnings module):
  File 'D:/Python/ch5/异常4.py',line 3
    f1=open('400.txt','rU')
DeprecationWarning:'U'mode is deprecated
捕捉有异常:[Errno 2] No such file or directory:'400.txt'
我不管,我肯定要执行。
Traceback (most recent call last):
  File 'D:/Python/ch5/异常4.py',line 11,in <module>
    f1.close
NameError:name 'f1'is not defined
```

本程序需要注意的是，如当前目录没有“400.txt”文件时，将发生打开故障，同时也

会发生关闭故障，因此在 finally 语句后面的两行的顺序不能变，否则还需要第二次调用 try except finally 结构，具体代码如下：

```
#try...except....finally 的使用演示
try:
    f1=open('400.txt','rU')
    for i in f1:
        i=i.strip()
        print(i)
except Exception as E_results:
    print('捕捉有异常:',E_results)
finally:#finally 的代码是肯定执行的,不管是否有异常,但是 finally 语块是可
选的。
    try:
        f1.close
    finally:
        print('我不管,我肯定要执行。')
```

这样一来，无论是哪种情况都会执行“print（'我不管，我肯定要执行。'）”。

4. raise 语句

Python 允许在程序中手动设置异常，使用 raise 语句即可。程序由于错误导致的运行异常，是需要程序员想办法解决的；但还有一些异常，是程序正常运行的结果，比如用 raise 手动引发的异常。

raise 语句的基本语法格式为：

```
raise [exceptionName [(reason)]]
```

其中，用“[]”括起来的为可选参数，其作用是指定抛出的异常名称，以及异常信息的相关描述。如果可选参数全部省略，则会把当前错误原样抛出；如果仅省略“(reason)”，则在抛出异常时，将不附带任何的异常描述信息。

也就是说，raise 语句有如下三种常用的用法：

1）raise：单独一个 raise。该语句引发当前上下文中捕获的异常（比如在 except 块中），或默认引发 RuntimeError 异常。

2）raise 异常类名称：raise 后带一个异常类名称，表示引发执行类型的异常。

3）raise 异常类名称（描述信息）：在引发指定类型异常的同时，附带异常的描述信息。

【例 4-39】 raise 语句实例。

```
try:
    str1=input('输入 txt 文件名:')
```

```
    #判断用户输入的是否为数字
    if str1[-4:]=='.txt':
        with open(str1,'w') as file:
            pass
    else:
        raise ValueError('必须是.txt 结尾')
except ValueError as e:
    print('由于文件名引发异常:',repr(e))
```

运行结果:

```
>>>
输入 txt 文件名:500.cnn
由于文件名引发异常:ValueError('必须是.txt 结尾')
```

可以看到，当用户输入的文件名不是“.txt”结尾时，程序会进入“if—else”判断语句，并执行 raise 引发 ValueError 异常。但由于其位于 try 块中，raise 抛出的异常会被 try 捕获，并由 except 块进行处理。因此，虽然程序中使用了 raise 语句引发异常，但程序的执行是正常的，手动抛出的异常并不会导致程序崩溃。

4.5.3 assert 语句

assert 语句，又称断言语句，可以看作是功能缩小版的 if 语句，它用于判断某个表达式的值，如果值为真，则程序可以继续往下执行；反之，Python 解释器会报 AssertionError 错误。

assert 语句的语法结构为:

```
assert 表达式
```

assert 语句的执行流程可以用 if 判断语句表示，如下所示:

```
if 表达式==True:
    程序继续执行
else:
    程序报 AssertionError 错误
```

assert 语句通常用于检查用户的输入是否符合规定，还经常用作程序初期测试和调试过程中的辅助工具。

【例 4-40】 输入年龄，进行 assert 断言。

```
age=int(input())
#断言年龄是否位于正常范围内
```

```
assert 0 <=age <=150
#只有当 age 位于[0,150]范围内,程序才会继续执行
print('年龄为:',age)
```

运算结果：

```
>>>
34↙
年龄为:34
>>>
200↙
Traceback (most recent call last):
  File 'D:/Python/ch3/assert1.py',line 3,in <module>
    assert 0 <=age <=150
AssertionError
```

可以看到，当 assert 语句后的表达式值为真时，程序继续执行；反之，程序停止执行，并报 AssertionError 错误。

4.6 综合项目编程实例

4.6.1 简易文件搜索引擎

【例 4-41】 在当前目录下共有“a. txt”“b. txt”“c. txt”“d. txt”和“e. txt”五个文本文件，里面有不同的内容。现在要求实现简易文件搜索功能，即输入要搜索的文本片段，就能准确定位哪几个文件具有这些文本片段。

设计思路：定义父类 SearchEngineBase 类，具有搜索器、索引器、检索器方法；在父类基础上继承定义 SimpleEngine 子类，重写索引器（即以文件路径为键、文件内容为值，形成键值对，存储在字典中，由此建立索引）、检索器方法（即依次检索字典中的键值对，如果文件内容中包含用户要搜索的信息，则将此文件的文件路径存储在 results 列表中）。对于在检索过程出现的问题，需要手动建立异常机制。

```
#定义 SearchEngineBase 类
class SearchEngineBase:
    def __init__(self):
        pass
    #搜索器
```

```
    def add_corpus(self,file_path):
        with open(file_path,'rb') as fin:
            text=fin.read().decode('utf-8')
        self.process_corpus(file_path,text)
    #索引器
    def process_corpus(self,id,text):
        raise Exception('process_corpus 未执行。')
    #检索器
    def search(self,query):
        raise Exception('搜索未执行。')
#用户接口
def main(search_engine):
    for file_path in ['a.txt','b.txt','c.txt','d.txt','e.txt']:
        search_engine.add_corpus(file_path)
    while True:
        query=input('请输入你要搜索的内容:')
        results=search_engine.search(query)
        print('发现 {} 个结果:'.format(len(results)))
        for result in results:
            print(result)
#继承 SearchEngineBase 类,并重写 process_corpus 和 search 方法
class SimpleEngine(SearchEngineBase):
    def __init__(self):
        super(SimpleEngine,self).__init__()
        #建立索引时使用
        self.__id_to_texts={}
    def process_corpus(self,id,text):
        #以文件路径为键、文件内容为值,形成键值对,存储在字典中,由此建立索引
        self.__id_to_texts[id]=text
    def search(self,query):
        results=[]
        #依次检索字典中的键值对,如果文件内容中包含用户要搜索的信息,则将此
文件的文件路径存储在 results 列表中
        for id,text in self.__id_to_texts.items():
            if query in text:
```

```
                    results.append(id)
            return results
    search_engine=SimpleEngine()
    main(search_engine)
```

运行结果（这里是假定“b. txt”“d. txt”和“e. txt”文件中均有 Python 字符串）：

```
>>>
请输入你要搜索的内容:Python
发现 3 个结果:
b.txt
d.txt
e.txt
```

4.6.2 统计 Python 程序的文本行数

【例 4-42】 计算出某一目录以及子目录下 Python 程序文件的行数，不包括空行。在计算行数的过程中，只对标准命名的文件进行统计，如［文件名．文件类型］。

设计思路：新建“统计文本行数.py 文件”，将其放在想计算行数的代码目录下（本程序选择“D:\Python\ch5\tongji\”），直接使用 Python 运行即可算出该目录以及所有子目录下代码文件的行数。需要定义 get_lines(file_name)来统计总文本行数，在读取文件的每一行时，如果 isspace()= True，说明该行为空格字符行，则行数统计数不增加。同时需要定义 count_lines(file_dir)来统计当前目录及子目录下符合条件的文件数，通过计算规范命名文件的字符中去掉本实例扩展名为“.py”的文件数。

```
import os
'''
返回每个.py 文件文本行数
'''
def get_lines(file_name):
    f=open(file_name,encoding='utf-8')
    count=0
    while True:
        #读取文件并去除开头的空格,制表符
        line=f.readline()
        if not line:
            break
        #行数增加 1
```

```
        if line.isspace():
            continue
        else:
            count=count+1
    f.close()
    return count
'''
计算该文件目录下所有符合条件的文件数、文本行数
'''
def count_lines(file_dir):
    #total_lines表示总行数,file_nums表示总文件数
    total_lines=0
    file_nums=0
    for root,dirs,files in os.walk(file_dir):
        for file in files:
            #不计算本文件的行数
            if file=='统计文本行数.py':
                continue
            #只计算规范命名文件,如[文件名.文件类型]
            file_type=file.split('.')
            if len(file_type) >1:
                #如果想计算其他类型的文件,可以在这里进行修改
                if file_type[1] not in ['py']:
                    continue
            else:
                continue
            file_name=root +'\\'+file
            lines=get_lines(file_name)
            total_lines=total_lines+lines
            print(file_name+'文本行数='+repr(lines))
            file_nums=file_nums+1

    #输出结果
    print('------------------------------------')
    print('总文件数:'+repr(file_nums))
```

```
    print('总文本行数:'+repr(total_lines))
    print('----------------------------------------')

if __name__=='__main__':
    cur_path=os.path.split(os.path.realpath(__file__))[0]
    count_lines(cur_path)
```

运行结果（根据各自的实际情况统计，这里仅做举例用）：

```
>>>
D:\Python\ch5\tongji\写入文件1.py 文本行数=3
D:\Python\ch5\tongji\写入文件2.py 文本行数=13
D:\Python\ch5\tongji\写入文件3.py 文本行数=13
D:\Python\ch5\tongji\写入文件4.py 文本行数=5
D:\Python\ch5\tongji\异常1.py 文本行数=10
D:\Python\ch5\tongji\异常2.py 文本行数=7
D:\Python\ch5\tongji\异常3.py 文本行数=15
D:\Python\ch5\tongji\异常4.py 文本行数=11
D:\Python\ch5\tongji\异常5.py 文本行数=13
----------------------------------------
总文件数:9
总文本行数:90
----------------------------------------
```

4.6.3 自动整理当前目录下的所有文件信息

【例4-43】 自动整理当前目录下的所有文件信息到Excel表格。

设计思路：共需要调用os、time、openpyxl等三个模块分别用于目录、时间和Excel表格。对于目录下文件的读取，去掉本身文件后，分别获取当前目录下其他文件的文件创建时间、文件更新时间和文件大小等属性，并用append()函数写入当前活跃的工作表。

```
import os
import time
import openpyxl
#生成一个Workbook的实例化对象,wb即代表一个工作簿(一个Excel文件)
wb=openpyxl.Workbook()
#获取活跃的工作表,ws代表wb(工作簿)的一个工作表
```

```
ws=wb.active
#更改工作表 ws 的 title
ws.title='file1'
#将 ws 的第一个单元格传入数据并设置每一列宽度
ws['A1']='文件名';ws['B1']='创建时间';ws['C1']='更新时间';ws['D1']=
'文件大小(字节)'
ws.column_dimensions['A'].width=20;ws.column_dimensions['B'].
width=40;
ws.column_dimensions['C'].width=40;ws.column_dimensions['D'].
width=20;
#对 ws 的单个单元格传入数据(文件名,创建时间,更新时间,文件大小)
xlsx_file='0001.xlsx'
date_format='%Y/%m/%d %H:%M:%S'
file_list=[]
for file in os.listdir('.'):
    # 是否归档
    is_file=os.path.isfile(file)
    # 是否是文件本身
    not_py_file=os.path.basename(__file__) !=file
    # 是否是列表中的 xlsx 文件
    not_xlsx_file=xlsx_file !=file
    if is_file and not_py_file and not_xlsx_file:
        # 文件创建时间
        time_crt=time.strftime(date_format,time.localtime(os.path.
getctime(file)))
        # 文件更新时间
        time_mod=time.strftime(date_format,time.localtime(os.path.
getmtime(file)))
        # 获取文件大小,添加新的文件属性
        file_size=os.path.getsize(file)
        file_list.append([file,time_crt,time_mod,file_size])
#存储文件到 Excel
for each in file_list:
    ws.append(each)
wb.save(xlsx_file)
```

运行结果：

图 4-12 所示为当前目录下所有文件的文件信息统计情况（这里仅做举例说明）。

	A	B	C	D
1	文件名	创建时间	更新时间	文件大小（字节）
2	工资单2023-1.docx	2022/03/06 19:12:54	2022/03/06 19:15:07	12092
3	工资单2023-2.docx	2022/03/06 19:13:23	2022/03/06 19:15:15	12036
4	统计1.xlsx	2022/03/06 19:12:39	2022/03/06 19:12:39	9879
5	统计2.xlsx	2022/03/06 19:13:14	2022/03/06 19:13:14	9879

图 4-12　0001. xlsx 文件截图

第 5 章 交互界面设计

Chapter 5

导读

交互界面的良好设计关系到终端用户的体验效果，tkinter 作为 Python 的标准 GUI 库，可以快速地创建 GUI 应用程序。由于 tkinter 是内置到 python 的安装包中，只要安装好 Python 之后就能使用 import tkinter 语句来导入库并应用库的方法和属性。用 tkinter 可以编写 Python 的 IDLE 界面，对于其他简单的图形界面也能应付自如。此外，PyQt5 是一个创建 GUI 应用程序的强大工具包，它是 Python 编程语言和 Qt 库的成功融合，包括 QtWidgets 模块、QtCore 模块等可以解决浏览器显示等综合 GUI 界面的设计和编程。

5.1 tkinter 基础

5.1.1 GUI 介绍

图形用户接口全称是 Graphical User Interface，简称 GUI。GUI 应用程序与创建在命令提示符下运行的程序相比，对于用户来说体验更友好。因此，很多高级语言都会推出自己的 GUI 编程结构。Python 提供了多个图形开发界面的库，常用的 Python GUI 库如下。

1）tkinter：tkinter 模块是 Python 的标准 tk GUI 工具包的接口。它可以在大多数的 UNIX 系统中使用，同样可以应用在 Windows 和 Macos 系统里。

2）wxPython：wxPython 是一款开源软件，是 Python 中优秀的 GUI 图形库，允许 Python 程序员很方便地创建完整的、功能健全的 GUI 用户界面。

3）Jython：Jython 程序可以和 Java 无缝集成，除了一些标准模块，Jython 还可以使用 Java 的模块。Jython 几乎拥有标准的 Python 中不依赖于 C 语言的全部模块。Jython 可以被动态或静态地编译成 Java 字节码。

4）PyQt5：PyQt5 是基于 Digia 公司强大的图形程式框架 Qt5 的 Python 接口，由一组 Python 模块构成。PyQt5 本身拥有超过 620 个类和 6000 函数及方法，它可以运行于多个平台。

图5-1所示是一种常见的GUI控件示意，它以容器（Container）为中心，向下控件（Component）包括按钮（Button）、标签（Label）、复选框（Checkbox）、文本框（TextComponent）等；向上是由窗口（Window）、对话框（Dialog）、框架（Frame）、文件对话框（FileDialog）、单行文本框（TextField）、多行文本框（TextArea）等组成。

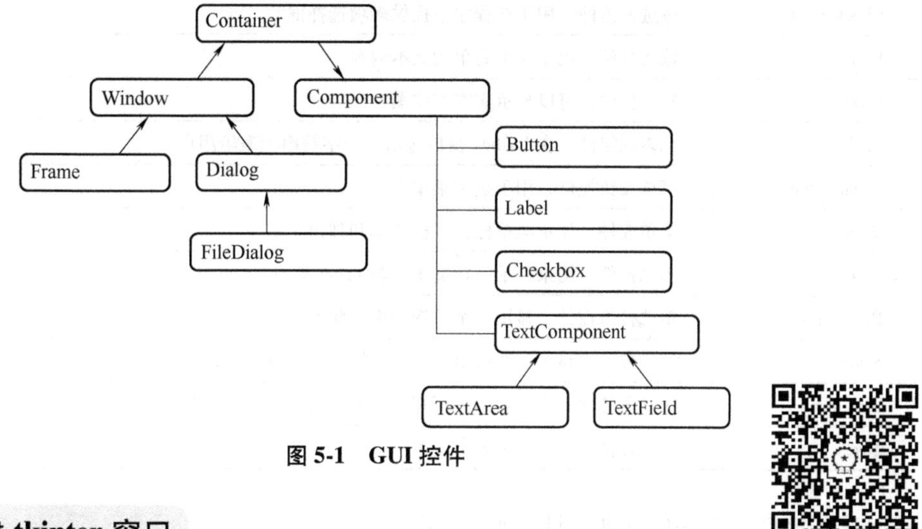

图5-1 GUI控件

5.1.2 创建 tkinter 窗口

tkinter 是 Python 的标准 GUI 库。Python 可以使用 tkinter 快速地创建 GUI 应用程序。由于 tkinter 是内置到 python 的安装包中，只要安装好 Python 之后就能直接使用语句 importtkinter 导入库，而且 IDLE 也是用 tkinter 编写而成，因此对于简单的图形界面 tkinter 还是能应付自如。

创建一个 tkinter 窗口可以采用4步法：第一步，导入 tkinter 模块；第二步，申请 Frame 或 Toplevel 等控件作为容器使用；第三步，创建其他标签、按钮、文本、复选框等控件；第四步，通过 GM（Geometry Manager）管理整个控件区域组织。

1. 导入 tkinter 模块

可以用以下2种方式导入：import tkinter 或 from tkinter import *（本书采用此种写法）。

2. 申请容器控件

容器控件是在屏幕上显示一个矩形区域，以 root 命名为例，常见的语句包括：

1）root=tkinter. Tk()或者 root=Tk()，需要注意 Tk()的首字母是大写 T。

2）root. title("label-test")，用来设置窗口标题。

3）root. geometry("200x300")，用来设置窗口大小，注意是小写英文字母 x 不是 *。

4）root. resizable(width=True,height=False)，设置窗口的长/宽是否可变，False 不可变，True 可变，默认为 True。

除了 Frame 控件外，还有一个容器控件为 Toplevel，它用来提供一个单独的对话框。

3. 创建其他控件

有了容器之后，就需要有按钮、标签和文本框等其他 GUI 应用程序会使用到的控件，具体见表5-1。

表 5-1　tkinter 常见控件

控　　件	描　　述
Button	按钮控件，在程序中显示按钮
Canvas	画布控件，显示图形元素如线条或文本
Checkbutton	多选框控件，用于在程序中提供多项选择框
Entry	输入控件，用于显示简单的文本内容
Label	标签控件，可以显示文本和位图
Listbox	列表框控件，在 Listbox 窗口显示一个字符串列表给用户
Menubutton	菜单按钮控件，用于显示菜单项
Menu	菜单控件，显示菜单栏，下拉菜单和弹出菜单
Message	消息控件，用来显示多行文本，与 Label 类似
Radiobutton	单选按钮控件，显示一个单选的按钮状态
Scale	范围控件，显示一个数值刻度，为输出限定范围的数字区间
Scrollbar	滚动条控件，当内容超过可视化区域时使用，如列表框
Text	文本控件，用于显示多行文本

这些控件具有一些标准属性，见表 5-2。

表 5-2　标准属性

属　　性	描　　述
dimension	控件大小
color	控件颜色
font	控件字体
anchor	锚点
relief	控件样式
bitmap	位图
cursor	光标

4. GM 管理

tkinter 控件有特定的几何状态管理方法，管理整个控件区域组织，表 5-3 所示是 tkinter 的几何管理。

表 5-3　几何管理

几 何 方 法	描　　述
pack()	包装
grid()	网格
place()	位置

【例 5-1】 采用 4 步法来创建一个 tkinter 窗口，要求初始化大小为 180×180，位于左上角(90,80)处，添加背景色（如天蓝色,#87CEEB）和图标，并设置一个按钮。

```
#第1步:导入库
from tkinter import *
#第2步:申请frame控件
root=Tk()
root.title("tk应用")
#为窗口设置一个图标
root.iconbitmap("icon\icon.ico")
#180x180代表了初始化时主窗口的大小,90、80代表了初始化时窗口所在的x、y位置
root.geometry('180x180+90+80')
#背景色设置
root.config(bg="#87CEEB")
#第3步:创建其他控件(如按钮等)
button=Button(root,text='tkinter创建')
#第4步:GM管理
button.pack()
#进入消息循环
root.mainloop()
```

运行结果如图5-2所示。

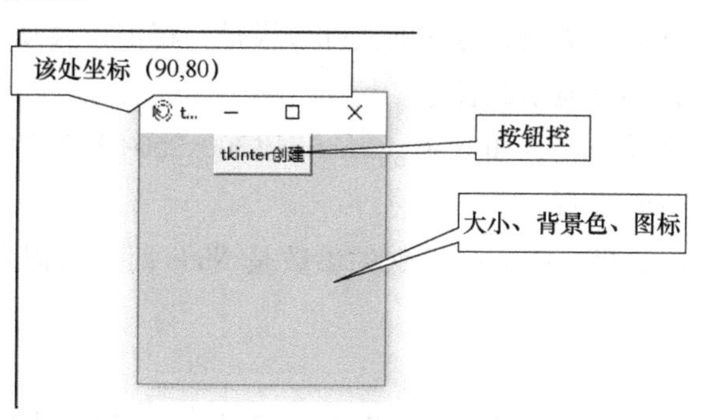

图5-2 创建的tkinter窗口

需要注意的是，最后一句mainloop()是必须设置的一个循环运行机制，只有当Tk()窗口销毁或者强制中止这个循环，tk程序才会结束。

5.2 tkinter控件的属性与函数

5.2.1 tkinter窗口、Frame控件和Toplevel弹出窗口

1. 设置tkinter窗口宽高

Tk()实例完成后，tkinter窗口就可以通过geometry()函数来设置窗口的宽和高，即使该

窗口已经通过 resizable( )函数禁止调整宽高，但是还可以移动窗口在屏幕上的位置。

【例 5-2】 设置 tkinter 窗口的宽×高为 600×600。

```
import tkinter as tk
root=tk.Tk()
root.resizable(0,0)
root.geometry('600x600')
```

在**【例 5-1】**中虽然已经禁止了调整宽和高，但还可以将 root 窗口的宽和高都设置成 600。需要注意的是，在 root.geometry('600x600')中的符号为小写英文字母“x”，而不是“*”。

2. 移动 tkinter 窗口在屏幕上的位置

【例 5-3】 将 tkinter 窗口在屏幕中的位置从(0,0)移至(300,400)。

```
import tkinter as tk
root=tk.Tk()
root.geometry('+0+0')
root.geometry('+300+400')
```

当 geometry 函数的参数是上面这种两个加号形式的时候，就表示调整窗口在屏幕上的位置，第 1 个加号后的数字是距离屏幕左边的宽，第 2 个加号后的数字是距离屏幕顶部的高。注意加号后面可以跟负数，这是一种隐藏窗口的方式，如 root.geometry('+-3000+-4000')。

两个加号后面跟非常大的负数，这样的实际效果是，将窗口移动到屏幕外面，彻底看不见了。这时，只有任务栏还有显示此程序。

同时设置宽、高和移动位置，如 root.geometry('300x250+500+240')可以设置宽、高和移动位置两个动作放在一起进行。

采用 geometry(None)，即 geometry 函数的参数是 None 时，可以获取此时窗口的宽高以及在屏幕上的位置。

3. Frame 控件

Frame 控件是在屏幕上（一般是 tkinter 窗口）显示一个矩形区域，多用来作为容器。

语法格式如下：

```
w=Frame(master,option,...)
```

其中：master 为框架的父容器；option 是可选项，即该框架的可设置属性见表 5-4，这些选项可以用键-值的形式设置，并以逗号分隔。

表 5-4 Frame 控件选项

序号	可选项	描 述
1	bg	框架背景颜色
2	bd	框架的大小，默认为 2 个像素

（续）

序号	可选项	描 述
3	cursor	鼠标移动到框架时，光标的形状，可以设置为 arrow、circle、cross、plus 等
4	height	框架的高度，默认值是 0
5	highlightbackground	框架没有获得焦点时，高亮边框的颜色，默认由系统指定
6	highlightcolor	框架获得焦点时，高亮边框的颜色
7	highlightthickness	指定高亮边框的宽度，默认值为 0，表示不带高亮边框
8	relief	边框样式，可选的有：FLAT、SUNKEN、RAISED、GROOVE、RIDGE。默认为 FLAT
9	width	设置框架宽度，默认值是 0
10	takefocus	指定该组件是否接受输入焦点（用户可以通过 tab 键将焦点转移上来），默认为 False

4. Toplevel 弹出窗口

Toplevel( )方法可以创建一个弹出窗口。Toplevel( )方法是建立在 Tk( )主窗口上面的顶层窗口，称为弹出窗口 PopWindow。因为它为用户提供了很多高级功能，例如独立窗口工具栏、信息气泡等等都是用 Toplevel( )方法实现的，就像大窗口中弹出的小窗口。

tkinter 只有一个 Tk( )主窗口 root，可以建立无数个 Toplevel( )窗口 PopWindow。Toplevel( )窗口拥有 Tk( )主窗口几乎所有方法，唯一不同的是 destroy( )方法。Toplevel( )窗口的 destroy( )方法，只销毁所有在 PopWindow 窗口上建立的小部件和关闭 PopWindow 窗口，不影响 Tk( )主窗口和其他的 PopWindow 窗口。而 Tk( )主窗口的 root. destroy( )方法，会删除所有 tkinter 的部件，包括所有的 Toplevel( )窗口和 Tk( )主窗口，同时会停止 mainloop( )方法，终止 Tkinter 程序运行。

【例 5-4】 Toplevel 弹出窗口示例。

```
from tkinter import *
    root=Tk()                                  #建立主窗口 root
    root.title('Tk 窗口')
    root.geometry('{}x{}+{}+{}'.format(300,200,100,200))
                                               #改变窗口位置和大小
    root.attributes('-topmost',1)              #参数 1,设置顶层窗口,覆盖其他窗口。
    popWindow=Toplevel(root)
    popWindow.title('Toplevel 窗口')
    popWindow.geometry('{}x{}+{}+{}'.format(300,200,450,200))
                                               #改变窗口位置和大小
    popWindow.attributes("-toolwindow",1)      #参数 1,设置工具栏样式窗口。
    popWindow.attributes('-topmost',1)         #参数 1,设置顶层窗口,覆盖其他窗口。
    popWindow2=Toplevel(root)
    popWindow2.title('Toplevel 窗口 2')
```

```
popWindow2.geometry('{}x{}+{}+{}'.format(300,200,800,200))
                                        #改变窗口位置和大小
popWindow2.attributes('-topmost',1) #参数1,设置顶层窗口,覆盖其他窗口。
root.mainloop()
```

运行结果如图 5-3 所示。

图 5-3 Toplevel 弹出窗口示例

5.2.2 文本显示与输入

1. 标签（Label）

tkinter 标签控件（Label）在指定的窗口中显示的文本或图像。如果需要显示一行或多行文本且不允许用户修改，可以使用 Label 控件。

语法格式如下：

```
w=Label(master,option,...)
```

其中，master 为框架的父容器；option 为可选项，即该标签的可设置的属性，其中 bg、bd、cursor、height、relief、width、takefocus 跟 Frame 一样，不再列出，其他属性见表 5-5。

表 5-5 标签可选项与描述

序号	可选项	描 述
1	anchor	文本或图像在背景内容区的位置，默认为 center，可选值有 n、s、w、e、ne、nw、sw、se、center，其中 eswn 是东、南、西、北英文的首字母
2	bitmap	指定标签上的位图，如果指定了图片，则该选项忽略
3	font	设置字体
4	fg	设置前景色
5	image	设置标签图像
6	justify	定义对齐方式，可选值有：LEFT、RIGHT、CENTER，默认为 CENTER
7	padx	x 轴间距，以像素计，默认 1
8	pady	y 轴间距，以像素计，默认 1
9	text	设置文本，可以包含换行符（\n）
10	textvariable	标签显示 Tkinter 变量，StringVar。如果变量被修改，标签文本将自动更新
11	underline	设置下划线，默认-1，如果设置 1，则是从第二个字符开始画下划线
12	wraplength	设置标签文本为多少行显示，默认为 0

【例 5-5】 在 tkinter 窗口在设置标签“标签控件”，背景是黄色。

```
from tkinter import *
root=Tk()
root.geometry('200x200+200+200')
frame=Frame(root)
root.title("标签实例")
w=Label(root,text="标签控件",bg='yellow')
w.pack(padx=40,pady=40)
root.mainloop()
```

运行结果如图 5-4 所示。

图 5-4　标签控件

对于标签的布局，可以有网格布局（grid）、左右布局和绝对布局。左右布局语句如下：

```
tk.Label(root,text='La1',bg='red').pack(fill=Y,side=LEFT)
tk.Label(root,text='La2',bg='green').pack(fill=BOTH,side=RIGHT)
tk.Label(root,text='La3',bg='blue').pack(fill=X,side=LEFT)
```

绝对布局语句如下：

```
La4=tk.Label(root,text='l4')
La4.place(x=3,y=3,anchor=NW)
```

2. 文本框控件（Entry）

文本框（Entry）用于让用户输入一行文本字符串。

语法格式如下：

```
w=Entry(master,option,...)
```

其中，master是按钮的父容器。option：可选项，即该按钮的可设置的属性，具体包括bg输入框背景颜色、bd边框的大小（默认为2个像素）、cursor光标的形状设定（如arrow，circle，cross，plus等）、font文本字体、exportselection（默认情况下如果在输入框中选中文本，默认会复制到粘贴板，如果要忽略这个功能则设置exportselection=0）、fg文字颜色（值为颜色或为颜色代码，如'red'，'#ff0000'）、highlightcolor文本框高亮边框颜色（当文本框获取焦点时显示）、justify对齐方式、relief边框样式（设置控件3D效果，可选的有：FLAT、SUNKEN、RAISED、GROOVE、RIDGE。默认为FLAT）、selectbackground选中文字的背景颜色、selectborderwidth选中文字的背景边框宽度、selectforeground选中文字的颜色、show指定文本框内容显示为字符、state状态（默认为state=NORMAL，文框状态，分为只读和可写，值为：normal或disabled）、textvariable文本框的值、width文本框宽度、xscroll-command设置水平方向滚动条。

【例5-6】 在tkinter窗口设置1个文本输入框、1个按钮和1个标签，能在标签上显示文本输入框的字符。

```
from tkinter import *
root=Tk()
root.geometry('200x150+400+400')
b2=Label(root,text='测试文本')
b2.pack()
b3=Entry(root,width=20)
b3.pack()
def change_b2(label,text):
    label['text']=text.get()
b1=Button(root,text='确认输入信息',height=1,
                    width=20,bg='yellow',
                    command=lambda:change_b2(b2,b3))
b1.pack(padx=10,pady=10)
root.mainloop()
```

运行结果当单击如图5-5a所示的按钮区域时，会出现图5-5b所示的变化以及如下字符：

3. 多行文本（Text）

多行文本（Text），又称文本小部件。它可以格式化显示的方式，例如更改其颜色和字体，还可以使用标签和标记等优雅结构来查找文本的特定部分，并将更改应用于这些区域。

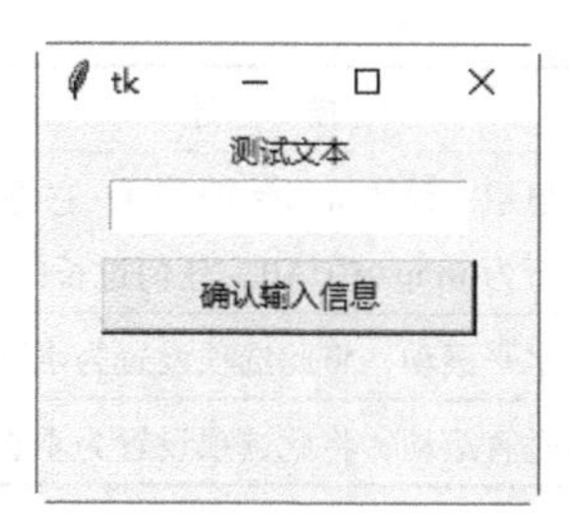

a) 初始状态

b) 输入文本后单击按钮

图 5-5 运行结果

语法格式如下：

```
w=Text(master,option,...)
```

其中，master 表示父窗口；option 是此最常用的选项列表，其中 bg、bd、cursor、font、fg、height、highlightbackground、highlightcolor、highlightthickness、padx、pady、relief、width 跟 Frame、Label 等属性相似，其他属性选项见表 5-6。

表 5-6 选项列表

序号	选 项	描 述
1	exportselection	通常，在文本小部件中选择的文本将导出为窗口管理器中的选择。如果不需要该功能，设置 exportselection=0
2	insertbackground	插入光标的颜色。默认为黑色
3	insertborderwidth	插入光标周围的三维边框的大小。默认值为 0
4	insertofftime	插入光标在闪烁周期内关闭的毫秒数。将此选项设置为零可抑制闪烁。默认值为 300
5	insertontime	插入光标在闪烁周期内的毫秒数。默认值为 600
6	insertwidth	插入光标的宽度（其高度由其行中最高的项确定）。默认值为 2 像素
7	selectbackground	要使用的背景颜色显示所选文本
8	selectborderwidth	要在所选文本周围使用的边框宽度
9	spacing1	此选项指定在每行文本上方放置多少额外垂直空间。如果换行，则仅在它占据显示器的第一行之前添加此空间。默认值为 0
10	spacing2	此选项指定在逻辑行换行时在显示的文本行之间添加多少额外垂直空间。默认值为 0
11	spacing3	此选项指定在每行文本下方添加多少额外垂直空间。如果换行，则仅在它占据显示器的最后一行之后添加此空间。默认值为 0
12	state	通常，文本小部件响应键盘和鼠标事件，设置 state=NORMAL 以获得此行为。如果设置 state=DISABLED，文本小部件将不响应，用户也无法以编程方式修改其内容
13	tabs	此选项控制制表符如何定位文本

（续）

序号	选　　项	描　　述
14	wrap	此选项控制太宽的行的显示。设置 wrap=WORD，它将在最后一个适合的单词之后断开另起一行。使用默认行为 wrap=CHAR，任何过长的行都将在任何字符处被破坏
15	xscrollcommand	要使文本窗口小部件可水平滚动，将此选项设置为水平滚动条的 set()方法
16	yscrollcommand	要使文本窗口小部件可垂直滚动，将此选项设置为垂直滚动条的 set()方法

文本控件支持三种不同的帮助器结构，即标记、标签和索引，其中标记用于标记给定文本中两个字符之间的位置；标签用于将名称与文本区域相关联，这使得修改特定文本区域的显示设置变得容易，标签还用于将事件回调绑定到特定范围的文本。表 5-7 所示是文本的方法与描述。

表 5-7　方法与描述

序号	方　　法	描　　述
1	delete(startindex [,endindex])	此方法删除特定字符或文本范围
2	get(startindex [,endindex])	此方法返回特定字符或文本范围
3	index(index)	返回基于给定索引的索引的绝对值
4	insert(index [,string]...)	此方法在指定的索引位置插入字符串
5	see(index)	如果位于索引位置的文本可见，则此方法返回 true
6	index(mark)	返回特定标记的行和列位置
7	mark_gravity(mark [,gravity])	返回给定标记的重力。如果提供了第二个参数，则为给定标记设置重力
8	mark_names()	返回 Text 小部件中的所有标记
9	mark_set(mark,index)	通知给定标记的新位置
10	mark_unset(mark)	从“文本”小部件中删除给定标记
11	tag_add(tagname,startindex[,endindex] ...)	此方法标记由 startindex 定义的位置或由位置 startindex 和 endindex 分隔的范围
12	tag_config	可以使用此方法配置标记属性，包括 justify（中心，左侧或右侧）、tabs（此属性具有与 Text 小部件选项卡属性相同的功能）和下划线（用于为标记文本加下划线）
13	tag_delete(tagname)	此方法用于删除和删除给定标记
14	tag_remove(tagname [,startindex[.endindex]] ...)	应用此方法后，将从提供的区域中删除给定标记，而不删除实际的标记定义

【例 5-7】 在 tkinter 窗口添加多行文本实例。

```
from tkinter import *
def onclick():
    pass
root=Tk()
```

```
text=Text(root)
text.insert(INSERT,"你好!本章节的内容将由如下内容组成...\n")
text.insert(END,"再见.....\n")
text.pack()
text.tag_add("here","1.0","1.4")
text.tag_add("start","1.9","1.14")
text.tag_config("here",background="yellow",foreground="blue")
text.tag_config("start",background="black",foreground="green")
root.mainloop()
```

运行结果如图 5-6 所示。

4. Message 消息控件

Message 控件（即消息控件）是 Label 控件的变体，用于显示多行文本信息。Message 控件能够自动换行，并调整文本的尺寸，适应整个窗口的布局。

【例 5-8】 在 tkinter 窗口添加消息控件。

```
from tkinter import *
root=Tk()
root.geometry("250x150")
var=StringVar()
label=Message(root,textvariable=var,relief=RAISED)
var.set("提示信息:\n 你已经正确输入!")
label.pack()
root.mainloop()
```

运行结果如图 5-7 所示。

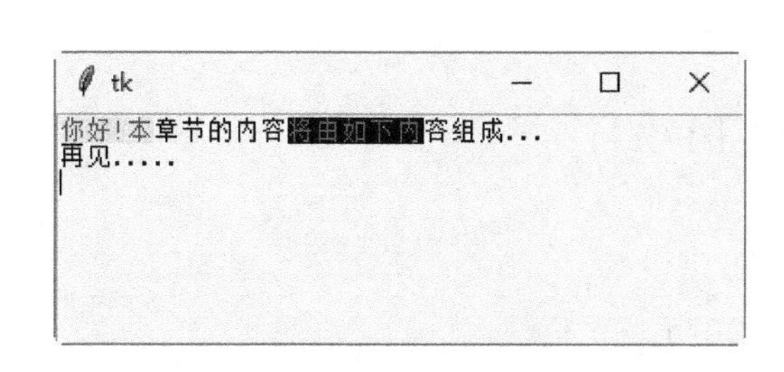

图 5-6 多行文本实例

图 5-7 消息控件

5.2.3 按钮和复选框

1. Button 控件

Button 控件是一种标准 tkinter 控件，用来展现不同样式的按钮。Button 控件被用以和用户交互，比如按钮被鼠标单击后，某种操作被启动。和 Label 控件类似，按钮可以展示图片或者文字。不同的是，Label 控件可以指定字体，Button 控件只能使用单一的字体。当然 Button 上的文字可以多行显示。

tkinter 按钮控件可与一个 Python 函数关联，当按钮被按下时，自动调用该函数，其语法格式如下：

```
w=Button(master,option=value,...)
```

其中，master 是按钮的父容器。option 为可选项，即该按钮的可设置的属性。这些选项大部分与 Label 标签相同，如 bd、bg、fg、font、height、image、justify、padx、pady、relief、underline、width、wraplength、text、anchor。特有的属性如下：

1）activebackground：当鼠标指向按钮时，按钮的背景色。

2）activeforeground：当鼠标指向按钮时，按钮的前景色。

3）command：按钮关联的函数，当单击按钮时，执行该函数。

4）state：设置按钮控件状态，可选的有 NORMAL（默认）、ACTIVE、DISABLED。

按钮方法与描述见表 5-8。

表 5-8　按钮方法与描述

方　法	描　述
deselect( )	清除单选按钮的状态
flash( )	在激活状态颜色和正常颜色之间闪烁几次单选按钮，但保持它开始时的状态
invoke( )	可以调用此方法来获得与用户单击单选按钮以更改其状态时发生的操作相同的操作
select( )	设置单选按钮为选中

【例 5-9】 按钮使用示例。

```
from tkinter import *
def say_hi():
    global i
    i+=1
    print("你好！你是第%d次点击!"%i)
i=0
root=Tk()
root.geometry('300x150+400+300')
frame1=Frame(root)
frame2=Frame(root)
root.title("按钮实例")
label=Label(frame1,text="标签显示",justify=LEFT)
label.pack(side=LEFT)
```

```
hi_there=Button(frame2,text="请点击",command=say_hi)
hi_there.pack()
frame1.pack(padx=1,pady=1)
frame2.pack(padx=10,pady=10)
root.mainloop()
```

运行结果如图5-8所示，同时在输出行显示为：

```
你好！你是第1次点击！
你好！你是第2次点击！
你好！你是第3次点击！
你好！你是第4次点击！
你好！你是第5次点击！
```

图5-8　按钮使用示意

【例5-10】　在tkinter窗口设置1个标签和6个按钮，其中标签显示“购书网站”，前面5个按钮显示“当当网”“淘宝”“京东购物”“博库网”和“线上新华书店”，当按钮动作时，打开相应的网址；最后1个按钮为“退出”，当按钮动作时，关闭窗口退出系统。

```
import tkinter
from time import sleep
import webbrowser
def action1(button1):
    sleep(0.5)
    webbrowser.open("http://www.dangdang.com/")
def action2(button2):
    sleep(0.5)
    webbrowser.open("https://www.taobao.com/")
def action3(button3):
    sleep(0.5)
```

```
        webbrowser.open("https://www.jd.com/")
    def action4(button4):
        sleep(0.5)
        webbrowser.open("https://www.bookuu.com/")
    def action5(button5):
        sleep(0.5)
        webbrowser.open("https://www.xhsd.com/")
    def action6(button6):
        root.destroy()
    #搭建 tkinter 窗口,设计 label 和 button
    root=tkinter.Tk()
    root.title("网上购书平台")
    root.geometry("300x215")
    root.resizable(0,0)
    label=tkinter.Label(text="购书网站",background='#7fffd4',font=
("宋体","22","bold"),foreground='#000000')
    label.pack()
    button1=tkinter.Button(text='当当网',width=500)
    button1.pack()
    button1.bind("<Button-1>",action1)
    button2=tkinter.Button(text='淘宝',width=500)
    button2.pack()
    button2.bind("<Button-1>",action2)
    button3=tkinter.Button(text='京东购物',width=500,foreground=
"#00ff00")
    button3.pack()
    button3.bind("<Button-1>",action3)
    button4=tkinter.Button(text='博库网',width=500,foreground=
"#00ffff")
    button4.pack()
    button4.bind("<Button-1>",action4)
    button5=tkinter.Button(text='线上新华书店',width=500)
    button5.pack()
    button5.bind("<Button-1>",action5)
    button6=tkinter.Button(text='退出',width=500)
```

```
button6.pack()
button6.bind("<Button-1>",action6)
root.mainloop()
```

运行结果如图 5-9 所示。

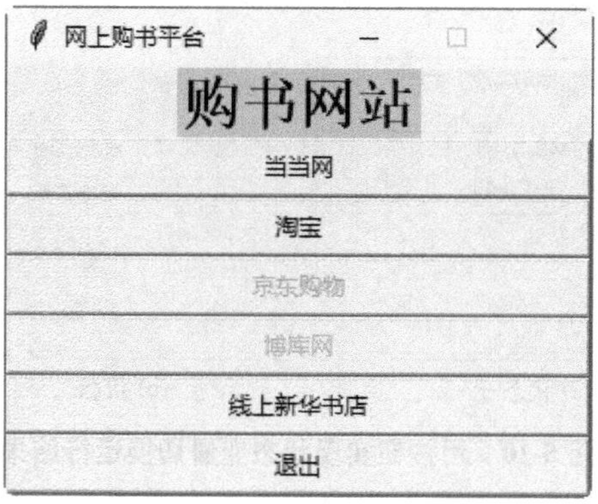

图 5-9 购书网站运行结果

【例 5-11】 用按钮实现状态变量切换。

```
from tkinter import *
def change():
    global state
    state=not state
    if state:
        text.set("状态为 ON")
    else:
        text.set("状态为 OFF")
state=True
root=Tk()
root.title("按钮示例")
root.geometry("250x150")
frame=Frame(root)
frame.pack(padx=20,pady=10)
# StringVar 绑定 Label 输出文本
text=StringVar(frame)
text.set("状态为 ON")
# 创建 Label、按钮并进行 GM 管理
label=Label(frame,textvariable=text)
```

```
button=Button(frame,text="状态切换",command=change)
label.grid(row=0,column=0)
button.grid(row=1,column=0)
root.mainloop()
```

运行结果如图 5-10 所示。

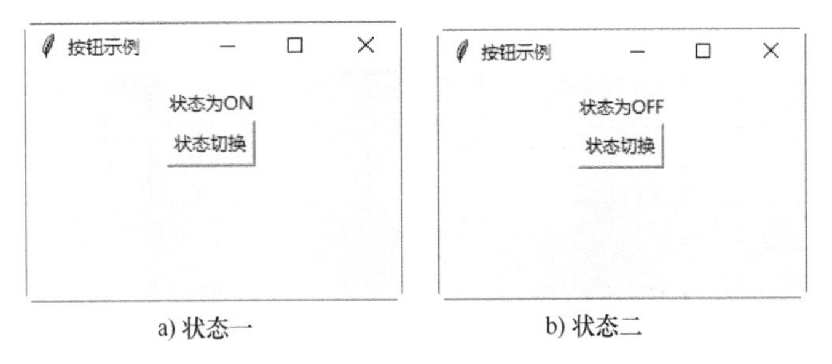

a) 状态一　　b) 状态二

图 5-10　用按钮实现状态变量切换运行结果

本例中，字符串变量（StringVar）对象可以与 Entry、Label 等控件绑定，这里的绑定是双向绑定，既可以通过该变量来获取 Entry、Label 等控件中的值，也可以通过更改该变量来改变 Entry、Label 等控件中的值。

2. 复选框 Checkbutton

复选框用来选取用户需要的选项，它前面有个小正方形的方块，如果选中则有一个对号，也可以再次单击以取消该对号来取消选中。

语法格式如下：

```
w=Checkbutton(master,option=value,...)
```

其中 master：复选框的父容器。option：可选项，即该按钮的可设置的属性，大部分属性与 Button 按钮类似，特殊的有：Checkbutton 的值不仅是 1 或 0，还可以是其他类型的数值，可以通过 onvalue 和 offvalue 属性设置 Checkbutton 的状态值；variable 变量，值为 1 或 0，代表选中或不选中。

表 5-9 所示为复选框方法及描述。

表 5-9　复选框方法及描述

序号	方　法	描　述
1	deselect()	清除复选框选中选项
2	flash()	在激活状态颜色和正常颜色之间闪烁几次单选按钮，但保持它开始时的状态
3	invoke()	可以调用此方法来获得与用户单击单选按钮以更改其状态时发生的操作相同的操作
4	select()	设置按钮为选中
5	toggle()	选中与没有选中的选项互相切换

【例 5-12】 在 tkinter 窗口在设置 6 个复选框用于亚洲国家的选择，并在输出已选择的国家数量和具体国家名称。

```
from tkinter import *
# 新建窗体
root=Tk()
root.geometry("650x150+400+400")
root.title("CheckButton 控件")
#Label 标签
Label01=Label(root,text="请选择你去过的亚洲国家:")
Label01.grid(row=0,column=0,padx=0,pady=20)
country_list=["柬埔寨","越南","缅甸","秘鲁","新加坡","安哥拉"]
# 用一组值存储选中哪些
is_check_list=[]
# 通过循环展示
for country in country_list:
    is_check_list.append(IntVar())
    CheckButton01 = Checkbutton (root, text = country, variable = is_
check_list[-1])
    CheckButton01.grid(row=0,column=len(is_check_list),padx=6,
pady=6)
# sel 函数
def sel():
    all_select=""
    j=0
    for i in range(0,len(is_check_list)):
        if is_check_list[i].get()==1:
            j=j+1
            all_select +=country_list[i]+" "
    Label_select["text"]="共选"+str(j)+"个国家,分别为:"+all_select
# 添加一个 Button
Button01=Button(root,text="确认选择",command=sel)
Button01.grid(row=1,column=0,padx=6,pady=6)
# 添加一个 Label 标签,用于展示显示后的结果
Label_select=Label(root,text="")
Label_select.grid(row=1,column=1,columnspan=6)
# 加载
root.mainloop()
```

运行结果如图 5-11 所示。

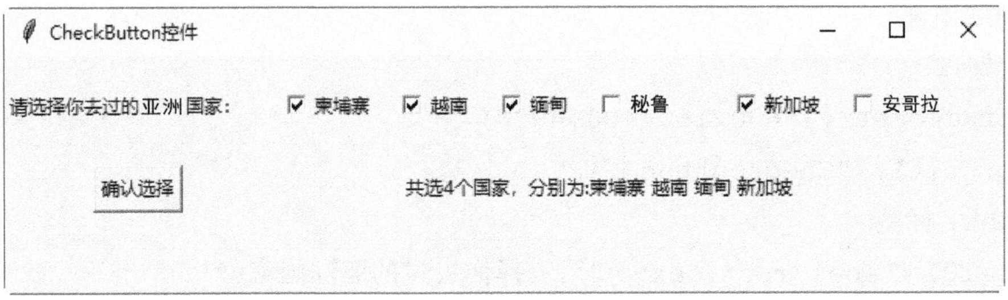

图 5-11　复选框运行结果

3. 多选按钮控件（Radiobutton）

多选按钮控件（Radiobutton）实现了一个多选按钮，这是一种向用户提供许多可能选择的方法，并允许用户只选择其中一个。为了实现此功能，每组 radiobutton 必须与同一个变量相关联，并且每个按钮必须符号化一个值。用户可以使用<Tab>键从一个 radiobutton 切换到另一个 radiobutton。

【例 5-13】 在 tkinter 窗口添加多选按钮实例。

```
from tkinter import *
def sel():
    selection="你选择的是:答案 "+str(var.get())
    label.config(text=selection)
root=Tk()
var=IntVar()
R1=Radiobutton(root,text="答案 1",variable=var,value=1,
                    command=sel)
R1.pack(anchor=W)
R2=Radiobutton(root,text="答案 2",variable=var,value=2,
                    command=sel)
R2.pack(anchor=W)
R3=Radiobutton(root,text="答案 3",variable=var,value=3,
                    command=sel)
R3.pack(anchor=W)
label=Label(root)
label.pack()
root.mainloop()
```

运行结果如图 5-12 所示。

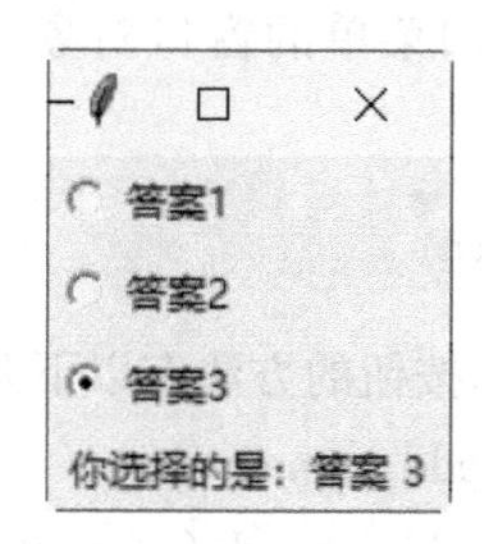

图 5-12　多选按钮控件

5.2.4 菜单和菜单按钮

1. 菜单（Menu）

tkinter 允许用户创建应用程序可以使用的各种菜单，并提供了创建三种菜单类型的方法：弹出菜单、顶层菜单和下拉菜单。

语法如下：

```
w=Menu(master,option,...)
```

其中，master 代表父窗口；option 是该控件最常用的选项列表，如 activebackground（鼠标下的背景颜色）、activeborderwidth（指定一个边界的宽度绘制围绕的选择）、activeforeground（鼠标下的前景颜色）、bg 背景颜色、bd 边框线、cursor 光标、disabledforeground（状态为 DISABLED 的颜色）、font 字体、fg 前景色、postcommand 过程、relief 边框样式、image 图像、selectcolor 选择颜色显示、tearoff 菜单脱开、title 标题选项等。

菜单的方法及说明见表 5-10。

表 5-10　菜单的方法及描述

序号	方　法	描　述
1	add_command(options)	添加一个菜单项
2	add_radiobutton(options)	创建一个单选按钮菜单项
3	add_checkbutton(options)	创建一个检查按钮菜单项
4	add_cascade(options)	由一个给定的菜单的父菜单关联创建一个新的分级菜单
5	add_separator()	增加了一个分割线到菜单
6	add(type,options)	增加了一个特定类型的菜单项
7	delete(startindex[,endindex])	删除范围将从 startIndex 到 endIndex 菜单项
8	entryconfig(index,options)	允许修改菜单项，这是由索引标识，并改变其选项
9	index(item)	返回给定菜单项标签的索引号
10	insert_separator(index)	插入在由索引指定位置的新分隔符
11	invoke(index)	在位置索引处选择相关联的调用命令
12	type(index)	返回由索引指定的选择类型

要想显示菜单，必须在“要添加菜单的窗口对象”的 config 中允许添加上“菜单对象”，其语法为：

```
root.config(menu=menubar)
```

根据表 5-10，可以得出添加菜单按钮的方法有以下几种：

1）添加命令菜单：Menu 对象 . add_command( )；

2）添加多级菜单：Menu 对象 . add_cascade(** options)；

3）添加分割线：Menu 对象 . add_separator(** options)；

4）添加复选框菜单：Menu 对象 . add_checkbutton(** options)；

5）添加单选框菜单：Menu 对象 . add_radiobutton(** options)；

6）插入菜单：insert_separator( )，insert_checkbutton( )，insert_radiobutton( )，insert_cascade( )。

【例 5-14】 在 tkinter 窗口在设置文件、编辑、帮助等 3 个主菜单，每个主菜单有子菜单，子菜单 1 是新建、打开、保存、另存为、关闭和退出，其中退出之前为分割线；子菜单 2 是剪切、复制、粘贴、删除、全选，其中粘贴之前为分割线；子菜单 3 是帮助索引、关于等。

```
from tkinter import *
def donothing():
    filewin=Toplevel(root)       #Toplevel 是独立的顶级窗口
    button=Button(filewin,text="只是显示,啥也不做!")
    button.pack()
root=Tk()
#菜单
menubar=Menu(root)
#建立第一个主菜单“文件”,add_command 后面是子菜单
filemenu=Menu(menubar,tearoff=0)
filemenu.add_command(label="新建",command=donothing)
filemenu.add_command(label="打开",command=donothing)
filemenu.add_command(label="保存",command=donothing)
filemenu.add_command(label="保存为...",command=donothing)
filemenu.add_command(label="关闭",command=donothing)
#增加了一个分割线到菜单
filemenu.add_separator()
filemenu.add_command(label="退出",command=root.quit)
menubar.add_cascade(label="文件",menu=filemenu)
#建立第二个主菜单“编辑”
```

```
editmenu=Menu(menubar,tearoff=0)
editmenu.add_command(label="取消",command=donothing)
#增加了一个分割线到菜单
editmenu.add_separator()
editmenu.add_command(label="剪切",command=donothing)
editmenu.add_command(label="复制",command=donothing)
editmenu.add_command(label="粘贴",command=donothing)
editmenu.add_command(label="删除",command=donothing)
editmenu.add_command(label="全选",command=donothing)
menubar.add_cascade(label="编辑",menu=editmenu)
#建立第三个主菜单“帮助”
helpmenu=Menu(menubar,tearoff=0)
helpmenu.add_command(label="帮助索引",command=donothing)
helpmenu.add_command(label="关于...",command=donothing)
menubar.add_cascade(label="帮助",menu=helpmenu)
#菜单配置
root.config(menu=menubar)
root.mainloop()
```

运行结果如图 5-13 所示，单击任意一个子菜单按钮出现结果如图 5-14 所示。

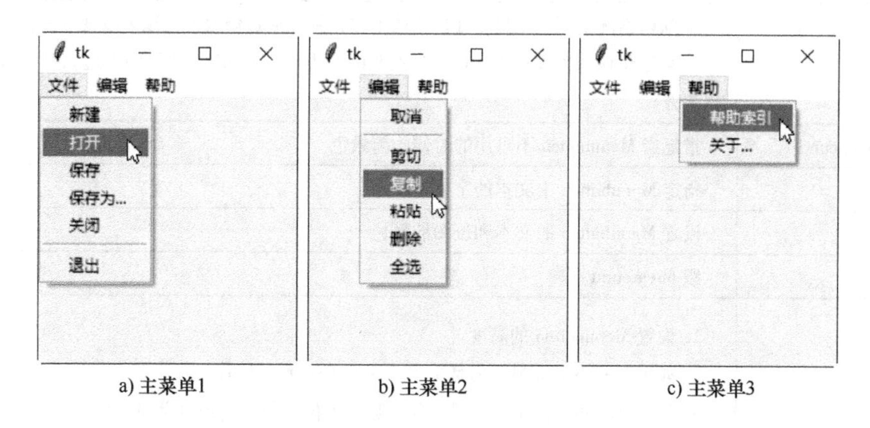

a) 主菜单1　　b) 主菜单2　　c) 主菜单3

图 5-13　菜单

图 5-14　按钮结果

2. 菜单按钮（Menubutton）

该控件既有 Menu 菜单的属性，也有 Button 的方法，因此目前主要使用在菜单按钮出现在其他位置的时候。

语法形式为：

```
Menubutton(master=None,option)
```

其中，master 代表父窗口；option 是该控件最常用的选项列表，见表 5-11（其他控件相关选项也可以参考本表）。

表 5-11　选项列表

选　　项	含　　义
activebackground	设置当 Menubutton 处于“active”状态（通过 state 选项设置状态）的背景色
activeforeground	设置当 Menubutton 处于“active”状态（通过 state 选项设置状态）的前景色
anchor	1. 控制文本（或图像）在 Menubutton 中显示的位置 2. “n”，“ne”，“e”，“se”，“s”，“sw”，“w”，“nw”，或“center”来定位（ewsn 代表东西南北） 3. 默认值是“center”
background	设置背景颜色
bg	跟 background 一样
bitmap	指定显示到 Menubutton 上的位图
borderwidth	指定 Menubutton 的边框宽度
bd	跟 borderwidth 一样
compound	1. 控制 Menubutton 中文本和图像的混合模式 2. 如果该选项设置为“center”，文本显示在图像上（文本重叠图像） 3. 如果该选项设置为“bottom”，“left”，“right”或“top”，那么图像显示在文本的旁边（如“bottom”表示图像在文本的下方） 4. 默认值是 NONE
cursor	指定当鼠标在 Menubutton 上滑过的时候的鼠标样式
direction	1. 默认情况下菜单是显示在按钮的下方，可以通过修改此选项来改变这一特征 2. 可以将该选项设置为“left”（按钮的左边），“right”（按钮的右边），“above”（按钮的上方）
disabledforeground	指定当 Menubutton 不可用的时候的前景色
font	指定 Menubutton 中文本的字体
foreground	设置 Menubutton 的文本和位图的颜色
fg	跟 foreground 一样
height	1. 设置 Menubutton 的高度 2. 如果 Menubutton 显示的是文本，那么单位是文本单元 3. 如果 Menubutton 显示的是图像，那么单位是像素（或屏幕单元） 4. 如果设置为 0 或者干脆不设置，那么会自动根据 Menubutton 的内容计算出高度
highlightbackground	指定当 Menubutton 没有获得焦点的时候高亮边框的颜色
highlightcolor	指定当 Menubutton 获得焦点的时候高亮边框的颜色
highlightthickness	指定高亮边框的宽度
image	1. 指定 Menubutton 显示的图片 2. 该值可以设置为 PhotoImage、BitmapImage，或者能兼容的对象

（续）

选　项	含　义
justify	1. 定义如何对齐多行文本 2. 使用“left”，“right”或“center” 3. 注意，文本的位置取决于 anchor 选项 4. 默认值是“center”
menu	1. 指定与 Menubutton 相关联的 Menu 控件 2. Menu 控件的第一个参数必须是 Menubutton 的实例（参考上例）
padx	指定 Menubutton 水平方向上的额外间距（内容和边框间）
pady	指定 Menubutton 垂直方向上的额外间距（内容和边框间）
relief	1. 指定边框样式 2. 默认值是“flat” 3. 可以设置为“sunken”，“raised”，“groove”，“ridge”
state	1. 指定 Menubutton 的状态 2. 默认值是“normal” 3. 另外还可以设置成“active”或“disabled”
takefocus	指定使用<Tab>键可以将焦点移到该 Button 控件上（这样按下空格键也相当于触发按钮事件）
text	1. 指定 Menubutton 显示的文本 2. 文本可以包含换行符
textvariable	1. Menubutton 显示 Tkinter 变量（通常是一个 StringVar 变量）的内容 2. 如果变量被修改，Menubutton 的文本会自动更新
underline	1. 跟 text 选项一起使用，用于指定哪一个字符画下划线（例如用于表示键盘快捷键） 2. 默认值是-1 3. 例如设置为 1，则说明在 Menubutton 的第 2 个字符处画下划线
width	1. 设置 Menubutton 的宽度 2. 如果 Menubutton 显示的是文本，那么单位是文本单元 3. 如果 Menubutton 显示的是图像，那么单位是像素（或屏幕单元） 4. 如果设置为 0 或者干脆不设置，那么会自动根据 Menubutton 的内容计算出宽度
wraplength	1. 决定 Menubutton 的文本应该被分成多少行 2. 该选项指定每行的长度，单位是屏幕单元 3. 默认值是 0

【例 5-15】 在 tkinter 窗口中设置菜单按钮。

```
import tkinter as tk
root=tk.Tk()
root.geometry('300x200+100+100')
def callback():
    print("~被调用了~")
mb=tk.Menubutton(root,text="点我",relief="raised")
mb.pack()
filemenu=tk.Menu(mb,tearoff=False)
filemenu.add _ checkbutton (label = " 打 开 ", command = callback,
selectcolor="yellow")
filemenu.add_command(label="保存",command=callback)
filemenu.add_separator()
filemenu.add_command(label="退出",command=root.quit)
mb.config(menu=filemenu)
root.mainloop()
```

运行结果如图 5-15 所示。

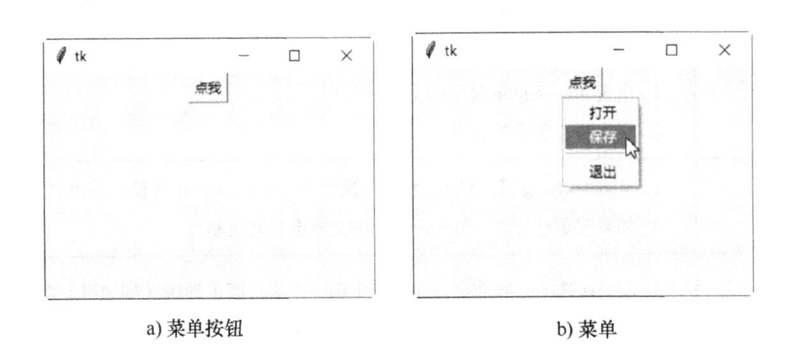

a) 菜单按钮　　　　b) 菜单

图 5-15　菜单按钮运行结果

5.2.5 列表框和滑动条

1. 列表框（Listbox）

Listbox 控件用于创建一个列表框，框内包含许多选项，用户可以只选择一项或多项。语法如下：

```
w=Listbox(master,option,...)
```

其中 master 表示父窗口；option 是常用的选项列表，如 bg、bd、cursor、font、fg、height、highlightcolor、highlightthickness、relief、selectbackground（显示所选文本背景颜色）、

selectmode（选择模式）、width、xscrollcommand（可以将列表框小部件链接到水平滚动条）、yscrollcommand（链接到竖直滚动条）等。其中 selectmode 属性设置列表框的种类，可以是 SINGLE、EXTENDED、MULTIPLE、或 BROWSE，默认值是 BROWSE。

BROWSE 是指从列表框中选择一行。如果单击某个项目然后拖动到其他行，则选择将跟随鼠标。

SINGLE 是指选择一行，并且无法拖动鼠标。

MULTIPLE 是指一次选择任意数量的行。

EXTENDED 是指通过单击第一行并拖动到最后一行来一次选择任何相邻的行组。

Listbox 控件的方法如下：

1）delete(row [,lastrow])：删除指定行 row，或者删除 row 到 lastrow 之间的行。

2）get(row)：取得指定行 row 内的字符串。

3）insert(row,string)：在指定列 row 插入字符串 string。

4）see(row)：将指定行 row 变成可视。

5）select_clear()；清除选择项。

6）select_set(startrow,endrow)：选择 startrow 与 endrow 之间的行。

【例 5-16】 在 tkinter 窗口创建一个列表框，并插入“塑料”“金属”“橡胶”“纸张”“半导体”5 个选项。

```
from tkinter import *
tk=Tk()
#创建窗体
frame=Frame(tk)
#创建列表框选项列表
name=["塑料","金属","橡胶","纸张","半导体"]
#创建 Listbox 控件
listbox=Listbox(frame)
#清除 Listbox 控件的内容
listbox.delete(0,END)
#在 Listbox 控件内插入选项
for i in range (5):
    listbox.insert(END,name[i])
listbox.pack()
frame.pack ()
#开始程序循环
tk.mainloop ()
```

运行结果如图 5-16 所示。

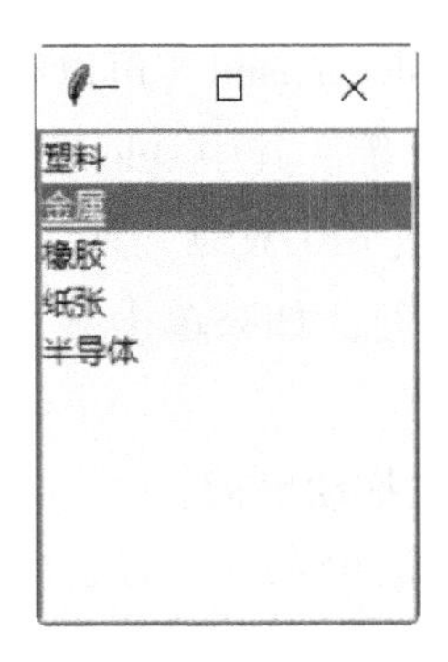

图 5-16　列表框运行结果

【例 5-17】 在 tkinter 窗口创建一个列表框有，并删除其中第一个选项。

```
from tkinter import *
root=Tk()
LB1=Listbox(root,selectmode=MULTIPLE,height=11)#height=11 设置
listbox 组件的高度,默认是 10 行。
LB1.pack()
for item in['浙江','重庆','北京','上海','天津',]:
    LB1.insert(END,item) #END 表示每插入一个都是在最后一个位置
BU1=Button(root,text='删除',\
                    command=lambda x=LB1:x.delete(ACTIVE))
BU1.pack()
mainloop()
```

运行结果如图 5-17 所示。Listbox 控件根据 selectmode 选项提供了四种不同的选择模式：SINGLE（单选）、BROWSE（也是单选，但推动鼠标或通过方向键可以直接改变选项）、MULTIPLE（多选）和 EXTENDED（也是多选，但需要同时按住<Shift>和<Ctrl>或拖动鼠标实现），默认是 BROWSE。

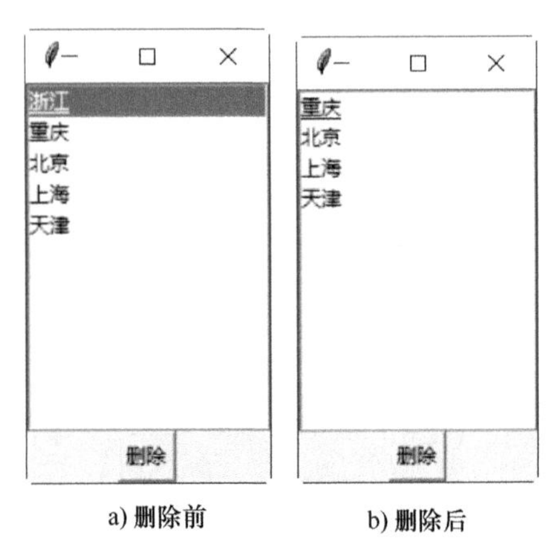

a) 删除前　　b) 删除后

图 5-17　列表框删除示意

2. 滑动条（Scale）

Scale 控件用于创建一个标尺式的滑动条对象，让用户可以移动标尺上的光标来设置数值。其语法如下：

```
w=Scale(master,option,...)
```

其中，master 表示父窗口；option 是选项列表，包括 activebackground（鼠标悬停在刻度上时的背景颜色）、bg（背景颜色）、bd（边框线）、command（每次移动滑块时调用的过程）、cursor（光标）、digits（位数）、font（字体）、fg（文本颜色）、from_（浮点数或整数值，用于定义比例范围的一端）、highlightbackground（焦点背景色）、highlightcolor（焦点颜色）、label（标签）、length（长度）、orient（方位设置）、relief（指定标签周围的装饰边框的外观）、repeatdelay（重复延时）、resolution（比例）、showvalue（文本显示刻度的当前值）、sliderlength（滑块长度）、state（状态）、takefocus（选取焦点）、tickinterval（显示周期性刻度值）、to（浮点数或整数值，用于定义比例范围的一端）、troughcolor（槽的颜色）、variable（控制变量）、width（宽度）等。

Scale 控件的常用方法：

1）get()：取得目前标尺上的光标值。

2）set（value）：设置目前标尺上的光标值。

【例 5-18】 在 tkinter 窗口添加一个滑动条、标签和按钮，移动滑动条可以实时显示当前值，按下“读取滑动条值”按钮，在标签上显示当前值。

```
from tkinter import *
def sel():
    selection="Value="+str(var.get())
    label.config(text=selection)
root=Tk()
var=DoubleVar()
scale=Scale(root,variable=var)
scale.pack(anchor=CENTER)
button=Button(root,text="读取滑动条值",command=sel)
button.pack(anchor=CENTER)
label=Label(root)
label.pack()
root.mainloop()
```

运行结果如图 5-18 所示。

3. 滚动条（Scrollbar）

滚动条语法如下：

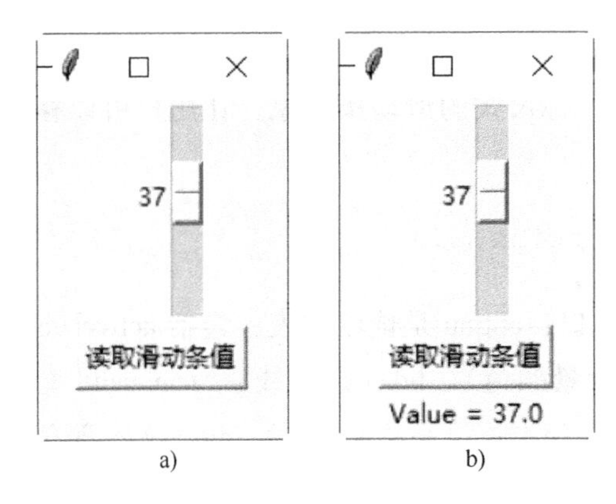

a) b)

图 5-18 滑动条应用

```
w=Scrollbar(master,option,...)
```

其中，master 表示父窗口；option 是选项列表，如 activebackground（鼠标悬停在滑块和箭头上时的颜色）、bg（背景色）、bd（边框线）、command（移动滚动条时要调用的过程）、cursor（光标）、elementborderwidth（箭头和滑块周围边框的宽度）、highlightbackground（焦点背景）、highlightcolor（焦点颜色）、highlightthickness（焦点的厚度）、orient（方位设置，为水平滚动条设置 orient=HORIZONTAL，为垂直滚动条设置 orient=VERTICAL）、troughcolor（槽的颜色）、width（宽度）、jump 选项（控制用户拖动滑块时发生的情况）、repeatdelay 选项（重复延时）、takefocus（选择焦点）等。

表 5-12 所示为滚动条的 get( )和 set( )方法与描述。

表 5-12 滚动条的方法与描述

方　法	描　述
get( )	返回两个数字(a,b)，描述滑块的当前位置。对于水平和垂直滚动条，a 值分别给出滑块左边或上边缘的位置；b 值给出右边或底边的位置
set(first,last)	要将滚动条连接到另一个小部件 w，将 w 的 xscrollcommand 或 yscrollcommand 设置为滚动条的 set( )方法。参数与 get( )方法返回的值具有相同的含义

【例 5-19】 在 tkinter 窗口添加右侧的滚动条。

```
from tkinter import *
def main():
    root=Tk()
    scroll=Scrollbar(root)
    scroll.pack(side=RIGHT,fill=Y)
    mainloop()
if __name__=='__main__':
    main()
```

运行结果如图5-19所示。

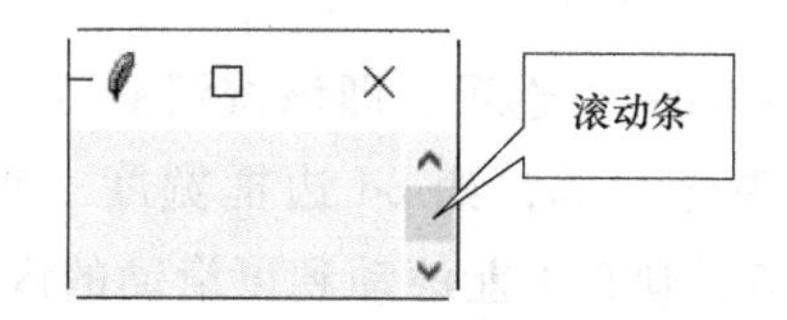

图5-19 滚动条

【例5-20】 在tkinter窗口为Listbox添加滚动条。

```
from tkinter import *
root=Tk()
sb=Scrollbar(root) #垂直滚动条组件
sb.pack(side=RIGHT,fill=Y) #设置垂直滚动条显示的位置
lb=Listbox(root,yscrollcommand=sb.set) #Listbox组件添加Scrollbar组件的set()方法
for i in range(200):
    lb.insert(END,i)
lb.pack(side=LEFT,fill=BOTH)
sb.config(command=lb.yview) #设置Scrollbar组件的command选项为该组件的yview()方法
mainloop()
```

运行结果如图5-20所示。

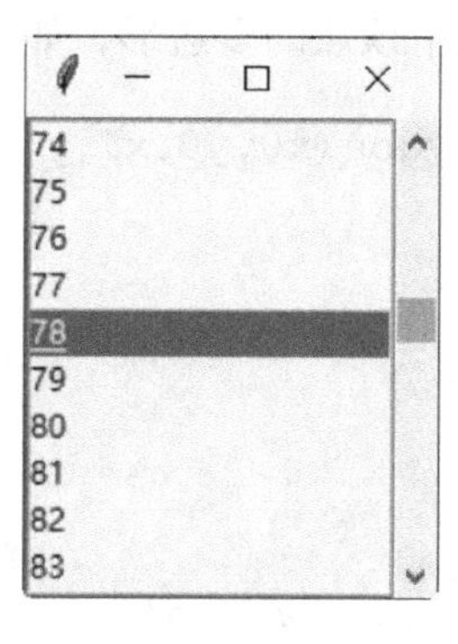

图5-20 滚动条

5.2.6 画布（Canvas）

画布（Canvas）控件和html5中的画布一样，都是用来绘图的。可以将图形、文本、小部件或框架放置在画布上。

语法格式如下：

```
w=Canvas(master,option=value,...)
```

master：按钮的父容器。option：可选项，即该按钮的可设置的属性。这些选项可以用“键=值”的形式设置，并以逗号分隔，如 bd 边框宽度（默认为 2 像素）、bg 背景色、confine（如果为 true，即默认值，画布不能滚动到可滑动的区域外）、cursor 光标的形状设定、height 高度、highlightcolor 高亮的颜色、relief 边框样式、scrollregion 画布可滚动的最大区域、width 画布大小、xscrollincrement 水平滚动值、yscrollincrement 垂直滚动值等。

Canvas 控件还支持以下标准方法：

1）arc，创建一个扇形，如：

```
coord=10,50,240,210
arc=canvas.create_arc(coord,start=0,extent=150,fill="blue")
```

2）image，创建图像，如：

```
filename=PhotoImage(file="sunshine.gif")
image=canvas.create_image(50,50,anchor=NE,image=filename)
```

3）line，创建线条，如：

```
line=canvas.create_line(x0,y0,x1,y1,...,xn,yn,options)
```

4）oval，创建一个圆，如：

```
oval=canvas.create_oval(x0,y0,x1,y1,options)
```

5）polygon，创建一个至少有三个顶点的多边形，如：

```
oval=canvas.create_polygon(x0,y0,x1,y1,...xn,yn,options)
```

【例 5-21】 画布应用示意。

```
from tkinter import *
root=Tk()
root.title('画布应用')
cv=Canvas(root,background='white',
    width=200,height=200)
cv.pack(fill=BOTH,expand=YES)
#绘制左上角半圆
cv.create_arc((5,5,85,85),
    width=2,
    outline="red",
```

```
        start=0,
        extent=180,
        style=ARC)# 绘制右上角半圆
    cv.create_arc((85,5,165,85),
        width=2,
        outline="red",
        start=0,
        extent=180,
        style=ARC)# 绘制下方半圆
    cv.create_arc((5,-45,165,125),
        width=2,
        outline="red",
        start=180,
        extent=180,
        style=ARC)
    root.mainloop()
```

运行结果如图 5-21 所示。

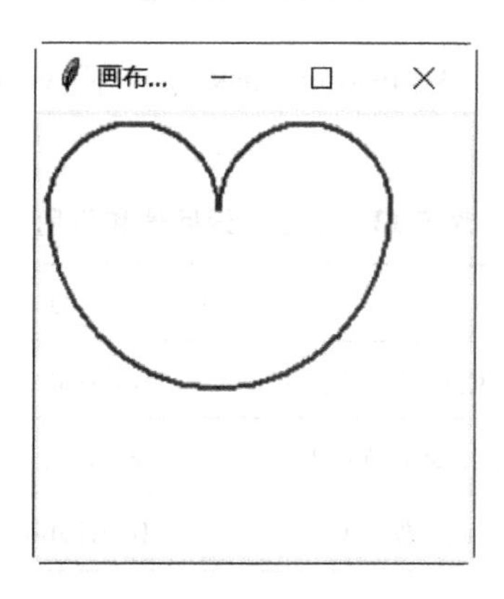

图 5-21　画布应用示意

5.3 tkinter 控件的模块

5.3.1 messagebox 模块

messagebox 模块用于在应用程序中显示消息框，默认弹出位置是屏幕中央。此模块提供了许多可用于显示相应消息的功能，例如 showinfo( )、showwarning( )、showerror( )、askquestion( )、askokcancel( )、askyesno( )和 askretryignore( )。

语法格式如下：

```
tkMessageBox.FunctionName(title,message [,options])
```

其中，FunctionName 是相应消息框功能的名称；title 是要在消息框的标题栏中显示的文本；message 是要显示为消息的文本；options 选项是可用于定制标准消息框的备选选项，可以使用的选项是 default 和 parent，默认选项用于指定消息框中的默认按钮，例如 ABORT、RETRY 或 IGNORE，parent 选项用于指定要在其上显示消息框的窗口。

图 5-22 所示分别为 tk.messagebox.showwarning（title='提示'，message='你确定要删除吗?'）、tk.messagebox.showinfo（'提示'，'你确定要删除吗?'）和 tk.messagebox.showerror（'提示'，'你确定要删除吗?'）等三个语句的消息框。

a) showwarning语句　　b) showinfo语句　　c) showerror语句

图 5-22　消息框

表 5-13 所示为 askokcancel、askquestion、askyesno 和 askretrycancel 等语句的语法、返回值和作用。

表 5-13　语法、返回值和作用

语　法	返回值	作　用
messagebox.askokcancel（'提示'，'要执行此操作吗'）	True|False	（疑问）确定取消对话框
messagebox.askquestion（'提示'，'要执行此操作吗'）	yes|no	（疑问）是否对话框
messagebox.askyesno（'提示'，'要执行此操作吗'）	True|False	（疑问）是否对话框
messagebox.askretrycancel（'提示'，'要执行此操作吗'）	True|False	（警告）重试取消对话框

【例 5-22】 在 tkinter 窗口添加消息框。

```
from tkinter import *
from tkinter import messagebox
root=Tk()
width=380
height=300
# 获取屏幕尺寸以计算布局参数,使窗口居屏幕中央
```

```
    screenwidth=root.winfo_screenwidth()
    screenheight=root.winfo_screenheight()
    alignstr='%dx%d+%d+%d'% (width,height,(screenwidth-width) //
2,(screenheight-height) // 2)
    root.geometry(alignstr)
    def imprint():
        messagebox.showinfo("你好!","版本为 Python3.10!")
    B1=Button(root,text="版本说明",command=imprint)
    B1.pack()
    root.mainloop()
```

运行结果如图 5-23 所示。

图 5-23 消息框应用示意

5.3.2 simpledialog 模块

simpledialog 对话框模块是较为常见的一个模块，其参数如下：

title：指定对话框的标题；

prompt：显示的文字；

initialvalue：指定输入框的初始值；

filedialog：模块参数；

filetype：指定文件类型；

initialdir：指定默认目录；

initialfile：指定默认文件；

tkinter.simpledialog.askstring(标题,提示文字,初始值)：输入字符串；

tkinter.simpledialog.askinteger(title,prompt,initialvalue)：输入整数；

tkinter. simpledialog. askfloat(title,prompt,initialvalue)：输入浮点型。

【例 5-23】 在 tkinter 窗口添加对话框。

```
# 简单对话框,包括字符、整数和浮点数
import tkinter as tk
from tkinter import simpledialog
def input_str():
    r=simpledialog.askstring('字符录入','请输入字符',initialvalue=
'hello world!')
    if r:
        print(r)
        label['text']='输入的是:'+r
def input_int():
    r=simpledialog.askinteger('整数录入','请输入整数',initialvalue=100)
    if r:
        print(r)
        label['text']='输入的是:'+str(r)
def input_float():
    r=simpledialog.askfloat('浮点数录入','请输入浮点数',initialvalue=
1.01)
    if r:
        print(r)
        label['text']='输入的是:'+str(r)
root=tk.Tk()
root.title('对话框')
root.geometry('300x100+300+300')
label=tk.Label(root,text='输入对话框,包括字符、整数和浮点数',font=
'宋体 -14',pady=8)
label.pack()
frm=tk.Frame(root)
btn_str=tk.Button(frm,text='字符',width=6,command=input_str)
btn_str.pack(side=tk.LEFT)
btn_int=tk.Button(frm,text='整数',width=6,command=input_int)
btn_int.pack(side=tk.LEFT)
btn_int=tk.Button(frm,text='浮点数',width=6,command=input_float)
btn_int.pack(side=tk.LEFT)
```

```
    frm.pack()
    root.mainloop()
```

运行结果如图5-24所示。

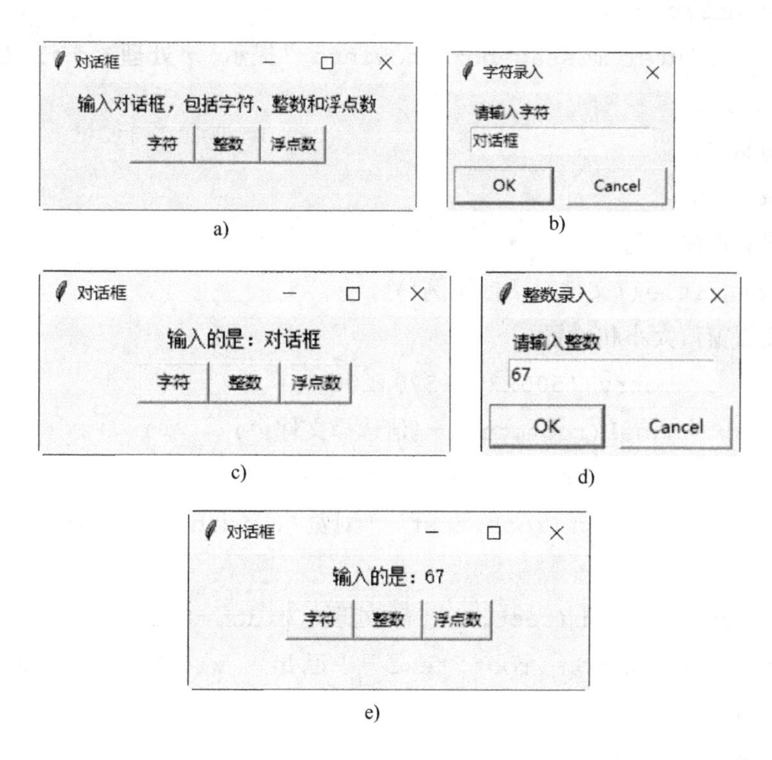

图5-24　simpledialog对话框模块

5.3.3 tkinter.filedialog 模块

tkinter.filedialog模块可以使用多种类型的对话框。

【例5-24】 为了使用Python进行数据分析，编写一个图形界面，选择一个Excel文件（或CSV文件），然后进行后续处理。

```
from tkinter import *
from tkinter import filedialog
import tkinter.messagebox
def main():
    def selectExcelfile():
        sfname=filedialog.askopenfilename(title='选择Excel文件',
filetypes=[('Excel','*.xlsx'),('All Files','*')])
        print(sfname)
```

```
        text1.insert(INSERT,sfname)
    def closeThisWindow():
        root.destroy()
    def doProcess():
        tkinter.messagebox.showinfo('提示','处理 Excel 文件的示例程
序。')
    #初始化
    root=Tk()
    #设置窗体标题
    root.title('文件对话框实例')
    #设置窗口大小和位置
    root.geometry('500x300+570+200')
    label1=Label(root,text='请选择文件:')
    text1=Entry(root,bg='white',width=45)
    button1=Button(root,text='浏览',width=8,command=selectEx-
celfile)
    button2=Button(root,text='处理',width=8,command=doProcess)
    button3=Button(root,text='退出',width=8,command=clos-
eThisWindow)
    label1.pack()
    text1.pack()
    button1.pack()
    button2.pack()
    button3.pack()
    label1.place(x=30,y=30)
    text1.place(x=100,y=30)
    button1.place(x=390,y=26)
    button2.place(x=160,y=80)
    button3.place(x=260,y=80)
    root.mainloop()
if __name__=="__main__":
    main()
```

运行结果如图 5-25 所示。

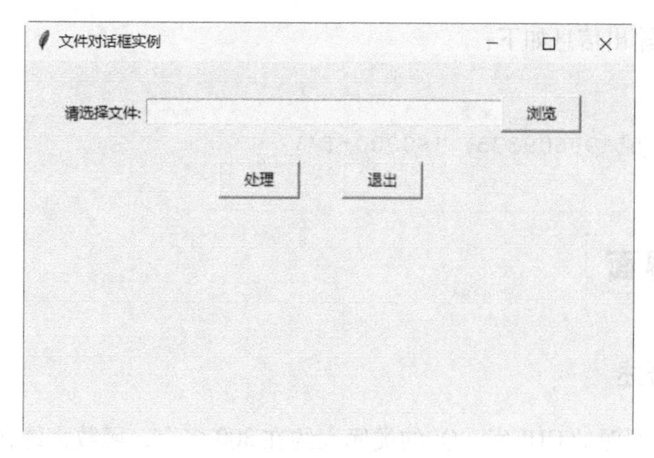

图 5-25　对话框界面

5. 3. 4 colorchooser 模块

colorchooser 模块是颜色选择的界面设计模块。

【例 5-25】 选择颜色界面的设计。

```
from tkinter import *
import tkinter.colorchooser as cc
tk=Tk()
def CallColor():
    Color=cc.askcolor()
    print(Color)
Button(tk,text="选择颜色",command=CallColor).pack()
mainloop()
```

运行结果如图 5-26 和图 5-27 所示。

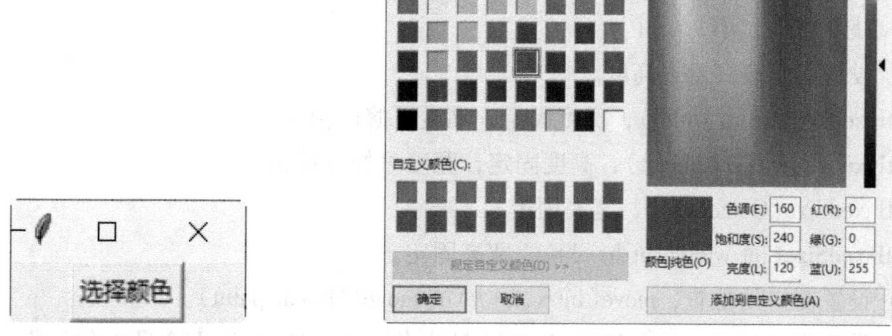

图 5-26　选择颜色按钮　　图 5-27　颜色选择界面

运行后的同步输出信息如下：

```
>>>
((0.0,0.0,255.99609375),'#0000ff')
```

5.4 PyQt5 界面

5.4.1 PyQt5 概述

Qt 同样是一种开源的 GUI 库，Qt 的类库大约在 300 多个，函数大约在 5700 多个。Qt 同样适合于大型应用，由它自带的 qt designer 可以让用户轻松来构建界面元素。PyQt 是 Qt 库的 Python 版本。它的首次发布是在 1998 年，但是当时它叫 PyKDE，因为开始的时候 SIP 和 PyQt 没有分开。目前最新的版本是 PyQt5。可以采用“pip3 install PyQt5”和“pip3 install PyQtWebEngine”进行 PyQt5 库的安装。

5.4.2 QtWidgets 模块

1. 基本函数

QtWidgets 模块包括 QMainWindow、QApplication、QDialog、QWidget 等。

QMainWindow：可以包含菜单栏、工具栏和标题栏，是最常见的窗口形式。

QDialog：是对话窗口的基类。没有菜单栏、工具栏和标题栏。

QWidget：不确定窗口的用途，就使用 QWidget。

该模块提供以下函数用于定位窗口坐标：

1）geometry()提供的成员函数，x()y()获得左上角的坐标，width()，height()获得宽度和高度。

2）改变面积，resize(width,height)或 resize(QSize)。

注：QSize 是 PyQt5.QtCore 中的类，该类代表一个矩形区域大小。

resize(200,300)或 resize(QSize(200,300))

3）获取窗口大小，size()。

4）设置不可改高度或高度。

setFixedWidth(int width)，宽度固定，高度可修改拉伸。

setFixedHeight(int height)，高度固定，宽度可修改拉伸。

setFixedSize(QSize size)，宽高固定。

setFixedSize(int width,int height)，宽高固定。

5）设置窗口的位置，move(int x,int y)或 move(Qpoint point)。

6）设置窗口大小，showMaximized()最大化、showMinimized()最小化、showNormal()正常。

2. 窗口设置编程实例

采用面向对象的方式，将所有与界面有关的代码都放进一个类里面，然后创建一个窗口，只要创建这个类的子类即可完成窗口设置。

【例 5-26】 调用 QMainWindow 模块设置窗口。

```
import sys
from PyQt5.QtWidgets import QApplication,QMainWindow
from PyQt5.QtGui import QIcon
class Mywin(QMainWindow):
    def __init__(self,parent=None):
        super(Mywin,self).__init__(parent)
        #设置主窗口的标题
        self.setWindowTitle("PyQt5 窗口应用")
        #设置窗口的尺寸
        self.resize(450,400)
        self.status=self.statusBar()
        self.status.showMessage('6 秒的消息',6000)
if __name__=='__main__':
    app=QApplication(sys.argv)
    app.setWindowIcon(QIcon('icons/title.png'))
    main=Mywin()
    main.show()
    sys.exit(app.exec_())
```

运行结果如图 5-28 所示。

图 5-28 QMainWindow 模块设置窗口示意

主程序说明如下：

1）每一个 PyQt5 程序都需要有一个 QApplication 对象，该类包含在 QtWidgets 模块中；sys. argv 是一个命令行参数来列表，即 Python 脚本可以从 Shell 中执行，例如双击 . py 文件，通过参数来选择启动脚本方式。

2）main. show( )将窗口控件显示在屏幕上。

3）sys. exit(app. exec_( ))，调用该 exit( )方法程序的主循环会被结束，确保程序完整的结束；执行成功，exec( )返回为 0，否则为非 0。C、C++从 main 函数返回结果都相当于使用了 exit 函数，main 返回值会传递给 exit 方法的参数，PyQt5 底层实现使用 C++，因此 exec( )执行完毕后返回值为 0；exec( )是 PyQt4 中的方法，为了解决与 Python2 中的 exec 关键词冲突，PyQt5 中使用了 exec_( )方法名。

【例 5-27】 窗口位置从初始化到居中。

```
import sys
import time
from PyQt5.QtWidgets import QApplication,QMainWindow,QDesktopWidget
from PyQt5.QtGui import QIcon
class Mywin(QMainWindow):
    def __init__(self,parent=None):
        super(Mywin,self).__init__(parent)
        # 设置主窗口的标题
        self.setWindowTitle("窗口位于初始化位置")
        # 设置窗口的尺寸
        self.resize(400,300)
        self.move(100,100)
    def center(self):
        self.setWindowTitle("窗口移至居中位置")
        #获取屏幕坐标系
        screen=QDesktopWidget().screenGeometry()
        #获取窗口坐标系
        size=self.geometry()
        newLeft=(screen.width()-size.width())//2
        newTop=(screen.height()-size.height()) //2
        #调用 move 的方法来移动窗口
        self.move(newLeft,newTop)
if __name__=='__main__':
    app=QApplication(sys.argv)
    app.setWindowIcon(QIcon('icons/title.png'))
```

```
main=Mywin()
main.show()
time.sleep(5)
Mywin.center(main)
main.show()
sys.exit(app.exec_())
```

运行结果如图 5-29 所示。

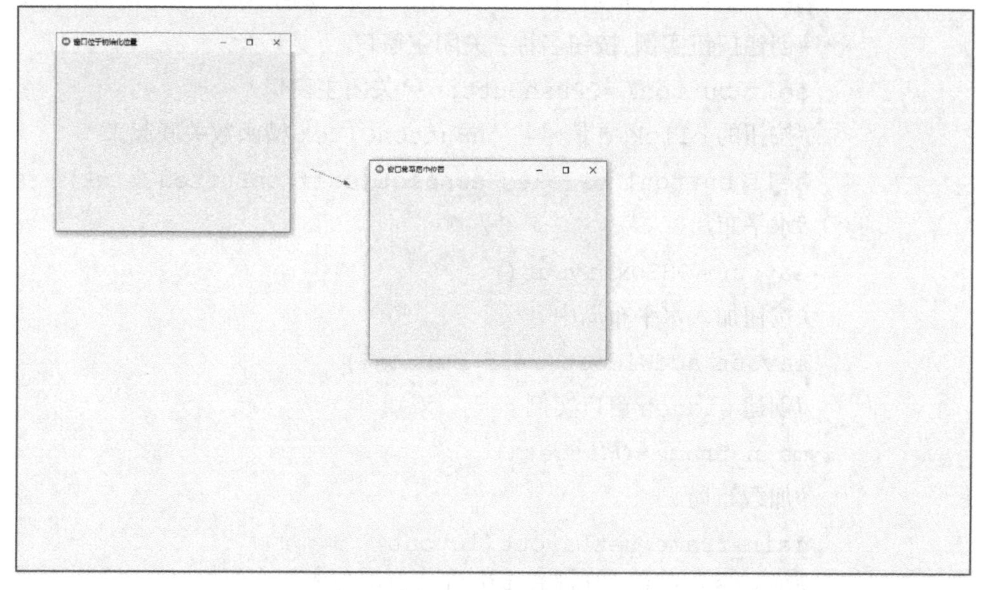

图 5-29　窗口移动

3. 界面元素编程实例

QMainWindow 继承自 QWidget，是一个顶层窗口，它可以包含其他界面元素，如菜单栏、工具栏、状态栏、子窗口、按钮等如图 5-30 所示。

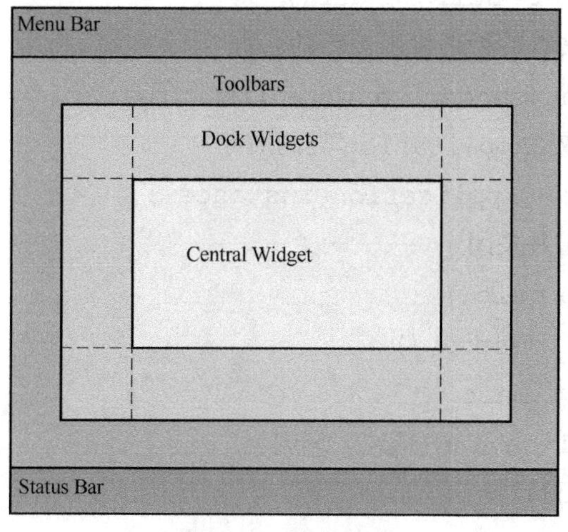

图 5-30　界面元素

【例 5-28】 设置按钮并退出窗口。

```
from PyQt5.QtWidgets import QMainWindow,QApplication,QHBoxLayout,
QPushButton,QWidget
import sys
class Mywin(QMainWindow):
    def __init__(self,parent=None):
        super(Mywin,self).__init__(parent)
        self.setWindowTitle('关闭主窗口的例子')
        #创建按钮实例,按钮名称:关闭主窗口
        self.button1=QPushButton('关闭主窗口')
        #按钮的 clicked 信号与 onButtonClick 槽函数关联起来
        self.button1.clicked.connect(self.onButtonClick)
        #水平布局
        layout=QHBoxLayout()
        #按钮加入水平布局中
        layout.addWidget(self.button1)
        #创建 widget 窗口实例
        main_frame=QWidget()
        #加载布局
        main_frame.setLayout(layout)
        #把 widget 窗口加载到主窗口的中央位置
        self.setCentralWidget(main_frame)
    def onButtonClick(self):
        #sender 是发送信号的对象,这里获得的是按钮的名称
        sender=self.sender()
        #以文本的行书输出按钮的名称
        print(sender.text()+'被按下了')
        #获取 QApplication 类的对象
        qApp=QApplication.instance()
        #退出并关闭
        qApp.quit()
        self.destroy()
if __name__=='__main__':
    app=QApplication(sys.argv)
    win=Mywin()
```

```
        win.show()
        sys.exit(app.exec_())
```

运行结果：

```
>>>
关闭主窗口 被按下了
```

运行结果如图 5-31 所示。

图 5-31　设置按钮并退出窗口示意

【例 5-29】 设置控件提示信息。

```
#为控件添加提示信息
import sys
from PyQt5.QtWidgets import QHBoxLayout,QWidget,QToolTip,QPushBut-
ton,QApplication,QMainWindow
from PyQt5.QtGui import QIcon
from PyQt5.QtGui import QFont
class TooltipForm(QMainWindow):
    def __init__(self):
        super().__init__()
        self.initUI()
    def initUI(self):
        QToolTip.setFont(QFont("SanSerif",12))#设置字体与大小
        self.setToolTip("今天是<b>星期日</b>") #设置提示信息为粗体
        self.setGeometry(300,300,400,300)
        self.setWindowTitle("设置控件提示消息")
if __name__=='__main__':
    app=QApplication(sys.argv)
    app.setWindowIcon(QIcon('icons/title.png'))
    main=TooltipForm()
    main.show()
    sys.exit(app.exec_())
```

运行结果如图 5-32 所示。

图 5-32　设置控件提示信息示意

5. 4. 3 PyQt5. QtCore 模块

QtCore 是 PyQt5 下面的一个模块，QtCore 模块涵盖了核心的非 GUI 功能，此模块被用于处理程序中涉及到的 time、文件、目录、数据类型、文本流、链接、mime、线程或进程等对象。

1. 时间相关

它具有 QDate、QDateTime、QTime 类，用于处理日期和时间。QDate 是用于处理公历中的日历日期的类，它具有用于确定日期、比较或操作日期的方法。QTime 类的工作时间为时钟时间，它提供了比较时间、确定时间和其他时间操作方法。QDateTime 是一个将 QDate 和 QTime 对象组合到一个对象中的类。

【例 5-30】 调用 QtCore 模块打印当前日期和时间。

```
#该示例以各种格式打印当前日期和时间。
from PyQt5. QtCore import QDate,QTime,QDateTime,Qt
now=QDate. currentDate()      # 返回系统的即时日期
# 打印两种格式的日期
print(now. toString(Qt. ISODate))
print(now. toString(Qt. DefaultLocaleLongDate))
#返回系统的即时时间
datetime=QDateTime. currentDateTime()
print(datetime. toString())
time=QTime. currentTime()
print(time. toString(Qt. DefaultLocaleLongDate))
```

运行结果:

```
>>>
2022-01-27
2022年1月27日
周四1月27:08:54:02 2022
8:54:02
```

【例5-31】 特定月份、年份中的天数由daysInMonth()、daysInYear()方法返回。

```
from PyQt5.QtCore import QDate
now=QDate.currentDate()
d=QDate(2024,2,7)                                                    #设定*年*月*日
print("该日所在月份的天数是:{0}".format(d.daysInMonth()))   #打印月份天数
print("该日所在年份的天数是:{0}".format(d.daysInYear()))    #打印年的天数
```

运行结果:

```
>>>
该日所在月份的天数是:29
该日所在年份的天数是:366
```

【例5-32】 获取天数。

```
from PyQt5.QtCore import QDate
NationalDay1=QDate(2021,10,1)
NationalDay2=QDate(2030,10,1)
now=QDate.currentDate()
#daysTo()方法返回从日期到另一个日期的天数。从NationalDay1到现在日期的天数
dayspassed=NationalDay1.daysTo(now)
print("从2021年国庆节到今天已经过去了{0}天。".format(dayspassed))
#NationalDay2到现在日期的天数
nofdays=now.daysTo(NationalDay2)
print("还有{0}天就可以到达2030年国庆节。".format(nofdays))
```

运行结果:

```
>>>
从2021年国庆节到今天已经过去了118天。
还有3169天就可以到达2030年国庆节。
```

2. 网页相关

QtWebEngineWidgets模块中的QWebEngineView控件使用CHromium内核可以给用户带

来更好的体验。该控件使用load( )函数加载一个 Web 页面，实际上就是使用 HTTP Get 方法加载 Web 页面，这个控件可以加载本地的 Web 页面，也可以加载外部的 Web 页面。网页相关方法与描述见表 5-14。

表 5-14　网页相关方法与描述

方　法	描　述
load(QUrl(url))	加载指定的 URL 并显示
setHtml(QString&html)	将网页视图的内容设置为指定的 HTML 内容

【例 5-33】 内嵌网页。

```
import sys
from PyQt5.QtCore import QUrl
from PyQt5.QtWidgets import QApplication
from PyQt5.QtWebEngineWidgets import QWebEngineView
app=QApplication(sys.argv)
browser=QWebEngineView()
browser.load(QUrl("http://news.baidu.com/? tn=news"))
browser.show()
app.exec_()
```

【例 5-34】 加载并显示嵌入的 HTML 代码。

```
import sys
from PyQt5.QtCore import *
from PyQt5.QtGui import *
from PyQt5.QtWidgets import *
from PyQt5.QtWebEngineWidgets import *
class MainWindow(QMainWindow):
    def __init__(self):
        super(MainWindow,self).__init__()
        self.setWindowTitle('加载本地网页的例子')
        self.setGeometry(200,200,800,400)
        self.browser=QWebEngineView()
        self.browser.setHtml('''<!DOCTYPE html>
                            <html lang="en">
                            <head>
                                <meta charset="UTF-8">
                                <title>Title</title>
```

```
                    </head>
                    <body>
                        <h1>好吃的蛋糕店</h1>
                        <h2>水果蛋糕 30 元</h2>
                        <p>味道甜美,配以各种好吃
的应季水果,口味甘醇,甜而不腻,清新可口。</p>
                        <h2>巧克力蛋糕 50 元</h2>
                        <p>配上多种高档的巧克力,
一种甜甜的味道便慢慢地融化在嘴里。接着,舌尖舔一下巧克力,有一种说不出的感觉遍布
全身~</p>
                    </body>
                    </html>''')
            self.setCentralWidget(self.browser)
    if __name__=='__main__':
        app=QApplication(sys.argv)
        win=MainWindow()
        win.show()
        app.exit(app.exec_())
```

运行结果如图 5-33 所示。

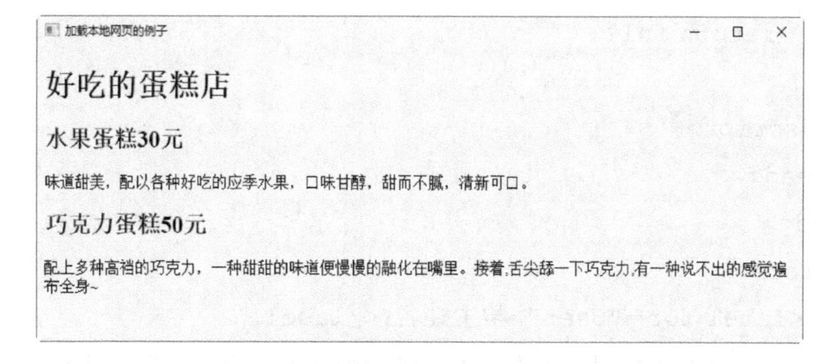

图 5-33　加载并显示嵌入的 HTML 代码示意

【例 5-35】 Web 页面中的 JavaScript 与 QWebEngineView 交互例子。

```
    #Web 页面中的 JavaScript 与 QWebEngineView 交互举例
    import sys
    from PyQt5.QtWebEngineWidgets import QWebEngineView
    from PyQt5.QtWidgets import QApplication,QWidget,QVBoxLayout,QPush-
Button,QMainWindow
```

```
    # 创建一个 application 实例
    app=QApplication(sys.argv)
    win=QWidget()
    win.setWindowTitle('Web 页面中信息交互')
    # 创建一个垂直布局器
    layout=QVBoxLayout()
    win.setLayout(layout)
    # 创建一个 QWebEngineView 对象
    view=QWebEngineView()
    view.setHtml('''
      <html>
        <head>
          <title>Demo</title>
          <script language="javascript">
            function Submit() {
              var User=document.getElementById('User').value;
              var score=document.getElementById('score').value;
              var full=User+''+score;
              document.getElementById('fulscore').value=full;
              document.getElementById('submit-btn').style.display='block';
              return full;
            }
          </script>
        </head>
        <body>
          <form>
            <label for="User">学生姓名:</label>
            <input type="text" name="User" id="User"></input>
            <br /><br />
            <label for="score">课程成绩:</label>
            <input type="text" name="score" id="score"></input>
            <br /><br />
            <label for="fulscore">综合信息:</label>
            <input disabled type="text" name="fulscore" id="fulscore">
</input>
```

```
            <br /><br />
            <input style="display:none;" type="submit" id="submit-
btn"></input>
        </form>
      </body>
    </html>
    ''')
    # 创建一个按钮去调用 JavaScript 代码
    button=QPushButton('录入成绩')
    def js_callback(result):
        print(result)
    def complete_info():
        view.page().runJavaScript('Submit();',js_callback)
    # 按钮连接 'complete_info'槽,当单击按钮时会触发信号
    button.clicked.connect(complete_info)
    # 把 QWebView 和 button 加载到 layout 布局中
    layout.addWidget(view)
    layout.addWidget(button)
    # 显示窗口和运行 app
    win.show()
    sys.exit(app.exec_())
```

运行结果如图 5-34 所示。

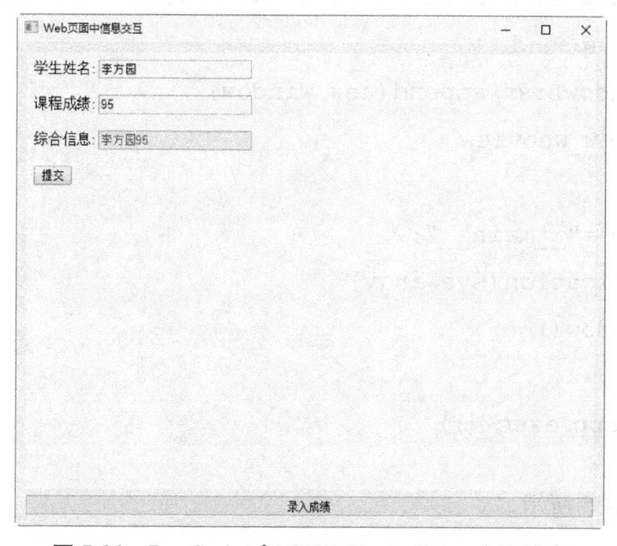

图 5-34　JavaScript 与 QWebEngineView 交互示意

【例 5-36】 显示指定网页。

```
import sys
from PyQt5.QtWidgets import *
from PyQt5.QtCore import *
from PyQt5.QtWebEngineWidgets import QWebEngineView
#创建主窗口
class MainWindow(QMainWindow):
  def __init__(self, *args, **kwargs):
    super().__init__(*args, **kwargs)
    self.setWindowTitle('我的浏览器')
    self.resize(1200,500)
    self.webview=WebEngineView()
    self.webview.load(QUrl("https://www.baidu.com"))
    self.setCentralWidget(self.webview)
#创建浏览器
class WebEngineView(QWebEngineView):
  windowList=[]
  # 重写 createwindow()
  def createWindow(self,QWebEnginePage_WebWindowType):
    new_webview=  WebEngineView()
    new_window=MainWindow()
    new_window.setCentralWidget(new_webview)
    #需要加上 append
    self.windowList.append(new_window)
    return new_webview
#程序入门
if __name__=="__main__":
  app=QApplication(sys.argv)
  w=MainWindow()
  w.show()
  sys.exit(app.exec_())
```

运行结果如图 5-35 所示。

图 5-35 显示指定网页示意

5.5 综合项目编程实例

5.5.1 信息输入界面设计

【例 5-37】 在很多应用场合中，需要将相关信息录入系统中。该界面需要设置一个输入按钮，单击该按钮后，可以弹出窗口进行信息输入，最后在该弹出窗口中，单击“OK”后将该信息显示在主窗口中。

设计思路：需要新建一个 Inputwindow（Toplevel）类，其方法包括__init__(self,parent,prompt)、on_Ok(self,event=None)、show(self)；新建一个 example(Frame) 类，其方法包括__init__(self,parent)、on_Button(self)，与录入内容对应。应用文件则是将 ws 实例化，并按照信息输入界面要求进行设计。

```
from tkinter import *
class Inputwindow(Toplevel):
    def __init__(self,parent,prompt):
        Toplevel.__init__(self,parent)
        self.geometry('{}x{}+{}+{}'.format(200,150,600,600))
        self.var=StringVar()
        self.label=Label(self,text=prompt)
        self.entry=Entry(self,textvariable=self.var)
        self.ok_button=Button(self,text="OK",command=self.on_Ok)
        self.label.pack(side="top",fill="x")
        self.entry.pack(side="top",fill="x")
        self.ok_button.pack(side="bottom")
        self.entry.bind("<Return>",self.on_Ok)
```

```
        def on_Ok(self,event=None):
            self.destroy()
        def show(self):
            self.wm_deiconify()
            self.entry.focus_force()
            self.wait_window()
            return self.var.get()
    class example(Frame):
        def __init__(self,parent):
            Frame.__init__(self,parent)
            self.button=Button(self,text="输入按钮",command=self.
on_Button)
            self.label=Label(self,text="",width=20)
            self.button.pack(padx=8,pady=8)
            self.label.pack(side="bottom",fill="both",expand=True)
        def on_Button(self):
            string=Inputwindow(self,"请输入:").show()
            self.label.configure(text="你已经输入:\n"+string)
    if __name__=="__main__":
        ws=Tk()
        ws.title("信息输入界面")
        ws.geometry('{}x{}+{}+{}'.format(400,300,500,500))
        example(ws).pack(fill="both",expand=True)
        ws.mainloop()
```

运行结果如图 5-36 所示。

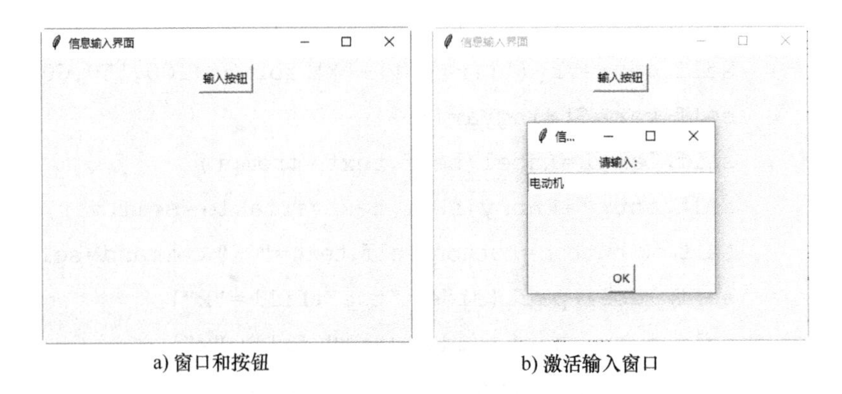

a) 窗口和按钮　　b) 激活输入窗口

图 5-36　信息输入界面所有选项

c) 显示输入信息

图 5-36 信息输入界面所有选项（续）

5.5.2 简易浏览器

【例 5-38】 简易浏览器具备标签栏、导航栏，以及前进、后退、停止加载和刷新的按钮，请用 PyQt5 实现该要求。

设计思路：调用 PyQt5. QtWidgets、PyQt5. QtGui、PyQt5. QtCore 和 PyQt5. QtWebEngine-Widgets，用 self. setWindowIcon( ) 方法来设置简易浏览器的图标、用 self. browser. load (QUrl ("https://www. bing. com")) 来加载 URL 网页等。

```
import sys
from PyQt5.QtWidgets import QApplication,QMainWindow,QToolBar,QAction,QLineEdit,QTabWidget
from PyQt5.QtGui import QIcon
from PyQt5.QtCore import QUrl,QSize
from PyQt5.QtWebEngineWidgets import QWebEngineView
class MainWindow(QMainWindow):
    def __init__(self, *args, **kwargs):
        super().__init__(*args, **kwargs)
        self.initUI()
    def initUI(self):
        self.setWindowTitle('简易浏览器')
        self.setWindowIcon(QIcon('icons/title.png'))
        self.resize(900,600)
        self.showMaximized()
        # 添加标签栏
        self.browser=WebEngineView()
        self.browser.load(QUrl("https://www.bing.com"))
```

```
        self.setCentralWidget(self.browser)
        # 添加导航栏
        navigation_bar=QToolBar('Navigation')
        navigation_bar.setIconSize(QSize(16,16))
        self.addToolBar(navigation_bar)
        # 添加前进、后退、停止加载和刷新的按钮
        back_button=QAction(QIcon('icons/left.jpg'),'Back',self)
        next_button=QAction(QIcon('icons/right.jpg'),'Forward',
self)
        stop_button=QAction(QIcon('icons/stop.jpg'),'stop',self)
        reload_button=QAction(QIcon('icons/renew.jpg'),'reload',
self)
        back_button.triggered.connect(self.browser.back)
        next_button.triggered.connect(self.browser.forward)
        stop_button.triggered.connect(self.browser.stop)
        reload_button.triggered.connect(self.browser.reload)
        # 将按钮添加到导航栏上
        navigation_bar.addAction(back_button)
        navigation_bar.addAction(next_button)
        navigation_bar.addAction(stop_button)
        navigation_bar.addAction(reload_button)
        #添加 URL 地址栏
        self.urlbar=QLineEdit()
        #让地址栏能响应回车按键信号
        self.urlbar.returnPressed.connect(self.navigate_to_url)
        navigation_bar.addSeparator()
        navigation_bar.addWidget(self.urlbar)
        #让浏览器相应 URL 地址的变化
        self.browser.urlChanged.connect(self.renew_urlbar)
    def navigate_to_url(self):
        q=QUrl(self.urlbar.text())
        if q.scheme()=='':
            q.setScheme('http')
        self.browser.setUrl(q)
    def renew_urlbar(self,q):
```

```
            # 将当前网页的链接更新到地址栏
            self.urlbar.setText(q.toString())
            self.urlbar.setCursorPosition(0)
        def add_new_tab(self,qurl,label):
            # 为标签创建新网页
            browser=QWebEngineView()
            browser.setUrl(qurl)
            self.tabs.addTab(browser,label)
            browser.urlChanged.connect(lambda qurl,browser=browser:
self.renew_urlbar(qurl,browser))
    class WebEngineView(QWebEngineView):
        windowList=[]
        def createWindow(self,QWebEnginePage_WebWindowType):
            new_webview=WebEngineView()
            new_window=MainWindow()
            new_window.setCentralWidget(new_webview)
            self.windowList.append(new_window)
            return new_webview
    if __name__=="__main__":
        app=QApplication(sys.argv)
        window=MainWindow()
        window.show()
        sys.exit(app.exec_())
```

运行结果略。

第 6 章 Chapter 6

网络爬虫应用

导读

网络爬虫可以将用户所访问或想访问的页面保存下来，以便搜索引擎后续生成索引供用户搜索，它通常有两个步骤，即获取网页内容并对获得的网页内容进行处理。在爬虫技术中，一般需要有 URL 管理器用来管理待爬取的和已爬取的网络地址 URL，需要网页下载器用来把爬取的网页下载到本地并储存成一个字符串，需要网页解析器用来把储存的字符串送给解析器进行解析。对爬虫后取得的数据整合分析后，一方面可以得到有价值的数据，另一方面因为网页中包含其他网页的 URL，可以再把它们补充进 URL 管理器中进行爬取信息。

6.1 网络与网页基础

6.1.1 OSI 和 TCP/IP 两种模型

1. OSI 参考模型

OSI 参考模型是国际标准化组织（ISO）制定的一个用于计算机或通信系统间互联的标准体系，是 Open System Interconnection 的简称，一般包括物理层、数据链路层、网络层、传输层、会话层、表示层和应用层等 7 层，其中 5、6、7 这三层主要与网络应用相关，负责对用户数据进行编码等操作；1~4 四层主要是网络通信，负责将用户的数据传递到目的地，如图 6-1 所示为基于 OSI 参考模型的二进制数据发送和接收示意。

（1）物理层

物理层具有建立、维护、断开物理连接的功能，相应的产品包括网卡、网线、集线器、中继器、调制解调器等物理设备。在该层传输的是比特位信号，即 0、1 信号。

（2）数据链路层

数据链路层具有建立逻辑连接、进行硬件地址寻址、差错校验等功能，在该层传输过程中，将比特组合成字节，进而组合成帧，用 MAC 地址访问介质。其相应的产品都具有 MAC

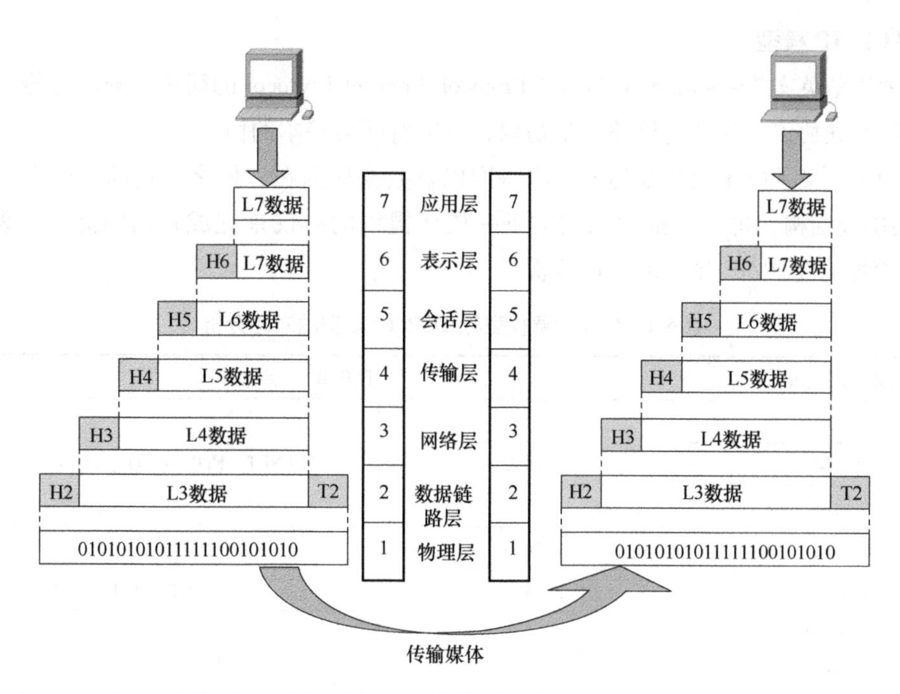

图 6-1　基于 OSI 参考模型的数据发送和接收示意

地址，包括网桥、交换机等。

网络中每台设备都有一个唯一的网络标识，这个地址叫 MAC 地址，由网络设备制造商生产时写在硬件内部。MAC 地址是 48 位的（6 个字节），通常表示为 12 个 16 进制数，每两个 16 进制数之间用冒号隔开，如 08：00：20：0A：8C：6D 就是一个 MAC 地址，前 3 个字节表示 OUI（Organizationally Unique Identifier），是 IEEE 的注册管理机构给不同厂家分配的代码，用来区分不同的厂家；后 3 个字节由厂家自行分配。

（3）网络层

网络层主要进行逻辑地址寻址，以实现不同网络之间的路径选择。该层通过路由器进行传输分组（数据报），其协议有 ICMP、IGMP、IP（IPV4 和 IPV6）、ARP、RARP 等。

（4）传输层

传输层通过网关定义传输数据的协议端口号，以及流控和差错校验。该层协议有 TCP、UDP，数据报一旦离开网卡即进入网络传输层进行分段传输。

（5）会话层

会话层具有建立、管理、终止会话功能，对应主机进程，指定本地主机与远程主机正在进行的会话。

（6）表示层

表示层是数据的表示、安全、压缩，格式有 JPEG、ASCII、加密格式等。

（7）应用层

应用层是网络服务与最终用户的一个接口，协议有 HTTP、FTP、TFTP、SMTP、SNMP、DNS、TELNET、HTTPS、POP3、DHCP 等。

2. TCP/IP 模型

TCP/IP 是英文 Transmission Control Protocol/Internet Protocol 的简写，翻译为传输控制协议/因特网互联协议，又称为网络通信协议，是因特网最基本的协议。

TCP/IP 定义了电子设备如何连入因特网以及数据如何在它们之间传输的标准。协议采用了四层层级结构，每一层都呼叫它的下一层所提供的协议来完成自己的需求。表 6-1 是 OSI 七层模型与 TCP/IP 模型的对比分析。

表 6-1　OSI 七层模型与 TCP/IP 模型的对比分析

OSI 七层模型	TCP/IP 四层模型	
应用层	应用层	TELNET、FTP、HTTP、SMTP、DNS 等
表示层		
会话层		
传输层	传输层	TCP、UDP
网络层	网络层	IP、ICMP、ARP、RARP
数据链路层	网络接口层	各种物理通信网络接口
物理层		

(1) 网络接口层

网络接口层负责封装数据在物理链路上传输，屏蔽了物理传输的细节，它一方面从网络层拿数据，然后封装发送出去，另一方面接收数据提交给网络层。

(2) 网络层

它是整个体系结构的关键部分，其功能是使主机可以把分组发往任何网络，并使分组独立地传向目标。这些分组可能经由不同的网络，到达的顺序和发送的顺序也可能不同。高层如果需要顺序收发，那么就必须自行处理对分组的排序。

(3) 传输层

使源端和目的端机器上的对等实体可以进行会话。在这一层定义了两个端到端的协议：TCP 和用户数据报协议（UDP）。如图 6-2 所示，TCP 是面向连接的协议，它提供可靠的报文传输和对上层应用的连接服务，为此除了基本的数据传输外，它还有可靠性保证、流量控制、多路复用、优先权和安全性控制等功能。UDP 是面向无连接的不可靠传输的协议，主要用于不需要 TCP 的排序和流量控制等功能的应用程序。

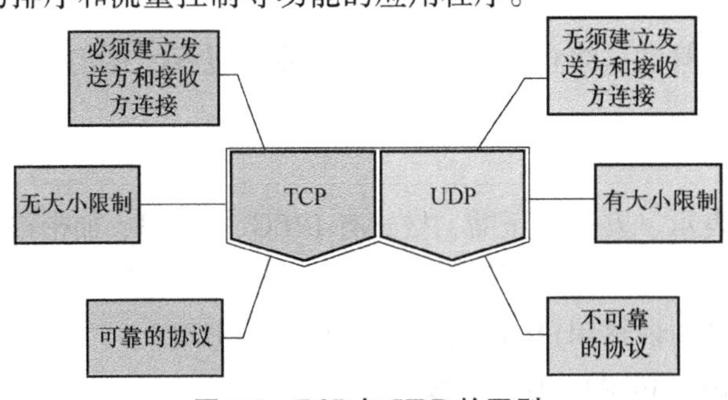

图 6-2　TCP 与 UDP 的区别

(4) 应用层

应用层包含所有的高层协议，包括虚拟终端协议（TELNET）、文件传输协议（FTP）、电子邮件传输协议（SMTP）、域名服务（DNS）、网上新闻传输协议（NNTP）和超文本传送协议（HTTP）等。处于互联网中的所有运用TCP/IP进行网络通信的主机操作系统都实现了相同的协议栈，这样当网络中的两台主机想彼此通信时，其数据传输过程如图6-3所示。

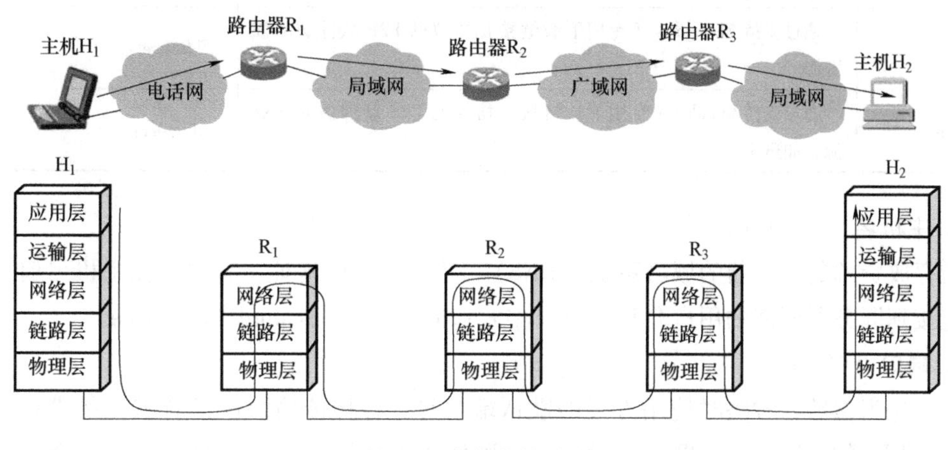

图6-3 数据传输过程

6.1.2 URL格式的组成

在因特网的万维网上（即WWW），每一信息资源都有统一的且在网上唯一的地址，该地址就叫URL（Uniform Resource Locator，统一资源定位器），就是指网络地址。

URL由资源类型、存放资源的主机域名、资源文件名等构成，其一般语法格式为（带方括号[ ]的为可选项）：

```
protocol:// hostname[:port]/path/[;parameters][?query]#fragment
```

1. 协议（protocol）

指定使用的传输协议，表6-2列出protocol属性的有效方案，最常用的是HTTP，它也是WWW中应用最广的协议。

表6-2 protocol属性的有效方案

有效方案名称	具体描述	格式
file	本地计算机上的文件资源	file：///，注意后边应是三个斜杠
FTP	通过FTP访问资源	FTP：//
HTTP	通过HTTP访问该资源	HTTP：//
HTTPS	通过安全的HTTPS访问该资源	HTTPS：//

（续）

有效方案名称	具体描述	格式
mailto	资源为电子邮件地址，通过 SMTP 访问	mailto：
MMS	通过支持 MMS（流媒体）协议的播放该资源，如 Windows Media Player	MMS：//
ed2k	通过支持 ed2k（专用下载链接）协议的 P2P 软件访问该资源，如电驴	ed2k：//
Flashget	通过支持 Flashget：（专用下载链接）协议的 P2P 软件访问该资源	Flashget：//
thunder	通过支持 thunder（专用下载链接）协议的 P2P 软件访问该资源，如迅雷	thunder：//

2. 主机名（hostname）

指存放资源的服务器的域名系统（DNS）主机名或 IP 地址。有时，在主机名前也可以包含连接到服务器所需的用户名和密码（格式：username:password@ hostname）。

3. 端口号（port）

端口号为整数，省略时使用方案的默认端口号。各种传输协议都有默认的端口号，如 HTTP 的默认端口为 80。如果输入时省略，则使用默认端口号。有时候出于安全或其他考虑，可以在服务器上对端口进行重定义，即采用非标准端口号，此时，URL 中就不能省略端口号这一项。

4. 路径（path）

由零或多个“/”符号隔开的字符串，一般用来表示主机上的一个目录或文件地址。

5. 参数（parameters）

这是用于指定特殊参数的可选项。

6. 查询（query）

可选，用于给动态网页（如使用 CGI、ISAPI、PHP/JSP/ASP/ASP. NET 等技术制作的网页）传递参数，可有多个参数，用“&”符号隔开，每个参数的名和值用“=”符号隔开。

7. 信息片断（fragment）

字符串用于指定网络资源中的片断。例如一个网页中有多个名词解释，可使用 fragment 直接定位到某一名词解释。

6.1.3 网络爬虫基本流程

网络爬虫（又被称为网页蜘蛛、网络机器人、网页追逐者），是一种按照一定的规则自动地抓取万维网信息的程序或者脚本。另外一些不常使用的名字还有蚂蚁、自动索引、模拟程序或者蠕虫。如图 6-4 所示，如果把互联网比作一张大的蜘蛛网，数据便是存放于蜘蛛网的各个节点，而爬虫就是一只小蜘蛛，沿着网络抓取自己的猎物（数据 1、数据 2、…）。

从这个角度讲，爬虫是通过程序去获取网络页面上自己想要的数据，也就是自动抓取数据。

图 6-4 爬虫的含义

如图 6-5 所示，爬虫的基本流程如下：

第一步：发起请求。

通过 HTTP 库向目标站点发起请求，也就是发送一个 Request，请求可以包含额外的 header 等信息，等待服务器响应。

第二步：获取响应内容。

如果服务器能正常响应，会得到一个 Response，Response 的内容便是所要获取的页面内容，类型可能是 HTML、JSON 字符串、二进制数据（图片或者视频）等类型。

第三步：解析内容。

得到的内容可能是 HTML，可以用正则表达式、页面解析库进行解析；可能是 JSON，可以直接转换为 JSON 对象解析；可能是二进制数据，可以做保存或者进一步的处理。其他包括 BeautifulSoup 解析处理、PyQuery 解析处理、XPath 解析处理等。

第四步：保存数据。

保存形式多样，可以存为文本，也可以保存到数据库，或者保存特定格式的文件。其中数据库包括关系型数据库：如 mysql、oracle、sql server 等结构化数据库；非关系型数据库：MongoDB、Redis 等 key-value 形式存储。

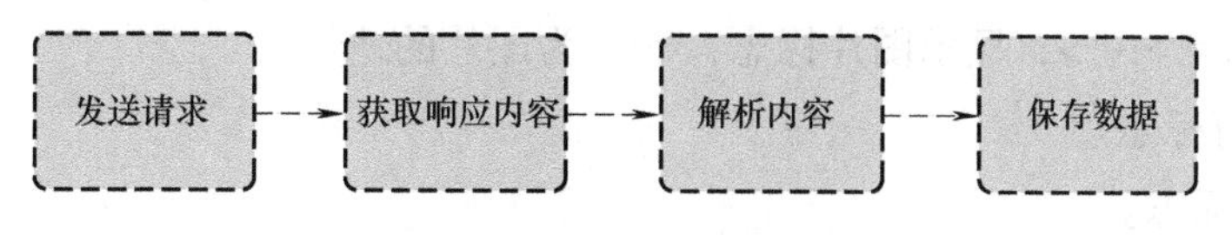

图 6-5 爬虫的基本流程

6.1.4 网页构成简述

网页的组成包括以下几部分：HTML，即网页的具体内容和结构；CSS，即网页的样式（美化网页最重要的一块）；JavaScript，即网页的交互效果，比如对用户鼠标事件做出响应等。

1. HTML

HTML 的全称是 HyperText Markup Language，超文本标记语言，其实它就是文本，由浏览器负责将它解析成具体的网页内容。比如，浏览器会将下面的 HTML 代码：

```
<ul>
    <li>学习</li>
    <li>Python</li>
    <li>爬虫程序</li>
</ul>
```

转化为网页内容如下所示：

```
学习
Python
爬虫程序
```

常见的 HTML 标签主要包括以下内容：

（1）基本结构标签

<HTML>，表示该文件为 HTML 文件。

<HEAD>，包含文件的标题，使用的脚本，样式定义等。

<TITLE>---</TITLE>，包含文件的标题，标题出现在浏览器标题栏中。

</HEAD>，<HEAD>的结束标志。

<BODY>，放置浏览器中显示信息的所有标志和属性，其中内容在浏览器中显示。

</BODY>，<BODY>的结束标志。

</HTML>，<HTML>的结束标志。

（2）其他主要标签

以下所有标志用在<BODY></BODY>中：

<A，HREF="…"></A>，链接标志，"…"为链接的文件地址。

<IMG，SRC="…">，显示图片标志，"…"为图片的地址。

，换行标志。

<P>，分段标志。

<B></B>，采用黑体字。

<I></I>，采用斜体字。

<HR>，水平画线。

<TABLE></TABLE>，定义表格，HTML 中重要的标志。

<TR></TR>，定义表格的行，用在<TABLE></TABLE>中。

<TD></TD>，定义表格的单元格，用在<TR></TR>中。

<FONT></FONT>，字体样式标志。

2. CSS

CSS 的全称是 Cascading Style Sheets，层叠样式表，它用来控制 HTML 标签的样式，在美化网页中起到非常重要的作用。CSS 的编写格式是键值对形式，冒号左边的是属性名，冒号右边的是属性值，其代码如下：

```
color:red
background-color:blue
font-size:20px
```

CSS 有三种书写方式，具体如下：

（1）行内样式（内联样式）

该样式就是直接在标签的 style 属性中书写，如：

```
<span style="color:red;background-color:red;">123</span>
```

（2）内页样式

在本网页的 style 标签中书写，如：

```
<span>123</span>
<style type="text/css">
    span {
        color:yellow;
        background-color:blue
    }
</style>
```

（3）外部样式

在单独的 CSS 文件中书写，然后在网页中用 link 标签引用，如：

test. css

```
span {
        color:yellow;
        background-color:blue
    }
```

test. html

```
<span>123</span>
<link rel="stylesheet" herf="test.css">
```

CSS 在语法结构有一个重要的概念就是选择器，其作用就是选择对应的标签，为之添加样式。CSS 选择器包括如下种类：

1）标签选择器，即根据标签名找到标签。

2）类选择器，即一个标签可以有多个类。

3）id 选择器，即 id 是唯一的。

4）选择器组合。

5）其他如属性选择器等。

3. JavaScript

JavaScript 的特点就是边解释、边运行。在 HTML 中应用 JavaScript，有三种引用方式，具体如下：

1）内部 js：在 HTML 内部的任意地方添加 script 标签，在标签内可以编写 js 的代码。

2）外部 js：将 js 的代码专门写在一个 JS 的文件中，在 HTML 中使用 script 标签的 src 属性引用。

3）标签内 js：需要与标签的事件结合使用，通过事件调用 js 的代码。

在使用时，由于内部 js 和外部 js 都是使用 script 标签，那么当使用外部 js 时，引入的 script 标签内不能编写其他的 js 代码。

【例 6-1】 设置一个按钮，可以手动单击，也可以每隔 5 秒自动触发单击事件，让单击实现自动执行。

网页代码如下：

```
<!doctype html>
<html>
<head>
<meta http-equiv="Content-Type" content="text/html; charset=
gb2312" />
<title>自动单击例子</title>
</head>
<body onload="alert('这是默认单击弹窗')">
<script type="text/javascript">
setInterval(function() {
if(document.all) {
document.getElementById("buttonid").click();
}
else {
var e=document.createEvent("MouseEvents");
e.initEvent("click",true,true);
document.getElementById("buttonid").dispatchEvent(e);
}
},5000);
```

```
</script>
<input id="buttonid" type="button" value="按钮" onclick="alert
('这是自动单击弹窗')" />
<style type="text/css">
input{background:red;color:#fff;padding:10px;margin:20px;}
</style>
</body>
</html>
```

运行结果如图6-6所示。

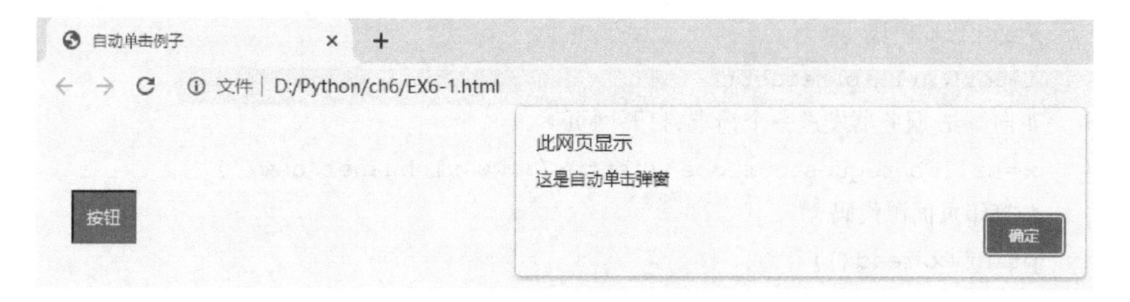

图6-6 自动单击例子

需要注意的是，中文显示要加入“meta charset”编码标签，即“<meta http-equiv="Content-Type" content="text/html; charset=gb2312"/>”。

6.2 urllib基本应用

6.2.1 urllib模块介绍

urllib模块主要处理Web服务的，它有如下几个子模块：

(1) urllib.request，打开或请求URL。

该子模块定义了适用于在各种复杂情况下打开URL（主要为HTTP）的函数和类。

(2) urllib.error，捕获处理请求时产生的异常。

该子模块可以接收由urllib.request产生的异常，包括URLError和HTTPError两个方法。

(3) urllib.parse，解析URL。

该子模块定义了url的标准接口，实现URL的各种抽取。

(4) urllib.robotparser，解析robots.txt文件。

该子模块所解析的robots.txt是一种存放于网站根目录下文本文件，用来告诉网络爬虫服务器上的哪些文件可以被查看。

6.2.2 urllib.request 模块应用

用于打开或请求 URL 的 request 模块可以采用如下方法打开网页 URL：

```
request.urlopen(url,data=None)
```

其中，url 是网页；data 是携带的数据。

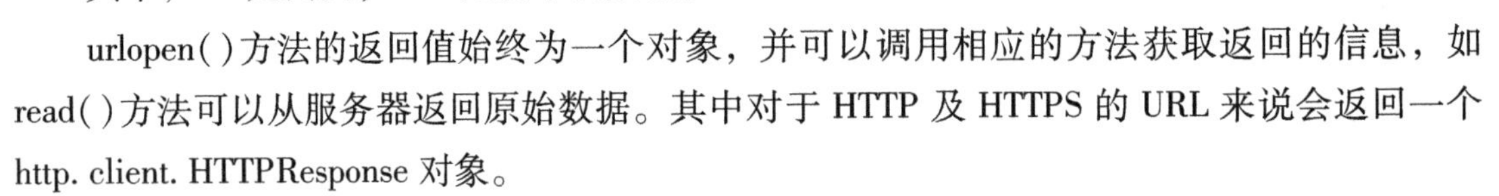

urlopen( )方法的返回值始终为一个对象，并可以调用相应的方法获取返回的信息，如 read( )方法可以从服务器返回原始数据。其中对于 HTTP 及 HTTPS 的 URL 来说会返回一个 http.client.HTTPResponse 对象。

【例 6-2】 打开一个网页（如“新华网”）并显示网页源代码。

```
# urllib 模块
import urllib.request
# 向 web 服务器发送一个请求,打开网页
x=urllib.request.urlopen('http://www.xinhuanet.com/')
# 打印页面源代码
print(x.read())
```

运算结果如下，双击即可打开源代码，也可以再调用 decode( )方法来解码，即 print(x.read( ).decode( ))。

```
>>>
Squeezed text (1492 lines).
```

其他方法如 geturl( )返回获取资源的 url、info( )返回页面的元信息、getcode( )返回页面的状态码等。

6.2.3 urllib.parse 模块应用

url.parse 模块定义了 URL 的标准接口，实现 URL 的各种抽取，具体包括 URL 的解析、合并、编码、解码等。

如 urlparse( )函数可以将 URL 解析成 ParseResult 对象，实现 URL 的识别和分段。标准链接格式为：

```
scheme://netloc/path;params?query#fragment
```

该对象中包含了六个元素，分别为：协议（scheme）、域名（netloc）、路径（path）、路径参数（params）、查询参数（query）、片段（fragment）。

【例 6-3】 打开一个网页（如“https://bbs.csdn.net/topics/604553450”）并分析其标准链路格式。

```
from urllib.parse import urlparse
url='https://bbs.csdn.net/topics/604553450'
parsed_result=urlparse(url)
print('parsed_result 的数据类型:',type(parsed_result))
print('parsed_result 包含了:  ',len(parsed_result),'个元素')
print(parsed_result)
print('scheme:                    ',parsed_result.scheme)
print('netloc:                    ',parsed_result.netloc)
print('path:                      ',parsed_result.path)
print('params:                    ',parsed_result.params)
print('query:                     ',parsed_result.query)
print('fragment:                  ',parsed_result.fragment)
print('hostname:                  ',parsed_result.hostname)
```

运算结果如下:

```
>>>
parsed_result 的数据类型:<class 'urllib.parse.ParseResult'>
parsed_result 包含了:          6 个元素
ParseResult(scheme='https',netloc='bbs.csdn.net',path='/topics/
604553450',params='',query='',fragment='')
scheme   :https
netloc   :bbs.csdn.net
path     :/topics/604553450
params   :
query    :
fragment:
hostname:bbs.csdn.net
```

【例 6-4】 quote()可以将中文转换为 URL 编码格式。

```
from urllib import parse
word='中国梦'
url='http://www.baidu.com/s?wd='+parse.quote(word)
print(parse.quote(word))
print(url)
#unquote:可以将 URL 编码进行解码
url='http://www.baidu.com/s?wd=%E4%B8%AD%E5%9B%BD%E6%A2%A6'
print(parse.unquote(url))
```

运算结果如下：

```
>>>
%E4%B8%AD%E5%9B%BD%E6%A2%A6
http://www.baidu.com/s?wd=%E4%B8%AD%E5%9B%BD%E6%A2%A6
http://www.baidu.com/s?wd=中国梦
```

有了 quote()方法转换，也需要有 unquote()方法对 URL 进行解码。

【例 6-5】 unquote()可以将 URL 编码格式转换为中文。

```
from urllib.parse import unquote
url='https://www.baidu.com/s?wd=%E9%9B%AA%E6%99%AF'
fragment='%E9%9B%AA%E6%99%AF'
print(unquote(url))
print(unquote(fragment))
```

运算结果如下：

```
>>>
https://www.baidu.com/s?wd=雪景
雪景
```

6.3 BeautifulSoup 基本应用

6.3.1 BeautifulSoup 介绍

BeautifulSoup 是 Python 的一个库，最主要的功能是从网页抓取数据，它提供了一些简单的函数用来处理导航、搜索、修改分析树，通过解析文档为用户提供需要抓取的数据。BeautifulSoup 还可以自动将输入文档转换为 Unicode 编码，输出文档转换为 utf-8 编码。

通过“pip3 install Beautifulsoup4”指令可以安装最新版本的库。

BeautifulSoup 默认支持 Python 的标准 HTML 解析库，但是它也支持一些第三方的解析库，具体见表 6-3。

表 6-3 BeautifulSoup 支持的解析库列表

序号	解析库	使用方法	优势	劣势
1	Python 标准库	BeautifulSoup (html, 'html.parser')	Python 内置标准库；执行速度快	容错能力较差
2	lxml HTML 解析库	BeautifulSoup (html, 'lxml')	速度快；容错能力强	需要安装，需要 C 语言库

（续）

序号	解析库	使用方法	优　势	劣　势
3	lxml XML 解析库	BeautifulSoup（html，['lxml','xml']）	速度快；容错能力强；支持XML格式	需要C语言库
4	html5lib 解析库	BeautifulSoup（html，'htm5llib'）	以浏览器方式解析，最好的容错性	速度慢

使用相关的解析库之前，还要进行安装，如“pip3 install html5lib”或“pip3 install lxml”。

6.3.2 BeautifulSoup 标签定位方法

BeautifulSoup 有两个基本函数 find()和 findAll()，其中 find()返回第一个符合要求的标签，而 findAll()返回一个由所有符合要求的标签组成的列表，除此之外基本相同。BeautifulSoup 标签定位方法如下：

方法 1：直接定位

某网页 HTML 为如下代码：

```
<body>
    <table>
        <td>apple</td>
        <td>banana</td>
    </table>
</body>
```

可以采用语句“label_loc = bs. body. table. td”直接定位到 apple 和 banana。其中 bs 为 BeautifulSoup()，下同。

方法 2：通过标签名定位

某网页 HTML 为如下代码：

```
<table>
    <td>apple</td>
    <td>banana</td>
</table>
```

采用：bs. find('td')返回第一个<td></td>；bs. findAll('td')返回所有<td></td>。

方法 3：通过标签属性定位

某网页 HTML 为如下代码：

```
<table>
    <td name="fruit">apple</td>
```

```
        <td name="fruit">apple</td>
    </table>
```

采用：bs.find(name='fruit')返回第一个<td></td>；bs.findAll(name='fruit') 返回所有<td></td>。

方法4：通过标签名和属性定位

某网页HTML与方法3相同。

采用：bs.find('td', {'name':'fruit'})返回第一个<td></td>，findAll同理。

需要注意方法3与方法4的区别，find(name='fruit')不等同于find('td', {'name':'fruit'})，其中方法4有<td>的限制条件。

方法5：通过text定位

某网页HTML与方法2相同。

采用find(text='apple')返回<td></td>。

需要注意的是：text匹配必须完全相同，而且应在同一标签内，如find(text='app')返回None。

方法6：通过正则表达式与以上方式组合

某网页HTML与方法3相同。

采用bs.find(text=re.compile('apple'))返回含有app的标签，bs.find('td', {'name':re.compile('fruit')})返回含有fruit的标签。

6.3.3 BeautifulSoup标签选择器

以下是一段HTML代码，通过语句soup=BeautifulSoup（html，'lxml'），创建soup对象，就可以获取整个标签的内容。

```
    <html>
        <head><title>Python学习小组</title></head>
        <body>
            <p class="title" name="dromouse"><b>具体分组</b></p>
            <p class="story">根据课程需要,分成以下几组:
            <a href="http://example.com/elsie" class="sister" id=
"link1">第一组任务</a>;
            <a href="http://example.com/lacie" class="sister" id=
"link2">第二组任务</a>
            其他组任务</p>
            <p class="story">...</p>
        </body>
    </html>
```

1）通过“对象 . 标签”或“对象 . 标签 . string”获取到标签内容，如：

```
print(soup.title)
print(soup.title.string)
print(soup.p)       #soup.p 获取的是第一个 p 标签的内容,以下同理
print(soup.a)
print(soup.a.string)
```

2）通过“对象 . 标签[属性]”或“对象 . 标签 . attars[属性]”获取属性的值，如：

```
print(soup.p['name'])
print(soup.p['class'])
print(soup.p.attrs['name'])
print(soup.p.attrs['class'])
```

3）获取兄弟节点。

采用“对象 . p 标签 . next_siblings”找的是第一个 p 标签的下面的兄弟节点，如：

```
print(soup.p.next_siblings)
print(list(soup.p.next_siblings))
```

而“对象 . p 标签 . previous_siblings”找的是第一个 p 标签的上面的兄弟节点。

4）前后节点。

采用“对象 . next_element”或“对象 . previous_element”属性。与 next_sibling、previous_sibling 不同，它并不是针对于兄弟节点，而是不分层次的所有节点。

6.3.4 使用标准库解析分析网页输出

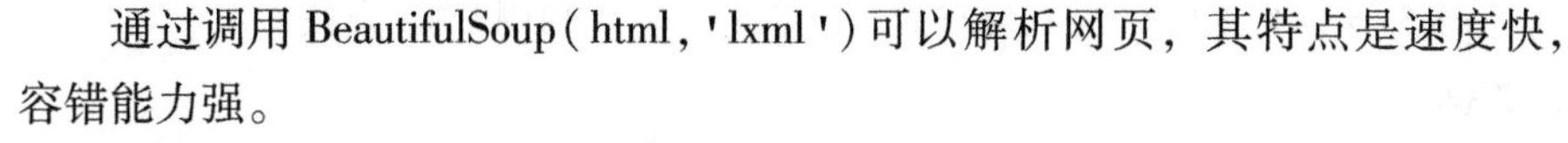

通过调用 BeautifulSoup(html,'lxml')可以解析网页，其特点是速度快，容错能力强。

【例 6-6】 打开“中国气象网”显示上海市今天及以后 7 天的天气情况，具体网址为：http://www.weather.com.cn/weather/101020100.shtml。

调用 BeautifulSoup(html,'html.parser')来进行相关网页解析并输出信息。根据网页源代码可以找到上海市今天及以后 7 天的天气情况为：

```
<ul class="t clearfix">
    <li class="sky skyid lv3 on">
        <h1>21 日(今天)</h1>
        <big class="png40 d07"></big>
        <big class="png40 n02"></big>
        <p title="小雨转阴" class="wea">小雨转阴</p>
        <p class="tem">
```

```
        <span>20</span>/<i>15℃</i>
        </p>
        <p class="win">
        <em>
        <span title="西北风" class="NW"></span>
        <span title="西北风" class="NW"></span>
        </em>
        <i><3 级</i>
        </p>
        <div class="slid"></div>
    </li>
```

根据标签属性，可以编写如下程序。

```
from bs4 import BeautifulSoup
import urllib.request
import random
# 数据地址,从浏览器复制过来
url='http://www.weather.com.cn/weather/101020100.shtml'
req=urllib.request.urlopen(url)
content=req.read().decode('utf-8')
soup=BeautifulSoup(content,'html.parser')
# 分析得 <ul class="t clearfix"> 标签下记录了想要的数据,因此只需要解析这
个标签即可
ul_tag=soup.find('ul','t clearfix')              # 利用 CSS 查找
# 取出七天数据
li_tag=ul_tag.findAll('li')
for tag in li_tag:
    print(tag.find('h1').string)                  # 时间
    print(tag.find('p','wea').string)             # wea
    # 温度的 tag 格式不统一,做容错
    try:
        print(tag.find('p','tem').find('span').string)   # 高温
        print(tag.find('p','tem').find('i').string)      # 低温
    except:
        print('没有高温或低温数据')
        pass
```

```
print(tag.find('p','win').find('i').string) # win
print("__________________ 分割线 __________________")
```

运行结果如下：

```
>>>
7 日(今天)
晴
没有高温或低温数据
<3 级
__________________ 分割线 __________________
(以下略)
```

6.3.5 使用 lxml 解析库分析网页输出

通过调用 BeautifulSoup(html,'lxml')可以解析网页，其特点是速度快，容错能力强。

【例 6-7】 打开“中国气象网”相关网页并按最高温度向下排序显示明天华北各省城（直辖市）的名称、最高温度、最低温度。

中国气象网将中国分为华北、东北、华南、西北、西南、华东、华中等七个地区，分别用拼音首字母表示。以华北为例，其网页为：http://www.weather.com.cn/textFC/hb.shtml，如图 6-7 所示。

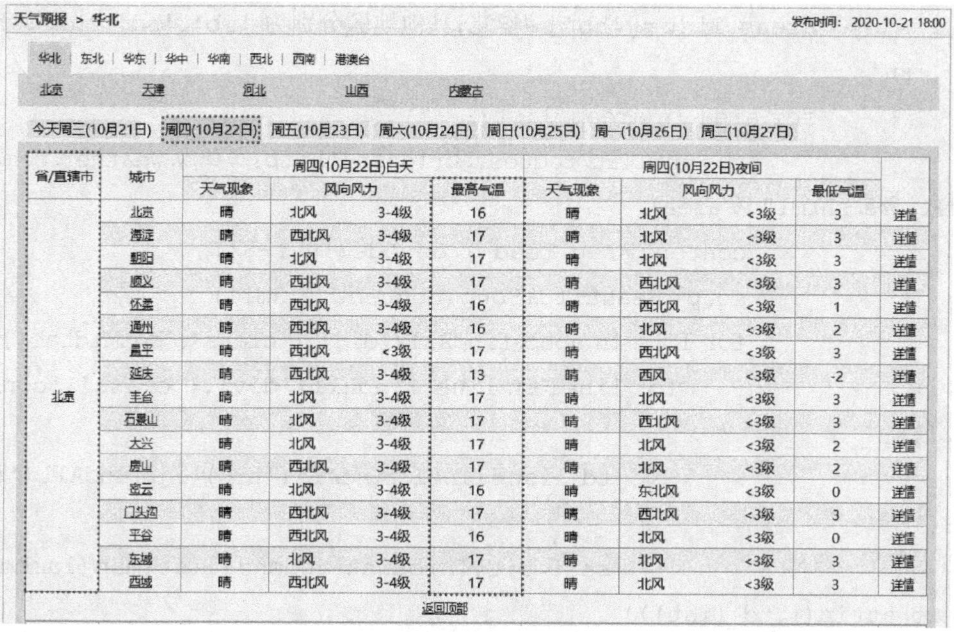

天气预报 > 华北　　　　发布时间：2020-10-21 18:00

华北 | 东北 | 华东 | 华中 | 华南 | 西北 | 西南 | 港澳台

北京　天津　河北　山西　内蒙古

今天周三(10月21日)　周四(10月22日)　周五(10月23日)　周六(10月24日)　周日(10月25日)　周一(10月26日)　周二(10月27日)

省/直辖市	城市	周四(10月22日)白天			周四(10月22日)夜间			
		天气现象	风向风力	最高气温	天气现象	风向风力	最低气温	
北京	北京	晴	北风 3-4级	16	晴	北风 <3级	3	详情
	海淀	晴	西北风 3-4级	17	晴	北风 <3级	3	详情
	朝阳	晴	北风 3-4级	17	晴	北风 <3级	3	详情
	顺义	晴	西北风 3-4级	17	晴	西北风 <3级	3	详情
	怀柔	晴	西北风 3-4级	16	晴	西北风 <3级	1	详情
	通州	晴	西北风 3-4级	16	晴	北风 <3级	2	详情
	昌平	晴	西北风 <3级	17	晴	西北风 <3级	3	详情
	延庆	晴	西北风 3-4级	13	晴	西风 <3级	-2	详情
	丰台	晴	北风 3-4级	17	晴	北风 <3级	3	详情
	石景山	晴	北风 3-4级	17	晴	西北风 <3级	3	详情
	大兴	晴	北风 3-4级	17	晴	北风 <3级	2	详情
	房山	晴	西北风 3-4级	17	晴	北风 <3级	2	详情
	密云	晴	北风 3-4级	16	晴	东北风 <3级	0	详情
	门头沟	晴	西北风 3-4级	17	晴	西北风 <3级	3	详情
	平谷	晴	西北风 3-4级	16	晴	北风 <3级	0	详情
	东城	晴	北风 3-4级	17	晴	北风 <3级	3	详情
	西城	晴	西北风 3-4级	17	晴	北风 <3级	3	详情

返回顶部

图 6-7 网页截图

根据图 6-7 所示找到源代码 HTML 的标签，并进行网页分析如下：

（1）每日天气

其格式为：<div class="conMidtab">。

conMidtab 一共有 7 个，后 6 个添加了隐藏样式 ** style="display:none;" **，是后 6 天的天气预报，本实例需要取第二个，即明天的天气。

（2）各省城（直辖市）天气

其格式为：<div class="conMidtab2">。

每个省份的数据都包过在这个 div 中，只要使用 findAll()方法即可。

（3）数据获取

省会城市名称、最高温度、最低温度分别在相关联的 td 中，通过使用 findALL()方法后，其规律的排序直接使用列表切片[1：8：3]即可获取。

具体程序代码如下：

```
import urllib.request
from bs4 import BeautifulSoup
import time
class TempComparison:
    def __init__(self):
        self.cityInfoList=[]
        self.cityInfoList1=[]
    def get_request(self):
        areas_list=['hb'] #华北,其他地区分别为 'db','hd','hz','hn',
'xb','xn'
        for area in areas_list:
            req=urllib.request.urlopen("http://www.weather.com.cn/
textFC/%s.shtml" % area)
            content=req.read().decode('utf-8')
            soup=BeautifulSoup(content,'lxml')
            for line in soup.findAll('div',{'class':'conMidtab'}):
                for line1 in line.findAll('div',{'class':'conMid-
tab2'}):
                    td_list=line1.findAll('tr')[2].findAll('td')
[1:8:3]
                    self.cityInfoList.append(list(map(lambda x:
x.text.strip(),td_list)))
    def filter_result(self):
```

```
            self.cityInfoList1=self.cityInfoList[5:9]
            top_city_info= sorted (self.cityInfoList1, key = lambda x:
x[1],reverse=True)
            city,high_temp,low_temp=list(zip(*top_city_info))
            print(top_city_info)
    if __name__=='__main__':
        main=TempComparison()
        main.get_request()
        main.filter_result()
```

运行结果如下：

```
    >>>
    [['石家庄','20','6'],['北京','18','2'],['天津','18','6'],['太原',
'18','0']]
```

6.3.6 使用 html5lib 解析库分析网页输出

通过调用“BeautifulSoup(text,'html5lib')”可以以浏览器方式解析，具有最好的容错性。

【例 6-8】 打开“中国气象网”相关网页并显示相关城市最低温度信息。

html5lib 解析库打开相关网页后，根据图 6-8 所示找到源代码 HTML 的标签，并进行网页分析如下：

天气预报 > 华北　　发布时间：2020-10-17 11:30

华北 | 东北 | 华东 | 华中 | 华南 | 西北 | 西南 | 港澳台

北京　天津　河北　山西　内蒙古

今天周六(10月17日)　周日(10月18日)　周一(10月19日)　周二(10月20日)　周三(10月21日)　周四(10月22日)　周五(10月23日)

省/直辖市	城市	周六(10月17日)白天			周六(10月17日)夜间			
		天气现象	风向风力	最高气温	天气现象	风向风力	最低气温	
北京	北京	晴	西南风 <3级	21	晴	北风 <3级	7	详情
	海淀	晴	西南风 <3级	21	晴	北风 <3级	4	详情
	朝阳	晴	西南风 <3级	21	晴	北风 <3级	7	详情
	顺义	晴	西风 <3级	21	晴	北风 <3级	6	详情
	怀柔	晴	西风 <3级	21	晴	北风 <3级	3	详情
	通州	晴	西南风 <3级	21	晴	北风 <3级	4	详情
	昌平	晴	西风 <3级	21	晴	西北风 <3级	7	详情
	延庆	晴	西风 3-4级	19	晴	西风 <3级	2	详情
	丰台	晴	南风 <3级	22	晴	北风 <3级	6	详情
	石景山	晴	南风 <3级	22	晴	北风 <3级	4	详情
	大兴	晴	西南风 <3级	21	晴	北风 <3级	6	详情
	房山	晴	南风 <3级	21	晴	北风 <3级	5	详情
	密云	晴	南风 <3级	21	晴	东北风 <3级	4	详情
	门头沟	晴	南风 <3级	21	晴	北风 <3级	7	详情
	平谷	晴	西风 <3级	21	晴	东北风 <3级	2	详情
	东城	晴	西南风 <3级	21	晴	北风 <3级	7	详情
	西城	晴	西南风 <3级	21	晴	北风 <3级	4	详情

图 6-8　城市的最低温度

（1）每日天气

其格式为：<div class="conMidtab">。conMidtab 一共有 7 个，本实例需要取第一个。

（2）各省天气

其格式为：<div class="conMidtab2">。

（3）数据获取

每个城市名称、最低温度信息分别在第二个 td 和最后第二个 td 中，即城市为 city_td=tds[1]、lowertemp_td=tds[-2]。

本实例的代码如下：

```
import requests
from bs4 import BeautifulSoup
HEADERS={
}
def parse_page(url):
    resp=requests.get(url,headers=HEADERS)
    text=resp.content.decode("utf-8")
    soup=BeautifulSoup(text,'html5lib')
    div_conMidtab=soup.find("div",class_="conMidtab")
    tables=div_conMidtab.find_all("table")
    for table in tables:
        trs=table.find_all("tr")[2:]
        for index,tr in enumerate (trs):
            tds=tr.find_all("td")
            city_td=tds[0]
            if index==0:
                provice_td=tds[0]
                city_td=tds[1]
                provice=list(provice_td.stripped_strings)[0]
            city=list(city_td.stripped_strings)[0]
            lowertemp_td=tds[-2]
            lowertemp=list(lowertemp_td.stripped_strings)[0]
            print({"省份":provice,"城市":city,"最低温度":lower-
temp})
if __name__=='__main__':
#可以添加多个网页,hb 代表华北,db 代表东北
    urls={
```

```
            "http://www.weather.com.cn/textFC/hb.shtml",
            "http://www.weather.com.cn/textFC/db.shtml"
        }
        for url in urls:
            parse_page(url)
            print("*"*15,"区域","*"*15)
```

运行结果如下：

```
>>>
{'省份':'北京','城市':'北京','最低温度':'2'}
{'省份':'北京','城市':'海淀','最低温度':'1'}
{'省份':'北京','城市':'朝阳','最低温度':'1'}
{'省份':'北京','城市':'顺义','最低温度':'0'}
{'省份':'北京','城市':'怀柔','最低温度':'1'}
{'省份':'北京','城市':'通州','最低温度':'0'}
(后面省略,读者自行运行,其中温度会随时间变化。)
```

6.4 Scrapy 基本应用

6.4.1 Scrapy 介绍

Scrapy 是 Python 开发的一个快速、高层次的屏幕抓取和 Web 抓取框架，用于抓取 Web 站点并从页面中提取结构化的数据。Scrapy 用途广泛，可以用于数据挖掘、监测和自动化测试。它最初是为页面抓取所设计的，后来也应用在获取 API 所返回的数据（例如 Amazon Associates Web Services）或者通用的网络爬虫。

Scrapy 吸引人的地方在于它是一个框架，任何用户都可以根据需求方便地修改。它也提供了多种类型爬虫的基类，如 BaseSpider、sitemap 爬虫等。

安装 Scrapy 库，可以使用“pip3 install Scrapy”进行安装，如果遇到 windows 无法自动生成框架的情况，还需要使用“pip3 install -I cryptography”进行环境安装。

Scrapy 框架主要由五大组件组成，它们分别是调度器（Scheduler）、下载器（Downloader）、爬虫（Spider）、实体管道（Item Pipeline）和 Scrapy 引擎（Scrapy Engine）。

（1）调度器（Scheduler）

调度器相当于一个 URL（抓取网页的网址或者说是链接）的优先队列，由它来决定下一个要抓取的网址是什么，同时去除重复的网址。用户可以根据自己的需求来定制调度器。

(2) 下载器 (Downloader)

下载器是所有组件中负担最大的，它用于高速地下载网络上的资源。Scrapy 的下载器代码不会太复杂，但效率高，主要是因为 Scrapy 下载器是建立在 twisted 这个高效的异步模型上的。

(3) 爬虫 (Spider)

爬虫是用户最关心的部分。用户定制自己的爬虫（通过定制正则表达式等语法），用于从特定的网页中提取自己需要的信息，即所谓的实体（Item）。用户也可以从中提取出链接，让 Scrapy 继续抓取下一个页面。

(4) 实体管道 (Item Pipeline)

实体管道用于处理爬虫（Spider）提取的实体。它主要的功能是持久化实体、验证实体的有效性、清除不需要的信息。

(5) Scrapy 引擎 (Scrapy Engine)

Scrapy 引擎是整个框架的核心。它用来控制调试器、下载器、爬虫。实际上，引擎相当于计算机的处理器，控制着整个爬取流程。

图 6-9 所示为 Scrapy 框架示意。除上述 5 个部件外，MIDDLEWARE 是可选中间件，负责对 Request 对象和 Response 对象进行处理。

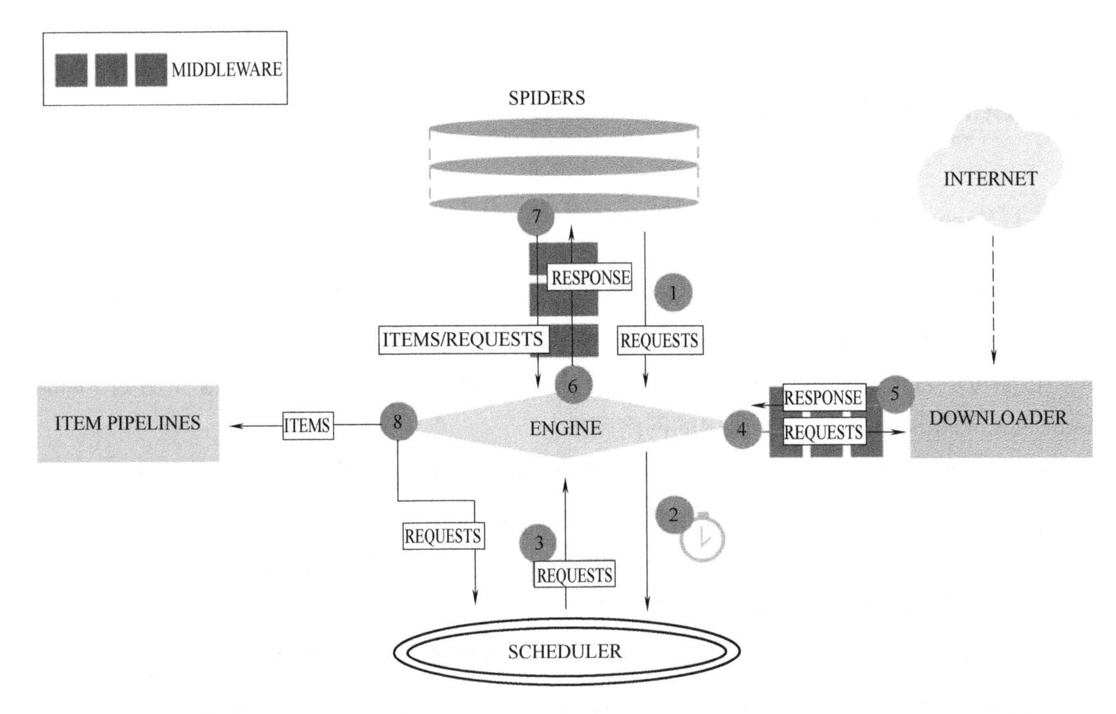

图 6-9　Scrapy 框架示意

Scrapy 爬虫执行顺序为：

1）当 SPIDERS 要爬取某 URL 地址的页面时，需要用该 URL 构建一个 REQUESTS 对象，提交给 ENGINE（图 6-9 中的①）；

2）REQUESTS 对象随后进入 SCHEDULER 按某种算法进行排队，之后的某个时刻 SCHEDULER 将其出队，送往 DOWNLOADER（图 6-9 的②③④）；

3）DOWNLOADER 根据 REQUESTS 对象中的 URL 地址发送一次 HTTP 请求到网站服务器，之后用服务器返回的 HTTP 响应构造出一个 RESPONSE 对象，其中包含页面的 HTML 文本（图 6-9 的⑤）；

4）RESPONSE 对象最终会被递送给 SPIDERS 的页面解析函数（构造 REQUESTS 对象时指定）进行处理，页面解析函数从页面中提取数据，封装成 ITEMS 后提交给 ENGINE，ITEMS 之后被送往 ITEM PIPELINES 进行处理；最终可能以某种数据格式写入文件；另一方面，页面解析函数还从页面中提取链接（URL），构造出新的 REQUESTS 对象提交给 ENGINE（图 6-9 的⑥⑦⑧）。

6.4.2 XPath 节点

在 XPath 中，有七种类型的节点：即元素、属性、文本、命名空间、处理指令、注释、文档节点（根节点）。

某网页的源码如下所示：

```
<?xml version="1.0" encoding="ISO-8859-1"?>
<bookstore>
<book>
  <title lang="en">Harry Potter</title>
  <author>J K. Rowling</author>
  <year>2022</year>
  <price>29.99</price>
</book>
</bookstore>
```

可以得出：

```
<bookstore>(文档节点)；
<author>J K. Rowling</author>(元素节点)；
lang="en"(属性节点)；
J K. Rowling 基本值(无父或无子的节点)；
"en"基本值。
```

节点关系共有 5 种，即父（Parent）、子（Children）、同胞（Sibling）、先辈（Ancestor）、后代（Desendant）。

表 6-4 和表 6-5 所示为选取节点的 XPath 语法和实例。

表 6-4　XPath 语法

表　达　式	描　　述
nodename	选取此节点的所有子节点
/	从根节点选取
//	从匹配选择的当前节点选择文档中的节点，而不考虑他们的位置
.	选取当前节点
..	选取当前节点的父节点
@	选取属性

表 6-5　XPath 语法实例

路径表达式	结　　果
bookstore	选取 bookstore 元素的所有子节点
/bookstore	选取根元素 bookstore
bookstore/book	选取属于 bookstore 的子元素的所有 book 元素
//book	选取所有 book 子元素，而不管它们在文档中的位置
bookstore//book	选取属于 bookstore 元素的后代的所有 book 元素，而不管它们位于 bookstore 之下的什么位置
//@ lang	选取名为 lang 的所有属性

除此之外，还增加了被嵌在方括号中的 XPath 谓语（表 6-6），用来查找某个特定的节点或者包含某个指定的值的节点。

表 6-6　XPath 谓语

路径表达式	结　　果
/bookstore/book[1]	选取属于 bookstore 子元素的第一个 book 元素
/bookstore/book[last()]	选取属于 bookstore 子元素的最后一个 book 元素
/bookstore/book[last()-1]	选取属于 bookstore 子元素的倒数第二个 book 元素
/bookstore/book[position()<3]	选取最前面的两个属于 bookstore 元素的子元素的 book 元素
//title[@ lang]	选取所有拥有名为 lang 的属性的 title 元素
//title[@ lang='eng']	选取所有 title 元素，且这些元素拥有值为 eng 的 lang 属性
/bookstore/book[price>35.00]	选取 bookstore 元素的所有 book 元素，且其中的 price 元素的值须大于 35.00
/bookstore/book[price>35.00]/title	选取 bookstore 元素中的 book 元素的所有 title 元素，且其中的 price 元素的值须大于 35.00

选取未知节点可以用通配符，即 * 可以匹配任何元素节点、@ * 可以匹配任何属性节点、node() 可以匹配任何类型的节点，具体实例见表 6-7。

表 6-7　通配符实例

路径表达式	结　　果
/bookstore/ *	选取 bookstore 元素的所有子元素
// *	选取文档中的所有元素
//title[@ *]	选取所有带有属性的 title 元素

除此之外，通过在路径表达式中使用“|”运算符，可以选取若干路径。

6.4.3 用 XPath 语法编辑爬虫文件

【例 6-9】 爬取“博库网畅销榜”首页的图书名称和销量。

1. 页面分析

如图 6-10 所示为爬虫的“博库网畅销榜”首页和源代码（https://www.bookuu.com/ranking.php），图书名称和销量位于<div class = 'goodlist-cont fr'>下的 css 属性中。

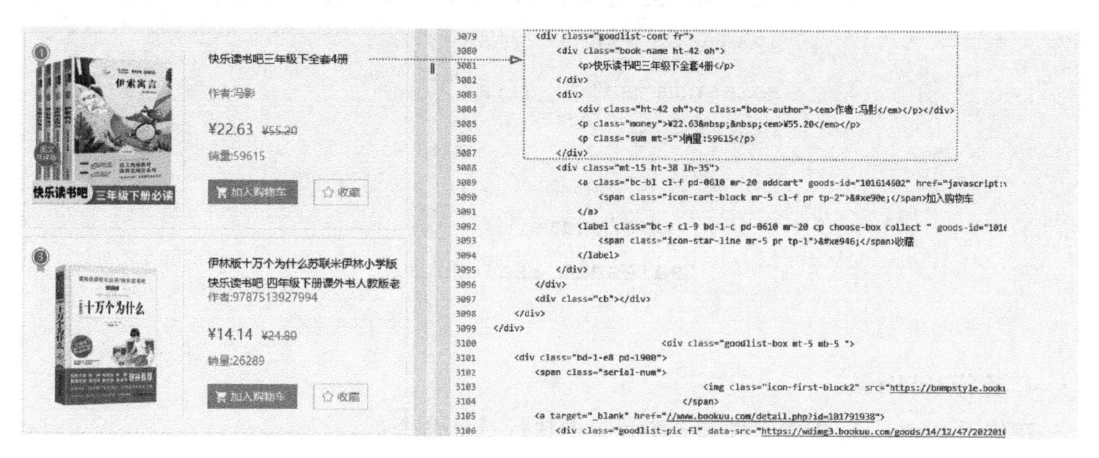

图 6-10 博库网畅销榜首页和源代码

2. 创建项目和爬虫

在需要创建项目的目录下，进行 cmd 命令输入。

（1）scrapy startproject book

其中 startproject 为 scrapy 内置命令，创建一个新子目录，目录下的文件如图 6-11 所示。

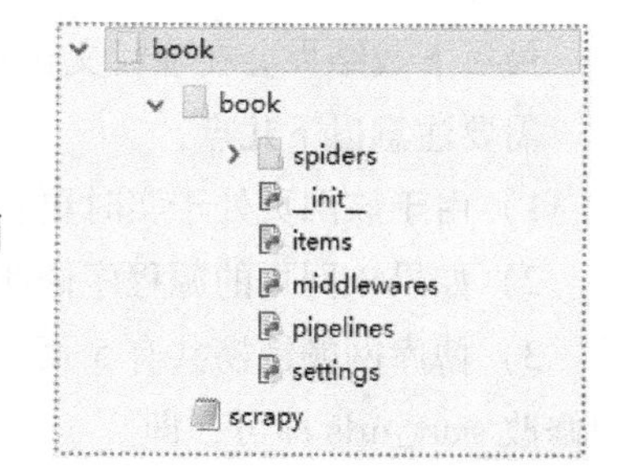

图 6-11 新子目录的文件结构示意

（2）cd book

（3）scrapy genspider bookspider bookuu.com

其中 genspider 为输出爬虫文件命令。

3. 编写爬虫文件

spiders\bookspider.py 文件如下：

```
import scrapy
class BookspiderSpider(scrapy.Spider):
    # 每个爬虫的唯一标示
    name='bookspider'
    # 定义爬虫爬取的起始点,起始点可以是多个,这里只有一个
    allowed_domains=['www.bookuu.com']
    start_urls=['https://www.bookuu.com/ranking.php']
```

```
    def parse(self,response):
        # 提取数据
        for book in response.xpath("//div[@class='goodlist-cont
fr']"):
            name=book.css('p::text').extract_first()
            sales=book.xpath("./div[2]/p[2]").extract_first()
            s1=sales.find("销量:")+3
            s2=sales.find("</p>")
            salesnum=sales[s1:s2]
            #price=name
            yield {
                'name':name,
                'salesnum':salesnum,
            }
```

4. 运行 spider

在位于 scrapy.cfg 配置文件同一个目录中执行 cmd 命令：

```
scrapy crawl bookspider -o books.csv
```

最后下载结果会在项目文件目录下生成 books.csv。

需要注意以下几点：

1）由于该网页处于实时更新中，爬取的结果会不一样。

2）如果该网页的源程序修改了，也可以对 css 属性进行适当修改。

3）博库网畅销榜共有 5 页，如果要爬取 100 本书，只需要在 spiders\bookspider.py 文件中修改 start_urls 即可，即

```
start_urls=['https://www.bookuu.com/ranking.php',
            'https://www.bookuu.com/ranking.php?page=2',
            'https://www.bookuu.com/ranking.php?page=3',
            'https://www.bookuu.com/ranking.php?page=4',
            'https://www.bookuu.com/ranking.php?page=5',
            ]
```

4）可以采用 main.py 来实现 cmd 命令行相同的功能。

```
from scrapy import cmdline
cmdline.execute("bookspider -o books.csv ".split())
```

6.4.4 用 Item Pipeline 和 LinkExtractor 爬取文件

在 Scrapy 中，Item Pipeline 是处理数据的组件，通常只负责一种功能的数据处理，在一个项目中可以同时启用多个 Item Pipeline，它们按指定次序级联起来，形成一条数据处理流水线。

Item Pipeline 是可选的组件，想要启动某 Item Pipeline，需要在配置文件 settings. py 中进行配置。ITEM_PIPELINES 是一个字典，每一项的键是每一个 Item Pipeline 类的导入路径，值是 0~1000 的数字，同时启用多个 Item Pipeline 时，Scrapy 根据这些数值决定各个 Item Pipeline 处理数据的先后次序，数值小的在前。

LinkExtractor 构造器语法如下：

```
Linkextractor(参数1,参数2,参数3,…)
```

其参数具体如下：

1）allow：接收一个正则表达式或一个正则表达式列表，提取绝对 URL 与正则表达式匹配的链接，如果改参数为空，就提取全部的链接。

2）deny：与 allow 刚好相反，排除绝对 URL 与正则表达式相匹配的链接。

3）allow_domains：接收一个域名或一个域名列表，提取到指定域的链接。

4）deny_domains：与 allow_domains 相反。

5）restrict_xpaths：接受一个 xpath 表达式或者一个 xpath 表达式列表，提取 xpath 表达式选中的区域下的链接。

6）restrict_css：接收一个 CSS 选择器或者是一个 CSS 选择器列表，提取 CSS 选择器选中区域下的链接。

7）tags：接收一个标签或者标签列表，提取指定标签内的链接。

8）attrs：接收一个属性或一个属性类表，提取指定属性内的连接。

【例 6-10】 爬取 matplotlib 官网上的实例 Python 源程序代码。

matplotlib 是非常有用的绘图库（将在第 7 章进行详细介绍），在其官网上提供了许多应用实例，可在 https://matplotlib. org/2. 0. 2/examples/index. html 查到，本实例就是要把这些文件下载到本地，方便以后查找使用。

1. 页面分析

如图 6-12 所示为爬虫的 matplotlib 网页和源代码，其源码链接存在 class = " toctree-wrapper compound" 的 div 中 class = “toctree-l1” 的 li 标签中，可以使用 LinkExtractor 提取方法可以很方便地提取到页面链接。

如图 6-13 所示，进入例子页面，下载链接存在 class = " reference external" 的 a 标签中，使用 CSS 方法提取出来，如图中的 animate_decay. py 即为需要下载的文件。

具体程序如下：

```
#导入 Linkextractor
from scrapy. linkextractors import Linkextractor
```

```
#使用 LinkExtractor 提取方法
#class 中出现空格的地方用“.”代替
#使用 restrict_css 和 deny 定位链接出现的地方
le=LinkExtractor(restrict_ css='div.toct ree-wrapper.compound
li.toctree-ll', deny='/index.html $ ')
#可以提取出所有链接
links=le.extract_ links()
```

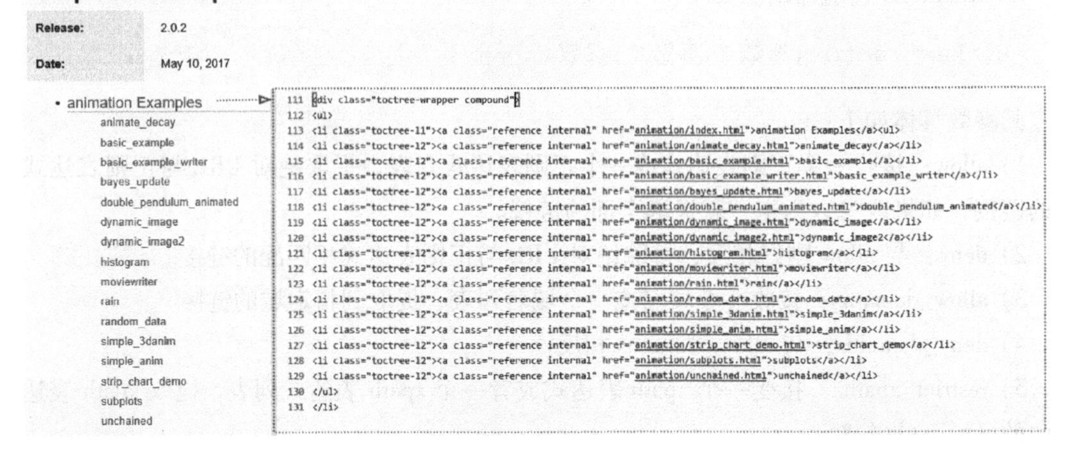

图 6-12　matplotlib 网页和源代码

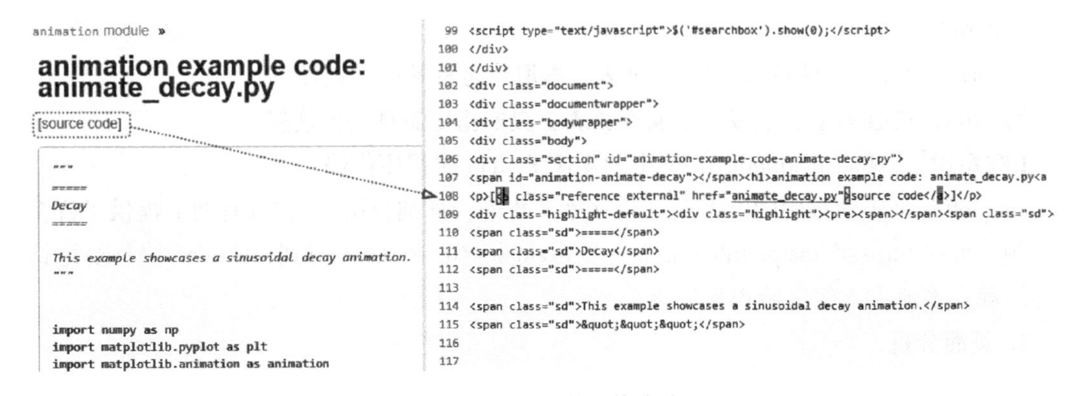

图 6-13　源码下载文件地址

2. 创建项目和爬虫

在需要创建项目的目录下，进行 cmd 命令输入。

（1） scrapy startproject matpl

其中 startproject 为 scrapy 内置命令，创建一个新子目录，目录下的文件如图 6-14 所示：

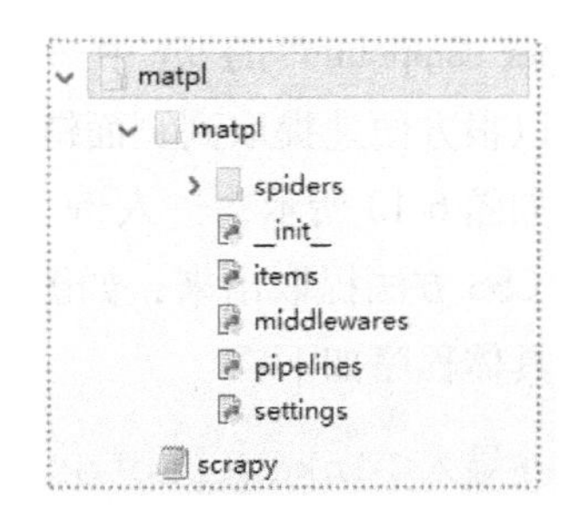

图 6-14　新子目录的文件结构示意

（2） cd matpl

（3） scrapy genspider matplot matplotlib.org

3. 修改配置文件

settings. py 文件如下：

```
BOT_NAME='matpl'
SPIDER_MODULES=['matpl.spiders']
NEWSPIDER_MODULE='matpl.spiders'
# Obey robots.txt rules
ROBOTSTXT_OBEY=True
ITEM_PIPELINES={
    'matpl.pipelines.MyFilePipeline':1,
    'matpl.pipelines.MatplPipeline':300,
}
#文件保存目录
FILES_STORE='ex'
```

4. 修改实体管道

pipelines. py 文件如下：

```
from itemadapter import ItemAdapter
from scrapy.pipelines.files import FilesPipeline
from urllib.parse import urlparse
from os.path import basename,dirname,join
class MatplPipeline:
        def process_item(self,item,spider):
                return item
# 实现文件名保存
class MyFilePipeline(FilesPipeline):
        def file_path(self,request,response=None,info=None):
                path=urlparse(request.url).path
                return join(basename(dirname(path)),basename(path))
```

5. 编写 matplot Spider

spiders\matplot. py 文件如下：

```
import scrapy
from scrapy.linkextractors import LinkExtractor
from..items import MatplItem
class MatplotSpider(scrapy.Spider):
        name="matplot"
```

```
        allowed_domains=["matplotlib.org"]
        start_urls=['https://matplotlib.org/2.0.2/examples/index.html']
        def parse(self,response):
            le=LinkExtractor(restrict_css=
                'div.toctree-wrapper.compound li.toctree-l1',deny=
'/index.html$')
            print(len(le.extract_links(response)))
            for link in le.extract_links(response):
                yield scrapy.Request(link.url,callback=self.parse_link)
        def parse_link(self,response):
            href=response.css('a.reference.external::attr(href)').
extract_first()
            url=response.urljoin(href)
            matpl=MatplItem()
            matpl['file_urls']=[url]
            return matpl
```

6. 运行 spider

在 cmd 命令行中运行：scrapy crawl matplot。

最后下载结果会在项目文件目录下生成的文件夹 ex 中保存。

6.5 综合项目编程实例

6.5.1 爬取网页连接数

【例 6-11】 要求能用 PyQt5 界面实现爬取网页的连接数统计，具体包括：1）能够确定爬虫的访问限制，例如采用 robots.txt；2）能够删除指定网站中的 URL 以外的其他 URL；3）对收集的 URL 进行格式化，包括去除 URL 片段、从相对路径转换为绝对路径等；4）具有收集到的网址重复删除功能。

设计思路：

首先需要新建一个 WebsiteCrawler 类，即扫描特定网站内的链接并收集 URL 的爬虫，该类包括初始化参数 website_url（要扫描的网站 URL）、user_agent（用户代理名称）、limit_number（限制要收集的 URL 数量）、all_url_list（存储收集的 URL 列表）、target_index（要扫描的元素编号）、robotparser（解析器解析 robots.txt），同时包括以下方法：

1）__read_robots__(self)方法，能为要扫描的网站加载 robots.txt；

2）_clean_url_list(self,url_list)方法，能从收集的 URL 列表中排除额外信息；

3）_extract_url(self,beautiful_soup)方法，能用 BeautifulSoup 从解析的对象中提取带有额外信息的 URL；

4）crawl(self)方法，能爬取创建实例时指定的网站，返回收集的 URL 列表。

其次要建立 Demo(QWidget)类，用来输入 URL、布置按钮和显示窗口。

最后通过主处理程序来实现爬取网页的连接数统计。

```
import requests
from bs4 import BeautifulSoup
from urllib.parse import urljoin
from urllib.parse import urlparse
import time
import re
import urllib.robotparser
import sys
from PyQt5.QtCore import QThread
from PyQt5.QtGui import QIcon
from PyQt5.QtWidgets import QApplication,QWidget,QLabel,QLineEdit,
QPushButton,\
    QTextBrowser,QComboBox,QHBoxLayout,QVBoxLayout,QDesktopWidget
# 扫描特定网站内的链接并收集 URL 的爬虫
class WebsiteCrawler:
    def __init__(self,website_url,user_agent,limit_number):
        """
            website_url:要扫描的网站 URL
            user_agent:用户代理名称
            limit_number:限制要收集的 URL 数量
            all_url_list:存储收集的 URL 列表
            target_index:要扫描的元素编号
            robotparser:解析器解析 robots.txt
        """
        self.website_url=website_url
        self.user_agent=user_agent
        self.limit_number=limit_number
        self.all_url_list=[website_url]
        self.all_info_list=[]
        self.target_index=-1
```

```
        self.robotparser=urllib.robotparser.RobotFileParser()
    # 为要扫描的网站加载 robots.txt
    def __read_robots__(self):
        # 解析第一页的 URL 开始爬取
        parsed=urlparse(self.website_url)
        # robots.txt 配置地点
        robots_url=f'{parsed.scheme}://{parsed.netloc}/robots.txt'
        # robots.txt 读入
        self.robotparser.set_url(robots_url)
        self.robotparser.read()
    # 从收集的 URL 列表中排除额外信息
    def _clean_url_list(self,url_list):
        # 删除正在扫描的网站之外的 URL
        website_url_list=list(filter(
            lambda u:u.startswith(self.website_url),url_list
        ))
        # 删除每个 URL 末尾的 URL 片段
        non_flagment_url_list=[(
            lambda u:re.match('(.*?)#.*?',u) or re.match('(.*)',u)
        )(url).group(1) for url in website_url_list]
        return non_flagment_url_list
    # BeautifulSoup 从解析的对象中提取带有额外信息的 URL
    def _extract_url(self,beautiful_soup):
        # 获取 rel 属性不是 nofollow 的标签列表
        a_tag_list=list(filter(
            lambda tag:not 'nofollow'in (tag.get('rel') or ''),
            beautiful_soup.select('a')
        ))
        # 从 a 标签列表中获取该页面的 URL 列表(获取 href 属性的值)
        # 此时,相对路径转换为绝对路径
        url_list=[
            urljoin(self.website_url,tag.get('href')) for tag in
a_tag_list
        ]
        # 返回不包括额外信息的 URL 列表
```

```
            return self._clean_url_list(url_list)
    # 爬取创建实例时指定的网站,返回收集的 URL 列表
    def crawl(self):
            self.all_info_list.append('开始爬取')
            # robots.txt 读入
            self.__read_robots__()
            while True:
                # 统计要扫描的索引
                self.target_index +=1
                # 判断是否完成扫描
                len_all=len(self.all_url_list)
                if self.target_index >=len_all or len_all > self.limit_
number:
                    self.all_info_list.append('爬取结束')
                    break
                # 在进入下一个循环之前至少等待 1 秒(以避免站点超载)
                self.target_index and time.sleep(2)
                self.all_info_list.append(f'第{self.target_index+1}页 ')
                # 扫描对象的 url
                url=self.all_url_list[self.target_index]
                self.all_info_list.append(f'扫描目标:{url}')
                # 判断 URL 是否是 robots.txt 中允许的 URL
                if not self.robotparser.can_fetch(self.user_agent,url):
                    self.all_info_list.append(f'{url}不允许访问')
                    continue # 过渡到下一个循环
                # 通信结果
                headers={'User-Agent':self.user_agent}
                res=requests.get(url,headers=headers)
                # 通信结果异常判定
                if res.status_code !=200:
                    self.all_info_list.append(f'通信失败(状态):{res.
status_code})')
                    continue  # 过渡到下一个循环
                # 解析通信结果的 HTML 的 BeautifulSoup 对象
                soup=BeautifulSoup(res.text,'html.parser')
```

```
                # robots meta 判定
                for robots_meta in soup.select("meta[name='robots']"):
                    if 'nofollow'in robots_meta['content']:
                        self.all_info_list.append(f'{url}中的链接
不允许访问')
                        continue # 过渡到下一个循环
                # 从解析的 BeautifulSoup 对象中提取带有额外信息的 URL 列表
                cleaned_url_list=self._extract_url(soup)
                #print(f'此页面上收集的 URL 数量:{len(cleaned_url_list)}')
                self.all_info_list.append(f'此页面上收集的 URL 数量:
{len(cleaned_url_list)}')
                # 添加收集的 URL
                before_extend_num=len(self.all_url_list)
                self.all_url_list.extend(cleaned_url_list)
                # 删除重复的 URL
                before_duplicates_num=len(self.all_url_list)
                self.all_url_list=sorted(
                    set(self.all_url_list),key=self.all_url_list.index
                )
                after_duplicates_num=len(self.all_url_list)
                self.all_info_list.append(f'重复数据删除次数:{before_
duplicates_num-after_duplicates_num}')
                self.all_info_list.append(f'URL 添加的数量:{after_du-
plicates_num-before_extend_num}')
            self.all_url_list=self.all_info_list+self.all_url_list
            return self.all_url_list
    # 建立 GUI
    class Demo(QWidget):
        def __init__(self):
            super(Demo,self).__init__()
            # 设置窗口信息
            self.setWindowTitle('爬取网页链接数')
            self.resize(700,600)
            screen=QDesktopWidget().screenGeometry()
            size=self.geometry()
```

```
        newLeft=(screen.width()-size.width())//2
        newTop=(screen.height()-size.height()) //2
        self.move(newLeft,newTop)
        # 输入网页信息
        self.ua_line=QLineEdit(self)
        self.log_browser=QTextBrowser(self)          # 日志输出框
        self.crawl_btn=QPushButton('开始爬取',self) # 开始爬取按钮
        self.crawl_btn.clicked.connect(self.crawl_slot)
        # 布局
        self.h_layout=QHBoxLayout()
        self.v_layout=QVBoxLayout()
        self.h_layout.addWidget(QLabel('输入网址或网页'))
        self.h_layout.addWidget(self.ua_line)
        self.v_layout.addLayout(self.h_layout)
        self.v_layout.addWidget(QLabel('爬取结果输出'))
        self.v_layout.addWidget(self.log_browser)
        self.v_layout.addWidget(self.crawl_btn)
        self.setLayout(self.v_layout)
    def crawl_slot(self):
        if self.crawl_btn.text()=='开始爬取':
            self.log_browser.clear()
            self.crawl_btn.setText('停止爬取')
            ua=self.ua_line.text().strip()
            # 要扫描的网址
            target_website=ua
            # 用户代理
            user_agent='foo-Bot/1.0 (xxxxfoo@xxmail.com)'
            # 限制要收集的 URL 数量
            limit_number=200
            # 创建爬虫
             crawler=WebsiteCrawler(target_website,user_agent,
limit_number)
            # 执行爬取
            result_url_list=crawler.crawl()
            # 收集的 URL 输出
```

```
                for url in result_url_list:
                    self.log_browser.append(url)
                self.log_browser.append('url 总数:'+str(len(result_
url_list)-result_url_list.index('爬取结束')-1))
                self.crawl_btn.setText('开始爬取')
            else:
                self.crawl_btn.setText('开始爬取')
# 主处理程序
if __name__=='__main__':
    app=QApplication(sys.argv)
    app.setWindowIcon(QIcon('title.png'))
    demo=Demo()
    demo.show()
    sys.exit(app.exec_())
```

执行结果如图 6-15 和图 6-16 所示。

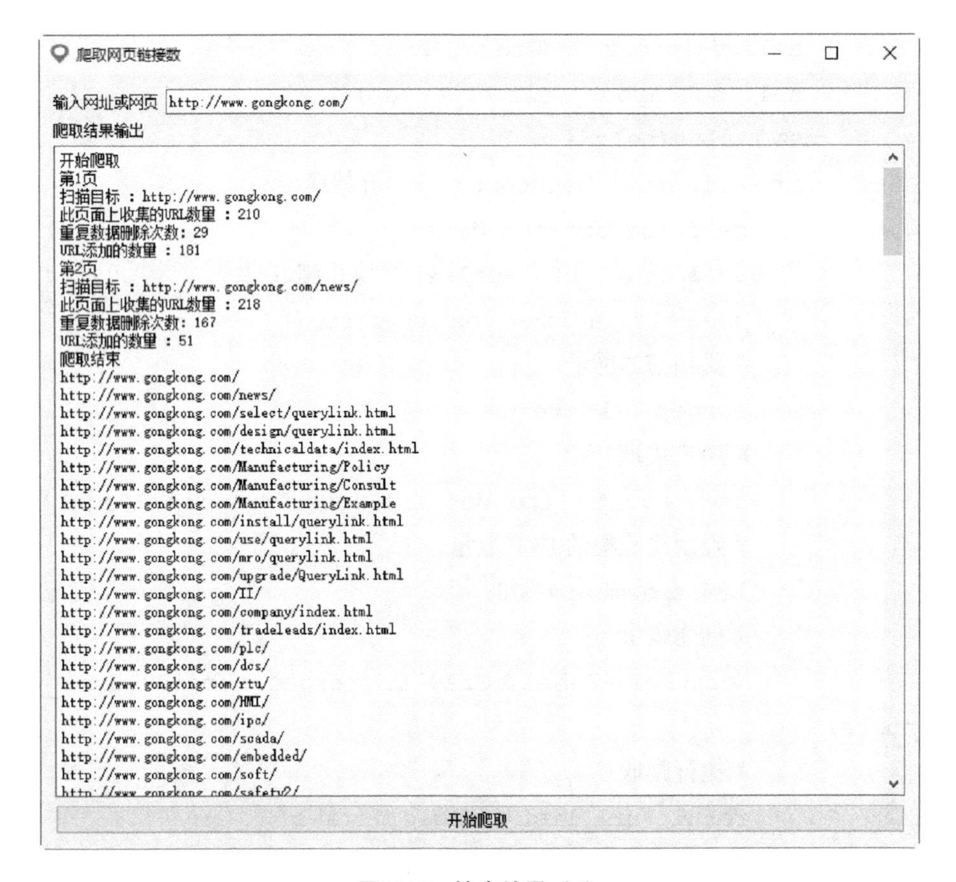

图 6-15　输出结果（1）

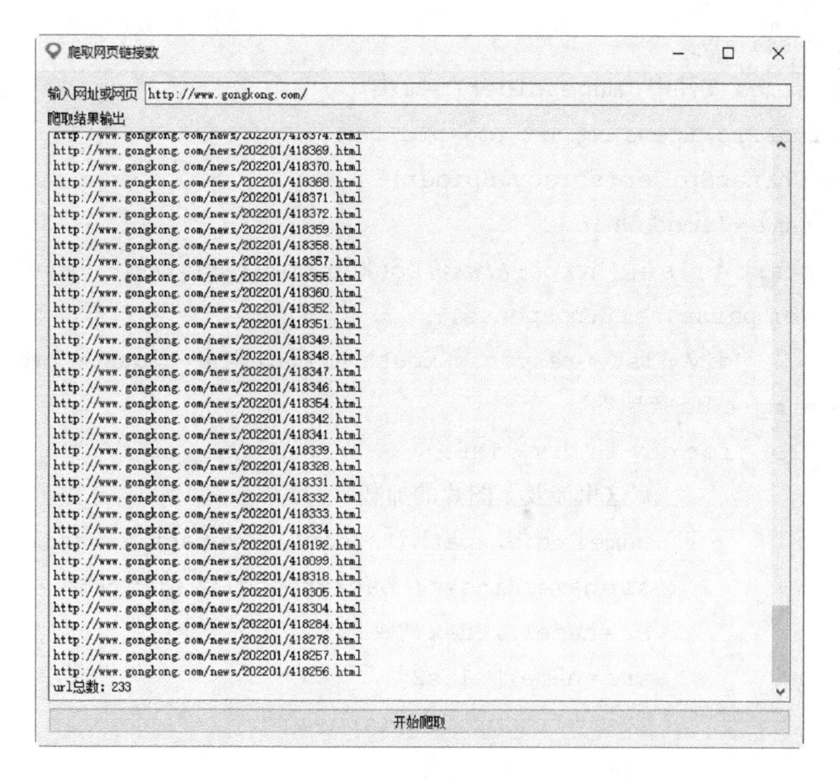

图 6-16 输出结果（2）

6.5.2 相关网页图片文件的获取与保存

【例 6-12】 请获取博库网追书者网页（https://www.bookuu.com/page.php?id=603）的所有图片文件，并保存到当前目录下的 images 子目录处。

1. 页面分析

如图 6-17 所示为爬虫的博库网追书者网页和源代码，其源码链接存在<div class="mouseenter mouseleave mg-4 bc-f">下的属性中，可以找到字符串 url 为起点、@!w350 为终点的一串字符，就是图片相对应的图片文件网页地址。

定义好一个 item，然后在这个 item 中定义两个属性，分别为 file_urls 以及 files。其中 files_urls 用来存储需要下载的文件的 url 链接，需要给一个列表当文件下载完成后，会把文件下载的相关信息存储到 item 的 files 属性中。下载路径、下载的 url 和文件校验码等在配置文件 settings.py 中配置 FILES_STORE，这个配置用来设置文件下载路径启动 pipeline，即在 ITEM_PIPELINES 中设置 scrapy.piplines.files.FilesPipeline：1。

2. 创建项目和爬虫

在需要创建项目的目录下，进行 cmd 命令输入。

1）scrapy startproject ImgsPro

2）cd ImgsPro

3）直接新建 Spiders\spider.py 爬虫文件。

```
import scrapy
# 导入 itmes 文件中 ImagespiderItem 类
from ImgsPro.items import ImgsproItem
class ChinazSpider(scrapy.Spider):
    name='imgdownload '
    start_urls=['https://www.bookuu.com/page.php?id=603']
    def parse(self,response):
        div_list = response.xpath("//div[@class = 'mouseenter mouseleave mg-4 bc-f']")
        for div in div_list:
            # 这里涉及了图片的加载
            name1=div.xpath("./div").extract_first()
            s1=name1.index("background-image")+22
            s2=name1.index("@!w350")
            src=name1[s1:s2]
            item=ImgsproItem(src=src)
            yield item
```

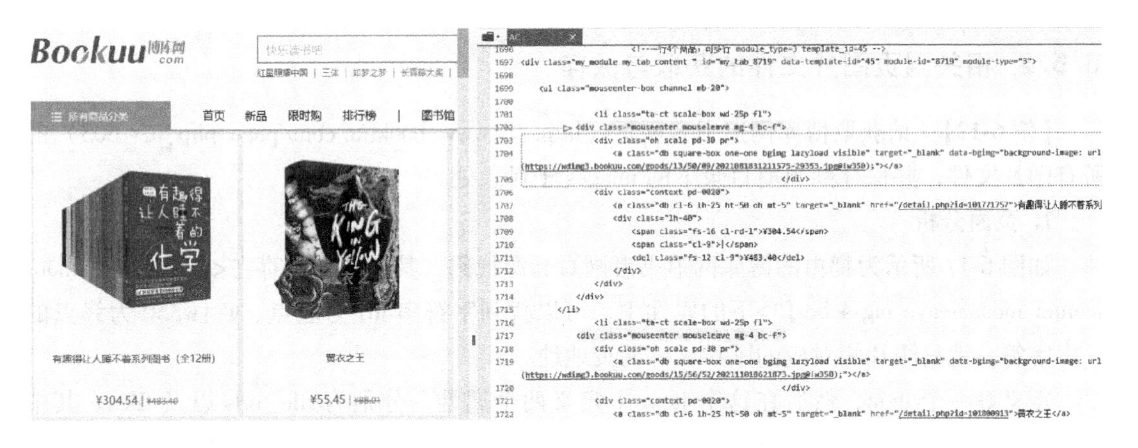

图 6-17　博库网追书者网页和源代码

3. 修改配置文件

settings.py 文件如下：

```
BOT_NAME='ImgsPro'
SPIDER_MODULES=['ImgsPro.spiders']
NEWSPIDER_MODULE='ImgsPro.spiders'
#图片存储位置
```

```
IMAGES_STORE='./images'
#启动图片下载中间件
ITEM_PIPELINES={
    'ImgsPro.pipelines.ImgsPipeline':300,
}
ROBOTSTXT_OBEY=True
```

4. 修改实体管道

pipelines.py 文件如下：

```
from scrapy.pipelines.images import ImagesPipeline
import scrapy
class ImgsPipeline(ImagesPipeline):
    # 主要重写下面三个父类方法
    def get_media_requests(self,item,info):
        yield scrapy.Request(item['src'])
    def file_path(self,request,response=None,info=None):
        img_name=request.url.split('/')[-1]
        return img_name# 返回文件名
    def item_completed(self,results,item,info):
        return item # 返回给下一个即将被执行的管道类
```

5. 修改 items

items.py 文件如下：

```
import scrapy
class ImgsproItem(scrapy.Item):
    src=scrapy.Field()
```

6. 运行 spider

在 cmd 命令行中运行：scrapy crawl imgdownload。

最后下载结果会在项目文件目录下生成的 images 文件夹中保存。

第 7 章 Chapter 7

数据可视化编程

导读

在日常工作中，为了更直观地发现数据中隐藏的规律，观察变量之间的关系，人们常常借助可视化工具来更好地解释现象。可视化之前，要先用 numpy 库、pandas 库来进行数据的生成、整理、存储等。在数据分析领域，最出名的绘图工具就是 matlib，在 Python 中同样有类似的功能，就是 matplotlib 库，它可与 numpy 库、pandas 库一起使用，提供了一种有效的 MATLAB 开源替代方案；它还可以和图形工具包一起使用，如 PyQt5 和 wxPython，结合 pylab 和 pyplot 这两个子库，用图形来呈现更多的数据。

7.1 numpy 库

7.1.1 numpy 库介绍

numpy 是 Python 的扩展库，它支持大量的数组和矩阵运算，为运算提供了大量的数学函数。

numpy 比 Python 列表更具优势，其中一个优势便是速度。在对大型数组执行操作时，numpy 的速度比 Python 列表的速度快了好几百倍。因为 numpy 数组本身能节省内存，并且 numpy 在执行算术、统计和线性代数运算时采用了优化算法。它具有可以表示向量和矩阵的多维数组数据结构，对矩阵运算进行了优化，使用户能够高效地执行运算，使其非常适合解决机器学习问题。

与 Python 列表相比，numpy 的第二个强大的优势就是具有大量优化的数学函数。这些函数使用户能够非常快速地进行各种复杂的数学计算，并且用到很少的代码（无需使用复杂的循环），使程序更容易读懂和理解。

1. 基本数据类型

numpy 常见的基本数据类型见表 7-1。

表 7-1 numpy 常见的基本数据类型

数据类型	描 述
bool_	布尔（True 或 False），存储为一个字节
int_	默认整数类型（与 C long 相同；通常为 int64 或 int32）
intc	与 C int（通常为 int32 或 int64）相同
intp	用于索引的整数（与 C ssize_t 相同；通常为 int32 或 int64）
int8	字节（-128 到 127）
int16	整数（-32768 到 32767）
int32	整数（-2147483648 至 2147483647）
int64	整数（-9223372036854775808 至 9223372036854775807）
uint8	无符号整数（0 到 255）
uint16	无符号整数（0 到 65535）
uint32	无符号整数（0 至 4294967295）
uint64	无符号整数（0 至 18446744073709551615）
float_	float64 的简写
float16	半精度浮点：符号位，5 位指数，10 位尾数
float32	单精度浮点：符号位，8 位指数，23 位尾数
float64	双精度浮点：符号位，11 位指数，52 位尾数
complex_	complex128 的简写
complex64	复数，由两个 32 位浮点（实数和虚数分量）
complex128	复数，由两个 64 位浮点（实数和虚数分量）

2. mat( )函数和 array( )函数

numpy 库中存在两种不同的数据类型（矩阵 matrix 和数组 array），都可以用于处理行列表示的数字元素，虽然他们看起来很相似，但是在这两个数据类型上执行相同的数学运算可能得到不同的结果。生成 martix 对象使用的是 np.mat( )方法，这个方法的参数可以是列表和元组的任意混合嵌套、字符串、ndarray 对象。其中字符串每一行以分号分割，每列元素以逗号隔开。生成 ndarray 对象使用的 np.array( )方法。需要注意的是，matrix 对象的 shape 只能是二维的，而 ndarray 对象的 shape 可以是多维度的。

【例 7-1】 mat( )函数和 array( )函数简单应用。

```
import numpy as np
a=np.mat('1 3;5 7')
b=np.mat([[1,2],[3,4]])
print(a)
print(b)
print(type(a))
```

```
print(type(b))
c=np.array([[1,3],[4,5]])
print(c)
print(type(c))
```

运行结果：

```
>>>
[[1 3]
 [5 7]]
[[1 2]
 [3 4]]
<class 'numpy.matrix'>
<class 'numpy.matrix'>
[[1 3]
 [4 5]]
<class 'numpy.ndarray'>
```

从例子中可以看出，mat( )函数与 array( )函数生成矩阵所需的数据格式有区别，mat( )函数中数据可以为字符串以分号“;”分割，或者为列表形式以逗号“,”分割；而 array( )函数中数据只能为列表形式，以逗号“,”分割。需要注意的是，用 mat( )函数转换为矩阵后才能进行一些线性代数的操作。

【例 7-2】 随机数组的产生和矩阵转化。

```
import numpy as np
   # 构建一个 3×4 的随机数组
   array_1=np.random.rand(3,4)
   print(array_1)
   print(type(array_1))
   # 使用 mat()函数将数组转化为矩阵
   matrix_1=np.mat(array_1)
   print(matrix_1)
   print(type(matrix_1))
```

运行结果：

```
>>>
[[0.00150214 0.12503171 0.37425143 0.64625749]
 [0.5770464 0.7976616 0.71250092 0.12946093]
```

```
 [0.65616594 0.89710715 0.92097518 0.65488694]]
<class 'numpy.ndarray'>
[[0.00150214 0.12503171 0.37425143 0.64625749]
 [0.5770464 0.7976616 0.71250092 0.12946093]
 [0.65616594 0.89710715 0.92097518 0.65488694]]
<class 'numpy.matrix'>
```

需要注意的是，例中采用了 random.rand(d0,d1,…,dn)函数，即生成一个[0,1)之间的随机浮点数或 N 维浮点数组，具体由 d0 等参数决定数组结构。

【例 7-3】 采用函数创建常见的矩阵。

```
import numpy as np
# 创建一个 4×4 的零矩阵,这里 zeros 函数的参数(4,4)是一个 tuple 类型
data1=np.mat(np.zeros((4,4)))
print('data1=\n',data1)
# 创建一个 2×4 的全 1 矩阵,默认是浮点型的数据,本例中是 int 型,因此需要使用
dtype=int
data2=np.mat(np.ones((2,4),dtype=int))
print('data2=\n',data2)
# 这里使用 numpy 的 random 模块
# random.rand(2,2)创建一个二维数组,但是需要将其转化为 matrix
data3=np.mat(np.random.rand(2,2))
print('data3=\n',data3)
# 生成一个 3×3 的 0~20 之间的随机整数矩阵,如果需要指定下界可以多加一个参数
data4=np.mat(np.random.randint(20,size=(3,3)))
print('data4=\n',data4)
# 产生一个 1~5 之间的随机整数矩阵
data5=np.mat(np.random.randint(1,5,size=(2,4)))
print('data5=\n',data5)
# 产生一个 3×3 的对角矩阵
data6=np.mat(np.eye(3,3,dtype=int))
print('data6=\n',data6)
# 生成一个对角线元素为 3,4,5 的对角矩阵
a1=[3,4,5]
data7=np.mat(np.diag(a1))
print('data7=\n',data7)
```

运行结果：

```
>>>
data1=
 [[0.0.0.0.]
 [0.0.0.0.]
 [0.0.0.0.]
 [0.0.0.0.]]
data2=
 [[1 1 1 1]
 [1 1 1 1]]
data3=
 [[0.17787313 0.12648399]
 [0.41520289 0.58765838]]
data4=
 [[16 15 14]
 [16 18 3]
 [16 12 2]]
data5=
 [[2 1 1 2]
 [3 3 1 2]]
data6=
 [[1 0 0]
 [0 1 0]
 [0 0 1]]
data7=
 [[3 0 0]
 [0 4 0]
 [0 0 5]]
```

例中可以看出相关函数的用法：

1）zeros()函数是生成指定维数的全0数组。比如：myMat=np.zeros(3)是生成一个一维的全0数组；myMat1=np.zeros((3,2))是生成一个3×2的全0数组。

2）random.randint(low,high=None,size=None,dtype='l')函数生成一个整数或N维整数数组，取数范围为：当参数high不为None时，取[low,high)之间的随机整数，否则取值为[0,low)之间的随机整数。

3）ones()函数是用于生成一个全1数组。比如：onesMat=np.ones(3)是生成1×3的全1数组；onesMat1=np.ones((2,3))是生成一个2×3的全1数组。

4）eye( )函数用于生成指定行数的单位矩阵。比如：eyeMat = np. eye(4)是生成 4×4 的单位矩阵。

3. full( )和 nonzero( )函数

（1）full( )函数

该函数返回一个根据指定 shape 和 type，并用 fill_value 填充的数组，其语法为：

```
numpy.full(shape,fill_value,dtype=None,order='C')
```

其中：shape 是整数或整数序列，是新数组的结构，例如，(2,3)或 2，单个值代表一维，元组中有几个元素个数就代表几维，fill_value 是标量（无向量），即填充数组的值；dtype 是数据类型，可选，默认值为 None，如要查看填充数组的值数据类型可以使用 np. array(fill_value). dtype；order 取值为'C'或'F'，可选，表示是否在内存中以行为主（C风格）或以列为主（Fortran 风格）连续（行或列）顺序存储多维数据。

（2）nonzero( )函数

该函数用于得到数组 a 中非零元素的位置（数组索引）。它的返回值是一个长度为 a. ndim（数组 a 的轴数）的元组，元组的每个元素都是一个整数数组，其值为非零元素的下标在对应轴上的值。只有 a 中非零元素才会有索引值，零值元素没有索引值，通过 a[nonzero(a)]得到所有数组 a 中的非零值。

【例 7-4】 nonzero( )函数的应用。

```
import numpy as np
SS=[0,0,0,0]
re=np.array(SS)
print(SS)
print(np.nonzero(re))
b=np.array([[1,1,1,0,1,1],[1,1,1,0,1,0],[1,1,1,0,1,1]])
print(b)
c=np.nonzero(b)
print(c)
```

运行结果：

```
>>>
[0,0,0,0]
(array([],dtype=int64),)
[[1 1 1 0 1 1]
 [1 1 1 0 1 0]
 [1 1 1 0 1 1]]
(array([0,0,0,0,0,1,1,1,1,2,2,2,2,2],dtype=int64),array([0,1,2,4,
5,0,1,2,4,0,1,2,4,5],dtype=int64))
```

从例中可以看出，数组中非零元素才会有索引值，零值元素没有索引值，这在一维数组中比较容易理解。对于二维矩阵 b，需要结合起来看，即 b[0,0]、b[0,1]、b[0,2]、b[0,4]、b[0,5]、b[1,0]、b[1,1]、b[1,2]、b[1,4]、b[2,0]、b[2,1]、b[2,2]、b[2,4]、b[2,5]元素的值非零。

4. getA( )函数

getA( )函数和 mat( )函数的功能相反，是将一个矩阵转化为数组。如果不转化，矩阵的元素将无法取出，会造成越界的问题。

5. arange( )函数

arange( )函数返回一个有终点和起点的固定步长的排列，如[1,2,3,4,5]，起点是 1，终点是 5，步长为 1。

arange( )函数分为一个参数，两个参数，三个参数三种情况：

1）一个参数时，参数值为终点，起点取默认值 0，步长取默认值 1。

比如：a=np. arange(3)表达式输出[0 1 2]。

2）两个参数时，第一个参数为起点，第二个参数为终点，步长取默认值 1。

比如：a=np. arange(3,9)表达式输出[3 4 5 6 7 8]。

3）三个参数时，第一个参数为起点，第二个参数为终点，第三个参数为步长，其中步长支持小数。

比如：a=np. arange(0,2,0. 1)表达式输出[0. 0　0. 1　0. 2　0. 3　0. 4　0. 5　0. 6　0. 7　0. 8　0. 9　1. 0　1. 1　1. 2　1. 3　1. 4 1. 5　1. 6　1. 7　1. 8　1. 9]。

6. linspace( )函数

linspace( )函数依照定义间隔生成均匀分布的数值，其语法定义为：

```
linspace(start,stop,num,endpoint,retstep,dtype)
```

其中 start 表示起始点。stop 表示终止点。num 默认值为 50，生成 start 和 stop 之间 50 个等差间隔的元素。endpoint 是 bool 型，如果是 True，则生成等差间隔的元素，且包含 stop；如果是 False，则不包括 stop。retstep 是 bool 型，该值为 True 时，会改变计算的输出结果，返回一个（array,num）元组，array 是结果数组，num 是间隔大小，元组的两个元素分别是需要生成的数列和数列的步长值；默认为 False。dtype 是输出数组的类型。

【例 7-5】 linspace( )函数应用。

```
import numpy as np
x1=np. linspace(1,10)
x2=np. linspace(1,10,num=10)
x3=np. linspace(1,10,num=10,retstep=True)
x4=np. linspace(2,10,num=10,endpoint=False)
print(x1,'\n x1 长度是%d'% len(x1))
print(x2,'\n x2 长度是%d'% len(x2))
```

```
print(x3,'\n x3 长度是%d'% len(x3))
print(x4,'\n x4 长度是%d'% len(x4))
```

运行结果：

```
>>>
[ 1.          1.18367347 1.36734694 1.55102041 1.73469388 1.91836735
  2.10204082 2.28571429 2.46938776 2.65306122 2.83673469 3.02040816
  3.20408163 3.3877551  3.57142857 3.75510204 3.93877551 4.12244898
  4.30612245 4.48979592 4.67346939 4.85714286 5.04081633 5.2244898
  5.40816327 5.59183673 5.7755102  5.95918367 6.14285714 6.32653061
  6.51020408 6.69387755 6.87755102 7.06122449 7.24489796 7.42857143
  7.6122449  7.79591837 7.97959184 8.16326531 8.34693878 8.53061224
  8.71428571 8.89795918 9.08163265 9.26530612 9.44897959 9.63265306
  9.81632653 10. ]
x1 长度是 50
[ 1.   2.   3.   4.   5.   6.   7.   8.   9.   10. ]
x2 长度是 10
(array([ 1.,  2.,  3.,  4.,  5.,  6.,  7.,  8.,  9.,  10.]),1.0)
x3 长度是 2
[2.   2.8 3.6 4.4 5.2 6.   6.8 7.6 8.4 9.2]
x4 长度是 10
```

7.1.2 常见的矩阵运算

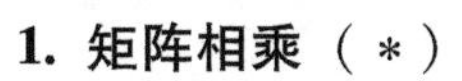

1. 矩阵相乘（＊）

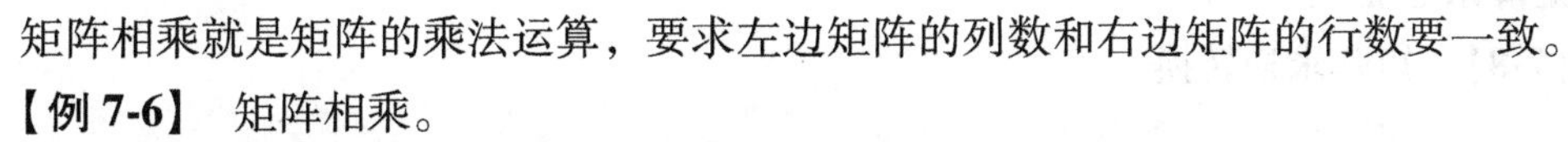

矩阵相乘就是矩阵的乘法运算，要求左边矩阵的列数和右边矩阵的行数要一致。

【例 7-6】 矩阵相乘。

```
from numpy import *
'''1 * 3 的矩阵乘以 3 * 1 的矩阵,最后得到 1 * 1 的矩阵'''
a1=mat([1,2,4])
print(a1)
a2=mat([[1],[2],[4]])
print(a2)
a3=a1 * a2
print(a3)
```

运行结果：

```
>>>
[[1 2 4]]
[[1]
 [2]
 [4]]
[[21]]
```

2. 矩阵点乘（multiply）

矩阵点乘则要求矩阵必须维数相等，即 M×N 维矩阵乘以 M×N 维矩阵。

【例 7-7】 矩阵点乘。

```
from numpy import *
'''矩阵点乘为对应矩阵元素相乘'''
a1=mat([1,1])
print(a1)
a2=mat([2,2])
print(a2)
a3=multiply(a1,a2)
print(a3)
```

运行结果：

```
>>>
[[1 1]]
[[2 2]]
[[2 2]]
```

3. 矩阵求逆变换（.I）

【例 7-8】 矩阵求逆转换。

```
from numpy import *
'''矩阵求逆变换:求矩阵 matrix([[0.5,0],[0,0.5]])的逆矩阵'''
a1=mat(eye(2,2)*0.5)
print(a1)
a2=a1.I
print(a2)
```

运行结果：

```
>>>
[[0.5  0.]
```

```
 [0.  0.5]]
[[2.  0.]
 [0.  2.]]
```

4. 矩阵求转置（.T）

【例 7-9】 矩阵求转置。

```
from numpy import *
'''矩阵的转置'''
a1=mat([[1,1],[0,0]])
print(a1)
a2=a1.T
print(a2)
```

运行结果：

```
>>>
[[1 1]
 [0 0]]
[[1 0]
 [1 0]]
```

5. 计算最大值、最小值和索引

【例 7-10】 计算最大值、最小值和索引。

```
import numpy as np
a1=np.mat([[1,1],[2,3],[4,5]])
print(a1)
# 计算矩阵 a1 中所有元素的最大值,这里得到的结果是一个数值
maxa=a1.max()
print(maxa) #5
# 计算第二列的最大值,这里得到的是一个 1×1 的矩阵
a2=max(a1[:,1])
print(a2) #[[5]]
# 计算第二行的最大值,这里得到的是一个数值
maxt=a1[1,:].max()
print(maxt) #3
# 计算所有列的最大值,这里使用的是 numpy 中的 max 函数
maxrow=np.max(a1,0)
```

```
print(maxrow) #[[4 5]]
# 计算所有行的最大值,这里得到的是一个矩阵
maxcolumn=np.max(a1,1)
print(maxcolumn)
# 计算所有列的最大值对应在该列中的索引
maxindex=np.argmax(a1,0)
print(maxindex) #[[2 2]]
# 计算第二行中最大值对应在该行的索引
tmaxindex=np.argmax(a1[1,:])
print(tmaxindex)
```

运行结果:

```
>>>
[[1 1]
 [2 3]
 [4 5]]
5
[[5]]
3
[[4 5]]
[[1]
 [3]
 [5]]
[[2 2]]
1
```

6. 矩阵的分隔和合并

【例 7-11】 矩阵的分隔和合并。

```
from numpy import *
a=mat(ones((3,3)))
print(a)
# 分隔出第二行以后的行和第二列以后的列的所有元素
b=a[1:,1:]
print(b)
a=mat(ones((2,2)))
print(a)
```

```
b=mat(eye(2))
print(b)
# 按照列和并,即增加行数
c=vstack((a,b))
print(c)
# 按照行合并,即行数不变,扩展列数
d=hstack((a,b))
print(d)
```

运行结果:

```
>>>
[[1.  1.  1.]
 [1.  1.  1.]
 [1.  1.  1.]]
[[1.  1.]
 [1.  1.]]
[[1.  1.]
 [1.  1.]]
[[1.  0.]
 [0.  1.]]
[[1.  1.]
 [1.  1.]
 [1.  0.]
 [0.  1.]]
[[1.  1.  1.  0.]
 [1.  1.  0.  1.]]
```

7. 矩阵的切片

【例 7-12】 矩阵的切片。

```
from numpy import *
a=[[1,2],[3,4],[5,6]]
a=mat(a)
# 打印整个矩阵
print('a:\n',a[0:])
# 打印矩阵 a 从 1 行开始到末尾行的内容
print(a[1:])
```

```
# 表示打印矩阵 a 从 1 行到 3 行的内容
print(a[1:3])
li=[[1,1],[1,3],[2,3],[4,4],[2,4]]
mat=mat(li)
# 打印矩阵 li 1 列(指序号为 1 的列)
print('li:\n',mat[:,0])
# 在矩阵的 1 行到 2 行([1,3)) 的前提下打印两列,这里指序号为 2 的列
print(mat[1:3,1])
```

运行结果：

```
>>>
a:
 [[1 2]
 [3 4]
 [5 6]]
[[3 4]
 [5 6]]
[[3 4]
 [5 6]]
li:
 [[1]
 [1]
 [2]
 [4]
 [2]]
[[3]
 [3]]
```

7.2 pandas 库

7.2.1 pandas 库介绍

pandas 是基于 numpy 库进行高效数据分析的库，它是开源的，任何人（个人或商业）都可以免费使用，网址为 https://pandas.pydata.org/，用户可以通过“pip3 install pandas”进行安装。

在数据分析（数据科学）中，数据的预处理（数据读取、清理、缺失值补全、归一化

等）占所有工作的80%到90%。Pandas是利用Python进行机器学习的必备库，因为它使数据处理变得高效。pandas的数据结构共有Series、DataFrame和Panel等三种类型。

1. Series类型

Series是pandas可以处理的一维数组。与用C语言和Python处理的通常的一维数组不同的是，Series可以被标记。附加到Series的标签称为索引，如图7-1所示，用户可以使用索引index访问数据data。

2. DataFrame类型

DataFrame是pandas处理的二维数组。从DataFrame中提取行和列会生成一个Series类型的数组。除了索引标签之外，DataFrame中的数据还可以被赋予列标签。图7-2使用DataFrame类型来表示某工人完成的不同产品类型的数量。

Series

index	data
A	15
B	24
C	37
D	52
E	11
F	16
G	18
H	52
I	9
J	65
K	42
L	75
M	85

图7-1　pandas的Series数据结构

DataFrame

index	产品1	产品2	产品3	产品4	产品5
A	15	44	65	15	82
B	24	66	21	26	28
C	37	75	98	48	46
D	52	55	32	59	64
E	11	42	87	84	98
F	16	68	61	95	78
G	18	93	34	62	56
H	52	12	97	84	13
I	9	36	21	94	55
J	65	91	65	61	77
K	42	74	23	37	66
L	75	42	46	65	48
M	85	41	79	84	81

columns

图7-2　DataFrame类型来表示某工人完成的不同产品类型的数量

3. Panel类型

Panel是一个可以由pandas处理的3D数组。Panel有三个标签：items、major_axis和minor_axis。major_axis和minor_axis对应DataFrame中的索引和列。由于三维数组难以直观操作，很少使用，但在处理时间序列数据时却经常用到。图7-3所示为Panel类型示例。

【例7-13】 pandas数据定义。

```
import pandas as pd
df=pd.DataFrame({
    'A':pd.Series([ 1,3,5,7 ],index=[ 'a','b','c','d']),
    'B':pd.Series([ 2,4,6,8 ],index=[ 'a','b','c','d'])
})
print(df)
```

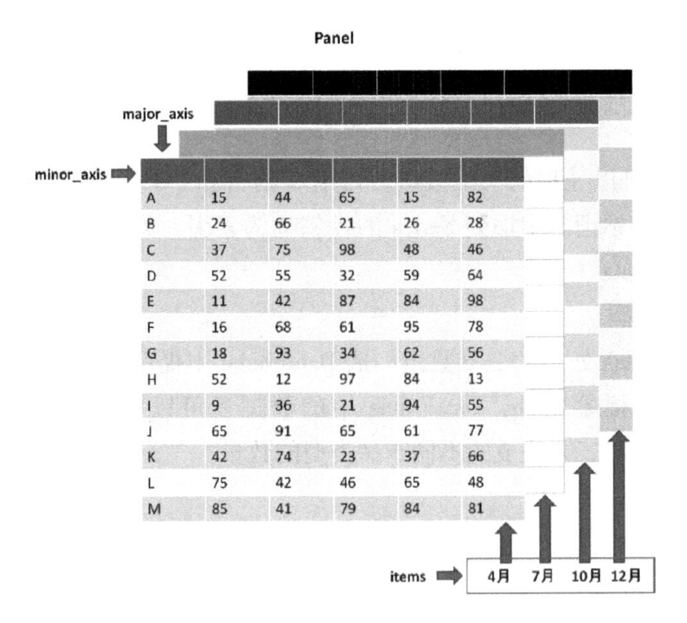

图 7-3　Panel 类型示例

运行结果：

```
>>>
   A  B
a  1  2
b  3  4
c  5  6
d  7  8
```

【例 7-14】 Series 的应用。

```
import pandas as pd
from pandas import Series,DataFrame
print('用一维数组生成 Series')
x=Series([1,2,3,4])
print(x)
print(x.values) #[1 2 3 4]
# 默认标签为 0 到 3 的序号
print(x.index) # RangeIndex(start=0,stop=4,step=1)
print('指定 Series 的 index') # 可将 index 理解为行索引
x=Series([1,2,3,4],index=['a','b','d','c'])
print(x)
print(x.index) # Index([u'a',u'b',u'd',u'c'],dtype='object')
```

```
print(x['a']) # 通过行索引来取得元素值:1
x['d']=6 # 通过行索引来赋值
print(x[['c','a','d']])# 类似于 numpy 的索引
print(x[x > 2]) # 类似于 numpy 的布尔索引
print('b') in x # 类似于字典的使用,是否存在该索引:True
print('e') in x # False
print('使用字典来生成 Series')
data={'a':1,'b':2,'d':3,'c':4}
x=Series(data)
print(x)
print('使用字典生成 Series,并指定额外的 index,不匹配的索引部分数据为
NaN。')
exindex=['a','b','c','e']
y=Series(data,index=exindex) # 类似替换索引
print(y)
print('Series 相加,相同行索引对应的数据相加,不同行索引则数值为 NaN')
print(x+y)
print('指定 Series/索引的名字')
y.name='weight of letters'
y.index.name='letter'
print(y)
print('替换 index')
y.index=['a','b','c','f']
print(y) # 不匹配的索引部分数据为 NaN
```

运行结果:

```
>>>
用一维数组生成 Series
0    1
1    2
2    3
3    4
dtype:int64
[1 2 3 4]
RangeIndex(start=0,stop=4,step=1)
```

```
指定 Series 的 index
a    1
b    2
d    3
c    4
dtype:int64
Index(['a','b','d','c'],dtype='object')
1
c    4
a    1
d    6
dtype:int64
d    6
c    4
dtype:int64
b
e
使用字典来生成 Series
a    1
b    2
d    3
c    4
dtype:int64
使用字典生成 Series,并指定额外的 index,不匹配的索引部分数据为 NaN。
a    1.0
b    2.0
c    4.0
e    NaN
dtype:float64
Series 相加,相同行索引对应的数据相加,不同行索引则数值为 NaN
a    2.0
b    4.0
c    8.0
d    NaN
e    NaN
```

```
dtype:float64
指定 Series/索引的名字
letter
a    1.0
b    2.0
c    4.0
e    NaN
Name:weight of letters,dtype:float64
替换 index
a    1.0
b    2.0
c    4.0
f    NaN
Name:weight of letters,dtype:float64
```

从例中可以看出：Series 的表现形式为索引在左、数据在右。获取数据和索引为 ser_obj. index 和 ser_obj. values，预览数据则用 ser_obj. head(n)、ser_obj. tail(n)语句。

【例 7-15】 DataFrame 的应用。

```
import numpy
from pandas import Series,DataFrame
print('使用字典生成 DataFrame,key 为列名字。')
data={'state':['ok','ok','good','bad'],
      'year':[2023,2024,2025,2026],
      'pop':[3.7,3.6,2.4,0.9]}
print(DataFrame(data)) # 行索引 index 默认为 0,1,2,3
# 指定列索引 columns,不匹配的列为 NaN
print(DataFrame(data,columns=['year','state','pop','debt']))
print('指定行索引 index')
x=DataFrame(data,
                    columns=['year','state','pop','debt'],
                    index=['one','two','three','four'])
print(x)
print('DataFrame 元素的索引与修改')
print(x['state'])# 返回一个名为 state 的 Series
print(x.state) # 可直接用 . 进行列索引
```

```
print(x.iloc[:x.index.get_loc('three')+1]) # 用.iloc[]来区分[]进行
行索引
x['debt']=16.5 # 修改整列数据
print(x)
x.debt=numpy.arange(4) # 用 numpy 数组修改元素
print(x)
print('用 Series 修改元素,没有指定的默认数据用 NaN')
val=Series([-1.2,-1.5,-1.7,0],index=['one','two','five','six'])
x.debt=val # DataFrame 的行索引不变
print(x)
print('给 DataFrame 添加新列')
x['gain']=(x.debt > 0) # 如果 debt 大于 0 为 True
print(x)
print(x.columns)
# Index([u'year',u'state',u'pop',u'debt',u'gain'],dtype='object')
print('DataFrame 转置')
print(x.T)
print('使用切片初始化数据,未被匹配的数据为 NaN')
pdata={'state':x['state'][0:3],'pop':x['pop'][0:2]}
y=DataFrame(pdata)
print(y)
print('指定索引和列的名称')
# 与 Series 的 index.name 相区分
y.index.name='序号'
y.columns.name='信息'
print(y)
print(y.values)
```

运行结果：

```
>>>
使用字典生成 DataFrame,key 为列名。
  state  year  pop
0    ok  2023  3.7
1    ok  2024  3.6
2  good  2025  2.4
3   bad  2026  0.9
```

```
   year state  pop  debt
0  2023    ok  3.7  NaN
1  2024    ok  3.6  NaN
2  2025  good  2.4  NaN
3  2026   bad  0.9  NaN
指定行索引 index
       year state   pop  debt
one    2023    ok   3.7  NaN
two    2024    ok   3.6  NaN
three  2025  good   2.4  NaN
four   2026   bad   0.9  NaN
DataFrame 元素的索引与修改
one        ok
two        ok
three    good
four      bad
Name:state,dtype:object
one        ok
two        ok
three    good
four      bad
Name:state,dtype:object
      year state pop debt
one   2023    ok 3.7  NaN
two   2024    ok 3.6  NaN
three 2025  good 2.4  NaN
      year state pop debt
one   2023    ok 3.7  16.5
two   2024    ok 3.6  16.5
three 2025  good 2.4  16.5
four  2026   bad 0.9  16.5
      year state pop debt
one   2023    ok 3.7     0
two   2024    ok 3.6     1
three 2025  good 2.4     2
four  2026   bad 0.9     3
```

```
用 Series 修改元素,没有指定的默认数据用 NaN
      year state pop debt
one   2023    ok 3.7 -1.2
two   2024    ok 3.6 -1.5
three 2025  good 2.4  NaN
four  2026   bad 0.9  NaN
给 DataFrame 添加新列
      year state pop  debt  gain
one   2023    ok 3.7  -1.2  False
two   2024    ok 3.6  -1.5  False
three 2025  good 2.4   NaN  False
four  2026   bad 0.9   NaN  False
Index(['year','state','pop','debt','gain'],dtype='object')
DataFrame 转置
        one   two  three  four
year   2023  2024   2025  2026
state    ok    ok   good   bad
pop     3.7   3.6    2.4   0.9
debt   -1.2  -1.5    NaN   NaN
gain False False  False False
使用切片初始化数据,未被匹配的数据为 NaN
      state  pop
one      ok  3.7
three  good  NaN
two      ok  3.6
指定索引和列的名称
信息   state  pop
序号
one      ok  3.7
three  good  NaN
two      ok  3.6
[['ok' 3.7]
 ['good' nan]
 ['ok' 3.6]]
```

7.2.2 pandas 的索引对象

1. Index 对象

pandas 的索引对象负责管理轴标签和轴名称等。构建 Series 或 DataFrame 时，所用到的任何数组或其他序列的标签都会被转换成一个 Index 对象。Index 对象是不可修改的，Series 和 DataFrame 中的索引都是 Index 对象。

【例 7-16】 Index 对象的应用。

```
from pandas import Index,Series,DataFrame
import numpy as np
print('获取 Index 对象')
x=Series(range(3),index=['a','b','c'])
index=x.index
print(index)
print(index[0:2])
try:
    index[0]='d'
except:
    print('Index is immutable')
print('构造/使用 Index 对象')
index=Index(np.arange(3))
obj2=Series([1.5,-2.5,0],index=index)
print(obj2)
print(obj2.index is index)
print('判断列/行索引是否存在')
data={'pop':[2.4,2.9],
      'year':[2023,2024]
     }
x=DataFrame(data)
print(x)
print('pop'in x.columns)
print(1 in x.index)
```

运行结果：

```
>>>
获取 Index 对象
Index(['a','b','c'],dtype='object')
```

```
Index(['a','b'],dtype='object')
Index is immutable
构造/使用 Index 对象
0    1.5
1   -2.5
2    0.0
dtype:float64
True
判断列/行索引是否存在
    pop  year
0   2.4  2023
1   2.9  2024
True
True
```

2. 重新指定索引 reindex( )函数

reindex( )函数使用可选的填充逻辑使 DataFrame 符合新索引，将 NA/NaN 放置在先前索引中没有值的位置。除非新索引等于当前索引并且 copy=False，否则将生成一个新对象。

reindex( )语法如下：

```
DataFrame.reindex(labels = None, index = None, columns = None, axis =
None,method=None,copy = True, level = None, fill_value = nan, limit = None,
tolerance=None)
```

其中，参数 labels 是新标签/索引，使“axis”指定的轴与之一致。Index 和 columns 参数要符合的新标签/索引，最好是一个 Index 对象，以避免重复数据。Axis 是轴的目标，可以是轴名称（“索引”，“列”）或数字(0、1)。Method 可选{None,“backfill”/“bfill”,“pad”/“ffill”,“nearest”}。copy 是指即使传递的索引相同，也返回一个新对象。level 是指在一个级别上广播，在传递的 MultiIndex 级别上匹配索引值。Fill_value 是在计算之前，使用此值填充现有的缺失（NaN）值以及成功完成 DataFrame 对齐所需的任何新元素，如果两个对应的 DataFrame 位置中的数据均丢失，则结果将丢失。limit 是指向前或向后填充的最大连续元素数。Tolerance 是指不完全匹配的原始标签和新标签之间的最大距离，匹配位置处的索引值满足方程 abs(index [indexer]-target)。

【例 7-17】 reindex( )函数的应用。

```
import pandas as pd
from pandas import Series,DataFrame
import numpy as np
```

```
print('重新指定索引及 NaN 填充值')
x=Series([4,7,5],index=['a','b','c'])
y=x.reindex(['a','b','c','d'])
print(y)
print(x.reindex(['a','b','c','d'],fill_value=0))
# fill_value 指定不存在元素 NaN 的默认值
print('重新指定索引并指定填充 NaN 的方法')
x=Series(['blue','purple'],index=[0,2])
print(x.reindex(range(4),method='ffill'))
print('对 DataFrame 重新指定行/列索引')
x=DataFrame(np.arange(9).reshape(3,3),
                index=['a','c','d'],
                columns=['A','B','C'])
print(x)
x=x.reindex(['a','b','c','d'],method='bfill')
print(x)
print('重新指定 column')
states=['A','B','C','D']
x=x.reindex(columns=states,fill_value=0)
print(x)
print(x.iloc[:x.index.get_loc('b')+1])
```

运行结果:

```
>>>
重新指定索引及 NaN 填充值
a    4.0
b    7.0
c    5.0
d    NaN
dtype:float64
a    4
b    7
c    5
d    0
dtype:int64
```

```
重新指定索引并指定填充 NaN 的方法
0      blue
1      blue
2    purple
3    purple
dtype:object
对 DataFrame 重新指定行/列索引
   A  B  C
a  0  1  2
c  3  4  5
d  6  7  8
   A  B  C
a  0  1  2
b  3  4  5
c  3  4  5
d  6  7  8
重新指定 column
   A  B  C  D
a  0  1  2  0
b  3  4  5  0
c  3  4  5  0
d  6  7  8  0
   A  B  C  D
a  0  1  2  0
b  3  4  5  0
```

7.2.3 pandas 算术运算和数据对齐

两个 DataFrame 对象相加后，其索引行和列会取并集，当一个对象中的某轴标签在另一个对象中找不到时，会返回 NaN。

【例 7-18】 pandas 算术运算。

```
from pandas import Series,DataFrame
import numpy as np
print('DataFrame 算术:不重叠部分为 NaN,重叠部分元素运算')
x=DataFrame(np.arange(9.).reshape((3,3)),
```

```
             columns=['A','B','C'],
             index=['a','b','c'])
y=DataFrame(np.arange(12).reshape((4,3)),
             columns=['A','B','C'],
             index=['a','b','c','d'])
print(x,y,x+y)
print('对x/y的不重叠部分填充,不是对结果NaN填充')
print(x.add(y,fill_value=0))          #x不变化
print('DataFrame与Series运算:每行/列进行运算')
frame=DataFrame(np.arange(9).reshape((3,3)),
               columns=['A','B','C'],
               index=['a','b','c'])
series=frame.iloc[2]
print(frame)
print(series)
print(frame-series)                    #默认按行运算
series2=Series(range(4),index=['A','B','C','D'])
print(frame+series2)                   #按行运算:缺失列则为NaN
series3=frame.A
print(series3)
print(frame.sub(series3,axis=0))  #按列运算。
```

运行结果:

```
>>>
DataFrame算术:不重叠部分为NaN,重叠部分元素运算
     A    B    C
a  0.0  1.0  2.0
b  3.0  4.0  5.0
c  6.0  7.0  8.0    A   B   C
a  0   1   2
b  3   4   5
c  6   7   8
d  9  10  11       A     B     C
a   0.0   2.0   4.0
b   6.0   8.0  10.0
c  12.0  14.0  16.0
```

```
d   NaN   NaN   NaN
对 x/y 的不重叠部分填充,不是对结果 NaN 填充
      A      B     C
a   0.0    2.0   4.0
b   6.0    8.0  10.0
c  12.0   14.0  16.0
d   9.0   10.0  11.0
DataFrame 与 Series 运算:每行/列进行运算
    A  B  C
a   0  1  2
b   3  4  5
c   6  7  8
A     6
B     7
C     8
Name:c,dtype:int32
    A  B  C
a -6 -6 -6
b -3 -3 -3
c  0  0  0
    A  B   C   D
a   0  2   4 NaN
b   3  5   7 NaN
c   6  8  10 NaN
a     0
b     3
c     6
Name:A,dtype:int32
    A  B  C
a   0  1  2
b   0  1  2
c   0  1  2
```

7.2.4 numpy 函数应用与映射

用 apply( )将一个规则应用到 DataFrame 的行或者列上，applymap( )将一个规则应用到

DataFrame 中的每一个元素。

【例 7-19】 numpy 函数应用与映射实例。

```
from pandas import Series,DataFrame
import numpy as np
frame=DataFrame(np.arange(9).reshape(3,3),columns=['A','B','C'],
index=['a','b','c'])
print(frame,np.square(frame))
series=frame.A
print(series,np.square(series))
print('lambda(匿名函数)以及应用')
print(frame,frame.max())
f=lambda x:x.max()-x.min()
print(frame.apply(f))# 作用到每一列
print(frame.apply(f,axis=1))# 作用到每一行
def f(x):# Series 的元素的类型为 Series
    return Series([x.min(),x.max()],index=['min','max'])
print(frame.apply(f))
print('applymap 和 map:作用到每一个元素')
_format=lambda x:'%.2f'% x
print(frame.applymap(_format)) # 针对 DataFrame
```

运行结果:

```
>>>
   A  B  C
a  0  1  2
b  3  4  5
c  6  7  8    A  B  C
a  0  1  4
b  9 16 25
c 36 49 64
a    0
b    3
c    6
Name:A,dtype:int32 a     0
b    9
```

```
c   36
Name:A,dtype:int32
lambda(匿名函数)以及应用
   A  B  C
a  0  1  2
b  3  4  5
c  6  7  8  A  6
B    7
C    8
dtype:int32
A    6
B    6
C    6
dtype:int32
a    2
b    2
c    2
dtype:int32
     A  B  C
min  0  1  2
max  6  7  8
applymap 和 map:作用到每一个元素
       A     B     C
a  0.00  1.00  2.00
b  3.00  4.00  5.00
c  6.00  7.00  8.00
a    0.00
b    3.00
c    6.00
Name:A,dtype:object
```

7.2.5 DataFrame 对象的排序

1. sort_index()函数

sort_index()函数是 DataFrame 对象默认根据行标签对所有行排序，或根据列标签对所有列排序，或根据指定某列或某几列对行排序。sort_index()语法格式如下：

```
sort_index(axis=0,level=None,ascending=True,inplace=False,kind
='quicksort',na_position='last',sort_remaining=True,by=None)
```

其中，axis 参数为0时按照行名排序、为1则按照列名排序。level 默认 None，否则按照给定的 level 顺序排列。ascending 默认 True 表示升序排列，False 表示降序排列。inplace 默认 False，否则排序之后的数据直接替换原来的数据框。kind 为排序方法，取值范围为{'quicksort'，'mergesort'，'heapsort'}，默认为'quicksort'。na_position 取值范围为{'first'，'last'}，缺省值默认排在最后。by 表示按照某一列或几列数据进行排序。

【例 7-20】 sort_index()函数排序应用。

```
import numpy as np
from pandas import Series,DataFrame
frame=DataFrame(np.arange(8).reshape((2,4)),
                index=['three','one'],
              columns=list("dabc"))
print(frame)
f1=frame.sort_index()
print(f1)
f2=frame.sort_index(axis=0,ascending=True)
print(f2)
```

运行结果：

```
>>>
       d  a  b  c
three  0  1  2  3
one    4  5  6  7
       d  a  b  c
one    4  5  6  7
three  0  1  2  3
       d  a  b  c
one    4  5  6  7
three  0  1  2  3
```

2. sort_values()函数

sort_values()函数是 DataFrame 对象常见的排序方法，其语法格式如下：

```
sort_values(by, axis = 0, ascending = True, inplace = False, kind =
'quicksort',na_position='last')
```

其中参数与 sort_index( ) 基本相同，这里必须指定 by 参数，即必须指定哪几行或哪几列。

【例 7-21】 根据给出的数据，进行 4 种排序，即①按 b 列升序排序；②先按 b 列降序，再按 a 列升序排序；③按行 3 升序排列；④按行 3 升序，行 0 降排列。

```
import pandas as pd
df=pd.DataFrame({'b':[1,2,3,2],'a':[4,3,2,1],'c':[1,3,8,2]},index=[2,0,1,3])
print(df)
print(df.sort_values(by='b')) #等同于 df.sort_values(by='b',axis=0)
print(df.sort_values(by=['b','a'],axis=0,ascending=[False,True]))
#等同于 df.sort_values(by=['b','a'],axis=0,ascending=[False,True])
print(df.sort_values(by=3,axis=1)) #必须指定 axis=1
print(df.sort_values(by=[3,0],axis=1,ascending=[True,False]))
```

运行结果：

```
>>>
   b  a  c
2  1  4  1
0  2  3  3
1  3  2  8
3  2  1  2
   b  a  c
2  1  4  1
0  2  3  3
3  2  1  2
1  3  2  8
   b  a  c
1  3  2  8
3  2  1  2
0  2  3  3
2  1  4  1
   a  b  c
2  4  1  1
```

```
 0 3 2 3
 1 2 3 8
 3 1 2 2
   a c b
 2 4 1 1
 0 3 3 2
 1 2 8 3
 3 1 2 2
```

从例中可以看出，指定多列（多行）排序时，先安排在前面的列（行）排序，如果内部有相同数据，再对相同数据内部用下一个列（行）排序，以此类推。如果内部无重复数据，则后续排列不执行。即首先满足排在前面的参数的排序，再按照后面参数排序。

7.3 Matplotlib 库

7.3.1 Matplotlib 库绘图入门

1. 概述

Matplotlib 是 Python 的绘图库。它可与 numpy、pandas 一起使用，提供了一种有效的 MATLAB 开源替代方案。它也可以和图形工具包一起使用，如 PyQt5 和 wxPython。这里介绍的是其 pylab 和 pyplot 这两个子库。

一个 Matplotlib 基本图表通常包括以下元素：

1）Figure：指图像窗口，是包括 Axes（子图）、Title（标题）、Legend（图例参数）等组件在内的最外层窗口。它最主要的元素是 Axes，可以有一到多个，但至少有一个是有显示内容。

2）Axes：指子图，又称轴域，是带有数据的图像区域，可以理解为覆盖在 Figure 上的图像面板。

3）Axis：指 X 轴和 Y 轴，包括刻度及其标签。

2. pyplot.figure( )函数

图像窗口建立的语法格式为：

```
 figure(num=None,figsize=None,dpi=None,facecolor=None,edgecolor=
None,frameon=True)
```

其中：num 是图像编号或名称，数字为编号，字符串为名称。figsize 指定 figure 的宽和高，单位为英寸。dpi 参数指定绘图对象的分辨率，即每英寸多少个像素，默认值为 80，1 英寸等于 2.5cm，A4 纸是 21cm×30cm 的纸张。facecolor 是背景颜色。edgecolor 是边框颜色。

Frameon 表示是否显示边框。

3. pyplot . plot( ) 函数

绘图函数 plot 的语法格式为：

```
plot(x,y,format_string,** kwargs)
```

其中，x 表示 x 轴数据，可选列表或数组；y 表示 y 轴数据，可选列表或数组。format_string 可选控制曲线的格式字符串，由颜色字符、风格字符和标记字符组成，具体见表 7-2~表 7-4。** kwargs 为第二组或更多，即(x,y,format_string)。当绘制多条曲线时，各条曲线的 x 不能省略。

表 7-2 format_string 颜色字符说明

颜色字符	说　明	颜色字符	说　明
b	蓝色	m	洋红色（magenta）
g	绿色	y	黄色
r	红色	k	黑色
c	青绿色（cyan）	w	白色
#008000	RGB 某颜色	0. 8	灰度值字符串

表 7-3 format_string 风格字符说明

颜色字符	说　明	颜色字符	说　明
–	实线	:	虚线
-.	点划线		无线条

表 7-4 format_string 标记字符说明

标记字符	说　明	标记字符	说　明
.	点标记	1	下花三角标记
,	像素标记（极小点）	2	上花三角标记
o	实心圈标记	3	左花三角标记
v	倒三角标记	4	右花三角标记
^	上三角标记	s	实心方形标记
>	右三角标记	p	实心五角标记
<	左三角标记	*	星形标记
h	竖六边形标记	+	十字标记
H	横六边形标记	x	x 标记
D	菱形标记	|	垂直线标记
d	瘦菱形标记		

上面格式中的字符需要加单引号或双引号，两者可以相互替换，对于线条颜色，必须写

上 color='' ，而不是只写''，不然会报错 SyntaxError：positional argument follows keyword argument，意思是参数位置不正确导致的错误。

4. pyplot. legend( )函数

设置图例的位置等参数可以使用 pyplot. legend( )函数，其语法为：

```
pyplot. legend( * args, ** kwargs)
```

主要参数关键字和描述见表 7-5，每个关键字又有不同的含义，loc 参数的含义见表 7-6。

表 7-5 pyplot. legend( )函数主要参数关键字和描述

关键字	描述
loc	图例所有 figure 位置
prop	字体参数
fontsize	字体大小
markerscale	图例标记与原始标记的相对大小
markerfirst	如果为 True，则图例标记位于图例标签的左侧
numpoints	为线条图图例条目创建的标记点数
scatterpoints	为散点图图例条目创建的标记点数
scatteryoffsets	为散点图图例条目创建的标记的垂直偏移量
frameon	控制是否应在图例周围绘制框架
fancybox	控制是否应在构成图例背景的 FancyBboxPatch 周围启用圆边
shadow	控制是否在图例后面画一个阴影
framealpha	控制图例框架的 Alpha 透明度
ncol	设置图例分为 ncol 列展示
borderpad	图例边框的内边距
labelspacing	图例条目之间的垂直间距
handlelength	图例句柄的长度
handleheight	图例句柄的高度
handletextpad	图例句柄和文本之间的间距
borderaxespad	轴与图例边框之间的距离
columnspacing	列间距
title	标题
bbox_to_anchor	指定图例在轴的位置

表 7-6 loc 参数的含义

String	Number
upper right	1
upper left	2
lower left	3

（续）

String	Number
lower right	4
right	5
center left	6
center right	7
lower center	8
upper center	9
center	10

5. pyplot. subplot( )函数

如果一个Figure图表对象包含了多个子图，可以使用subplot( )函数来绘制子图，其语法为：

```
subplot(numbRow,numbCol,plotNum)
```

其中，numbRow是plot图的行数；numbCol是plot图的列数；plotNum是指第几行第几列的第几幅图。比如，subplot(2,2,1)，那么这个图像就是一个2×2的矩阵图，也就是总共有4个图，1就代表了第一幅图。

需要注意的是，subplot( )函数中参数之间的逗号可以省略，如subplot(2,2,1)= subplot(221)。

6. 中文显示

可以采用fontproperties属性来进行中文显示的参数设置，见表7-7，比如：

```
plt.ylabel('y轴',fontproperties='SimSun')  #显示宋体字
```

表7-7　中文显示的参数设置

中文字体型号	fontproperties属性
宋体	SimSun
黑体	SimHei
微软雅黑	Microsoft YaHei
微软正黑体	Microsoft JhengHei
新宋体	NSimSun
新细明体	PMingLiU
细明体	MingLiU
标楷体	DFKai-SB
仿宋	FangSong
楷体	KaiTi
隶书	LiSu
幼圆	YouYuan
华文细黑	STXihei

（续）

中文字体型号	fontproperties 属性
华文楷体	STKaiti
华文宋体	STSong
华文中宋	STZhongsong
华文仿宋	STFangsong
方正舒体	FZShuTi
方正姚体	FZYaoti
华文彩云	STCaiyun
华文琥珀	STHupo
华文隶书	STLiti
华文行楷	STXingkai
华文新魏	STXinwei

除此之外，也可以使用 plt. rcParams['font. sans-serif']=['SimSun']来正常显示中文标签。

【例 7-22】 绘制 $y=2x+100$

```
import numpy as np
    import matplotlib.pyplot as plt
    # 生成 0~50 的数据
    # 定义 x 轴的数据
    x=np.arange(0,50,1)
    # 定义 y 轴的数据
    y=x×2+100
    plt.plot(x,y)
    # 显示图像
    plt.show()
```

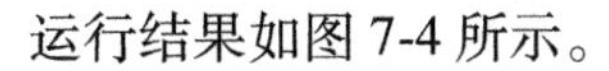

运行结果如图 7-4 所示。

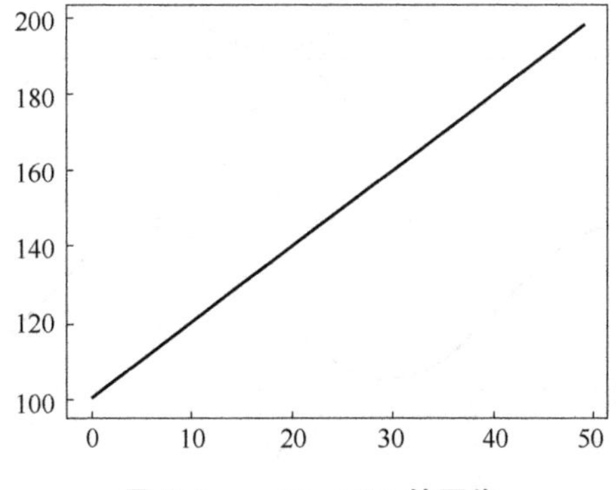

图 7-4 y=2×x+100 的图像

【例 7-23】 绘制正弦和余弦波形曲线。

```
import numpy as np
import matplotlib.pyplot as plt
# 计算正弦和余弦曲线上的点的 x 和 y 坐标
x=np.arange(0,3 *np.pi,0.1)
y_sin=np.sin(x)
y_cos=np.cos(x)
# 建立 subplot 网格,高为 3,宽为 1
# 激活第一个 subplot
plt.subplot(2,1,1)
# 绘制第一个图像
plt.plot(x,y_sin)
plt.xlabel('X 轴',fontproperties='SimSun')
plt.ylabel('Y 轴',fontproperties='SimSun')
plt.title('正弦',fontproperties='SimSun')
# 将第二个 subplot 激活,并绘制第三个图像(第二个图像为空)
plt.subplot(3,1,3)
plt.plot(x,y_cos)
plt.xlabel('X 轴',fontproperties='SimSun')
plt.ylabel('Y 轴',fontproperties='SimSun')
plt.title('余弦',fontproperties='SimSun')
# 展示图像
plt.show()
```

运行结果如图 7-5 所示。

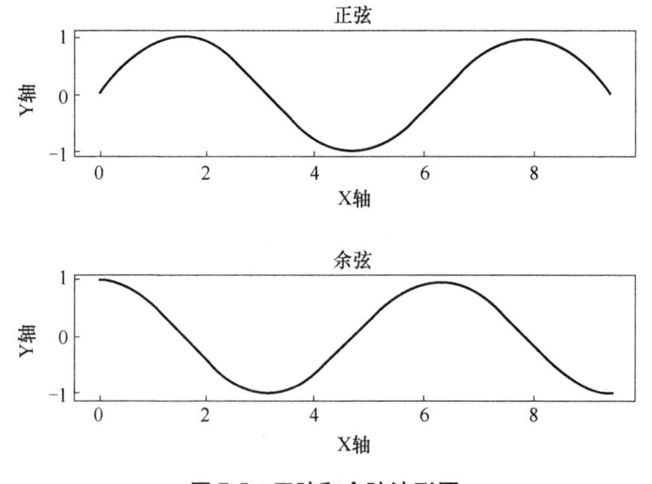

图 7-5 正弦和余弦波形图

【例 7-24】 绘制两个线条。

```
import matplotlib.pyplot as plt
line1,=plt.plot([1,2,3],label='Line 1',linestyle='--')
line2,=plt.plot([3,2,1],label='Line 2',linewidth=4)
# 为第一个线条创建图例
first_legend=plt.legend(handles=[line1],loc=1)
# 手动将图例添加到当前轴域
ax=plt.gca().add_artist(first_legend)
# 为第二个线条创建另一个图例
plt.legend(handles=[line2],loc=4)
plt.xlabel('X 轴',fontproperties='SimSun')
plt.ylabel('Y 轴',fontproperties='SimSun')
plt.title('两个线条两个图例',fontproperties='SimSun')
plt.show()
```

运行结果如图 7-6 所示。

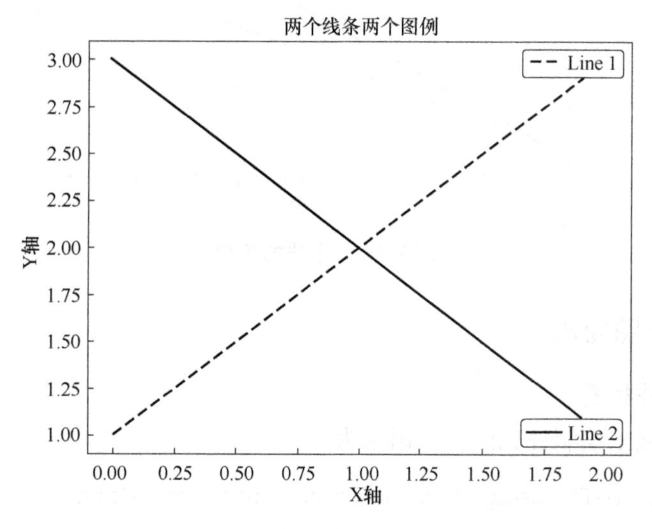

图 7-6 两个线条的绘制

例中，当前的图表和子图可以使用 pyplot.gcf()和 pyplot.gca()获得。

【例 7-25】 绘制三条线。

```
#其中 x,y,z,v 为变量,自己定义即可.
import matplotlib.pyplot as plt
from matplotlib import font_manager
plt.xlabel('X 轴',fontproperties='SimSun')
plt.ylabel('Y 轴',fontproperties='SimSun')
```

```
A,=plt.plot([1,2,3],label=u'第一条',color='blue')
B,=plt.plot([1,3,5],label=u'第二条',color='red')
C,=plt.plot([1,4,9],label=u'第三条',color='green')
font1={'family':'SimHei',
       'weight':'normal',
       'size':16,}
legend=plt.legend(handles=[A,B,C],prop=font1)
plt.show()
```

运行结果如图 7-7 所示。

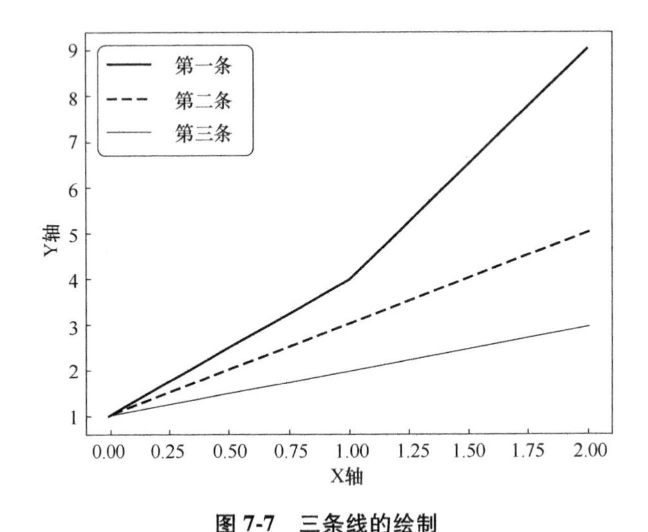

图 7-7　三条线的绘制

7.3.2 基本 2D 图绘制

1. bar chart 柱状图

使用 bar( ) 函数来绘制柱状图，其语法为：

```
pyplot.bar(left,height,width=0.8,bottom=None,hold=None,data=
None,**kwargs)
```

其中，left 为柱形的 X 坐标；height 是每一个柱形的高度；width 是柱形之间的宽度；bottom 是柱形的 Y 坐标；color 是柱形的颜色。

【例 7-26】 绘制柱状图。

```
import numpy as np
import matplotlib.pyplot as plt
X=[0,1,2,3,4,5]
Y=[222,42,455,664,454,334]
```

```
fig=plt.figure()
plt.bar(X,Y,0.4,color='green')
plt.xlabel('X轴',fontproperties='SimSun')
plt.ylabel('Y轴',fontproperties='SimSun')
plt.title('柱状图',fontproperties='SimSun')
plt.show()
```

运行结果如图7-8所示。

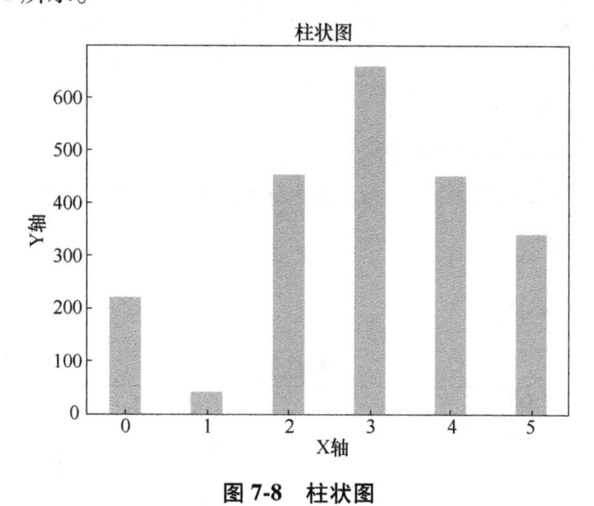

图7-8　柱状图

【例7-27】 用不同颜色绘制柱状图。

```
import numpy as np
import matplotlib.pyplot as plt
x=np.arange(5)
y=[3,1,9,15,6]
color=['g','b','w','r','pink']#绿 蓝 白 红 粉
plt.bar(x,y,color=color,edgecolor='black')
plt.show()
```

运行结果如图7-9所示。

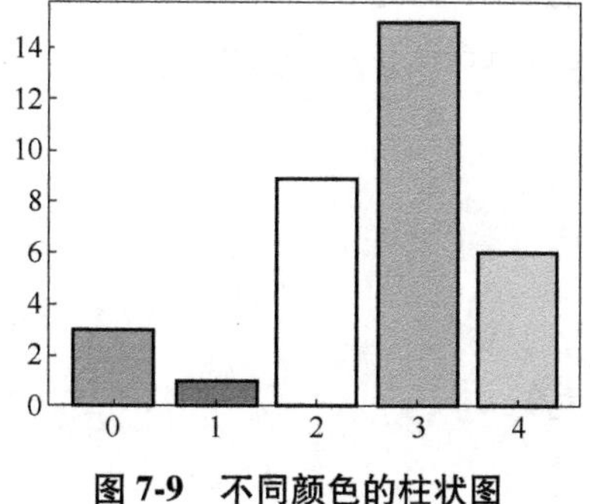

图7-9　不同颜色的柱状图

本例中如果修改颜色为 color={'g','b','w','r','pink'}则会发现柱状图的颜色是随机变化。

【例 7-28】 并列显示数据的柱状图。

```
import numpy as np
import matplotlib.pyplot as plt
from matplotlib import font_manager
x=np.arange(5)
y=[3,1,9,15,6]
z=[4,2,10,16,7]
plt.bar(x,y,width=0.4)
plt.bar(x+0.4,z,width=0.4)
plt.title('并列显示柱状图',fontproperties='SimSun')
plt.show()
```

运行结果如图 7-10 所示。

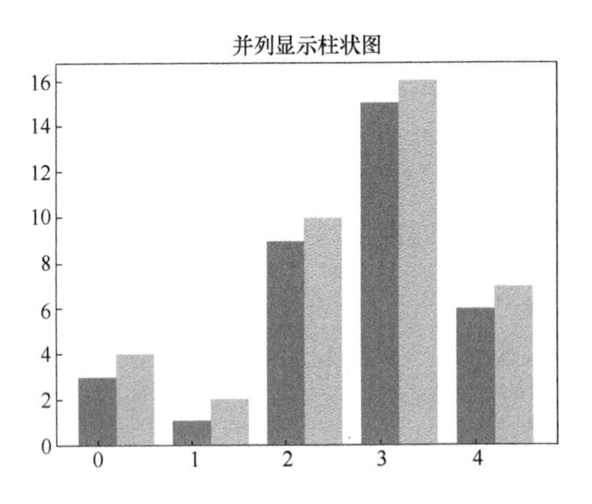

图 7-10 并列显示数据的柱状图

【例 7-29】 堆积柱状图。

```
import numpy as np
import matplotlib.pyplot as plt
from matplotlib import font_manager
x=np.arange(5)
y=[3,1,9,15,6]
z=[4,2,10,16,7]
plt.bar(x,y)
plt.bar(x,z,bottom=y)
```

```
plt.title('堆积柱状图',fontproperties='SimSun')
plt.show()
```

运行结果如图 7-11 所示。

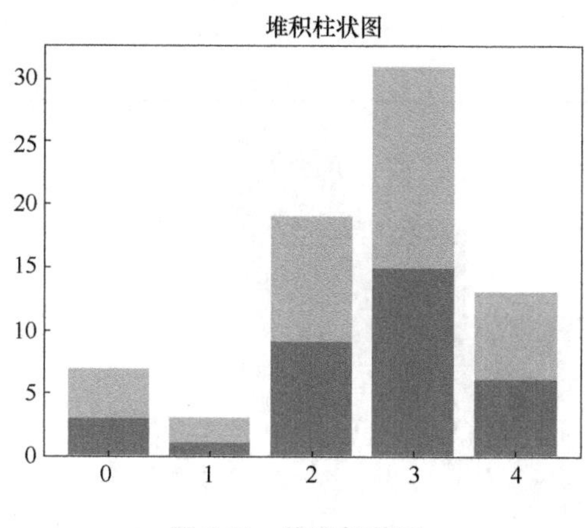

图 7-11　堆积柱状图

2. histogram 直方图

histogram 直方图的语法为：

```
pyplot.hist(x,bins=10,range=None,normed=False,weights=None,cumu-
lative=False,bottom=None,histtype=u'bar',align=u'mid',orientation=
u'vertical',rwidth=None,log=False,color=None,label=None,stacked=
False,hold=None,**kwargs)
```

其中，x 参数是指定每个 bin（箱子）分布的数据，对应 x 轴；bins 指定 bin（箱子）的个数，也就是总共有几条柱状图；normed 指定密度，也就是每个柱状图的分布密度，默认为 1；color 指定柱状图的颜色。

【例 7-30】 绘制直方图。

```
from matplotlib import pyplot as plt
import numpy as np
a=np.array([22,87,5,43,56,73,55,54,11,20,51,5,79,31,27])
plt.hist(a,bins=[0,20,40,60,80,100])
plt.title('直方图',fontproperties='SimSun')
plt.show()
```

运行结果如图 7-12 所示。

3. 饼图绘制

使用 pie( ) 函数绘制饼图的语法格式为：

```
pie(x,explode=None,labels=None,colors=None,autopct=None,pctdistance=0.6,shadow=False,labeldistance=1.1,startangle=None,radius=None,counterclock=True,wedgeprops=None,textprops=None,center=(0,0),frame=False,rotatelabels=False,hold=None,data=None)
```

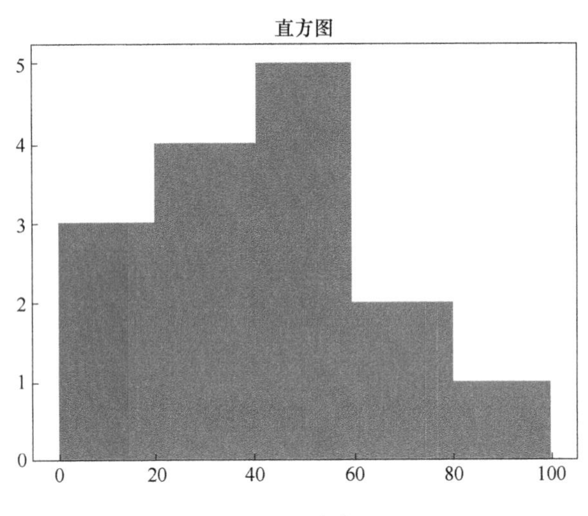

图 7-12　直方图

其中：x 是饼图中每一块的比例，如果 sum(x)>1 会使用 sum(x)进行归一化；labels 是每一块饼图外侧显示的说明文字；explode 是（每一块）离开中心的距离；startangle 是起始绘制角度，默认图是从 x 轴正方向逆时针画起，如该参数设定为 90 则表示从 y 轴正方向画起；shadow 是在饼图下面画阴影，默认值 False，即不画阴影；labeldistance 是 label 标记的绘制位置，相对于半径的比例，默认值为 1.1，如果该值小于则绘制在饼图内侧；autopct 控制饼图内的百分比设置，可以使用 format 字符串或者 format function，如'%1.1f'指小数点前后位数（没有用空格补齐）；pctdistance 类似于 labeldistance，指定 autopct 的位置刻度，默认值为 0.6；radius 控制饼图半径，默认值为 1；counterclock 指定指针方向，bool 型，默认为 True，表示逆时针，如将值改为 False 即可改为顺时针；wedgeprops 字典类型，可选参数，默认值为 None，参数字典传递给 wedge 对象用来画一个饼图，如 wedgeprops={'linewidth':3}设置 wedge 线宽为 3；textprops 设置标签（labels）和比例文字的格式，字典类型，可选参数，默认值为 None；center 是浮点类型的列表，可选参数，默认值为(0,0)，即图标中心位置；frame 是 bool 型，可选参数，默认值为 False，如果是 True，则绘制带有表的轴框架；rotatelabels 是 bool 型，可选参数，默认为 False，如果为 True，则旋转每个 label 到指定的角度。

【例 7-31】 绘制家庭开支饼图。

```
import matplotlib.pyplot as plt
plt.rcParams['font.sans-serif']=['SimSun'] #用来正常显示中文标签
```

```
    labels=['娱乐','育儿','饮食','房贷','交通','其他']
    sizes=[2,22,12,55,2,7]
    explode=(0,0,0,0.1,0,0)
    plt.pie(sizes,explode=explode,labels=labels,autopct='%1.1f%%',
shadow=False,startangle=150)
    plt.axis('equal') #该行代码使饼图长宽相等
    plt.title('饼图示例(家庭 7 月份支出)')
```

运行结果如图 7-13 所示。

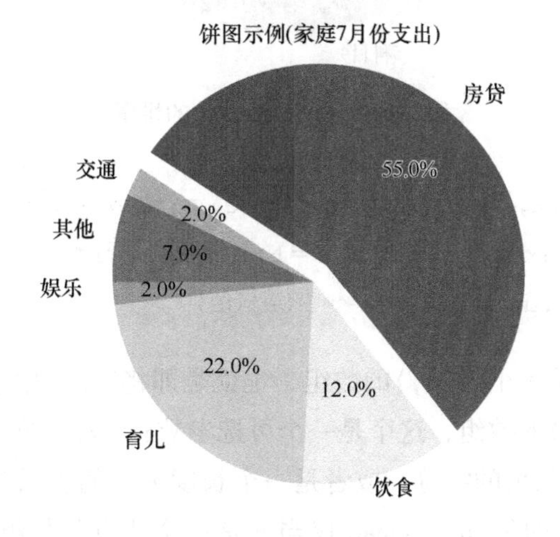

图 7-13 家庭开支饼图

【例 7-32】 绘制不同科目占比的饼图。

```
    import matplotlib.pyplot as plt
    plt.rcParams['font.sans-serif']=['SimSun'] #用来正常显示中文标签
    x=[10,20,30,40,50]
    label=['科目 1','科目 2','科目 3','科目 4','科目 5']
    colors_list=['#97BFB4','#F5EEDC','#DD4A48','#4F091D','#2E4C6D']
    plt.pie(x,autopct='%.1f%%',colors=colors_list,labels=label,
startangle=90,counterclock=False)
```

运行结果如图 7-14 所示。

例中修改 plt.pie(x,pctdistance=1.35,autopct='%.1f%%',colors=colors_list,labels=label,startangle=90,counterclock=False)时，百分比的数值将会显示在饼图外面。

4. 散点图

散点图是只画点，不用线连接起来，绘制散点图的语法格式为：

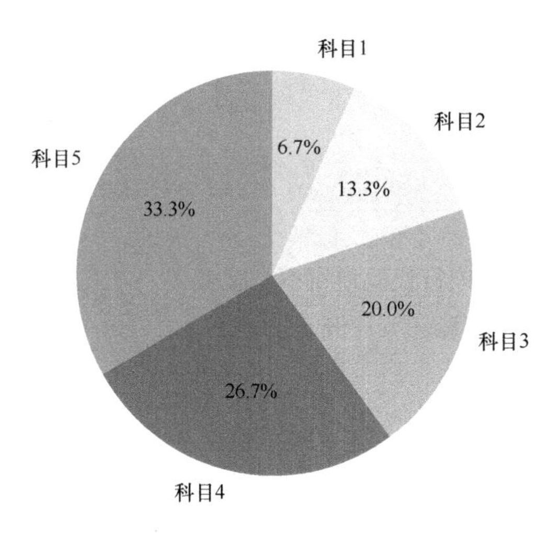

图 7-14　不同科目占比的饼图

```
pyplot.scatter(x,y,s=None,c=None,marker=None,cmap=None,norm=None,vmin=None,vmax=None,alpha=None,linewidths=None,verts=None,edgecolors=None,*,data=None,**kwargs)
```

其中，x，y表示的是大小为(n,)的数组，也就是即将绘制散点图的数据点；s是一个实数或者是一个大小为(n,)的数组，这个是一个可选参数；c表示颜色，是可选项，默认是蓝色'b'，可以是一个表示颜色的字符，或者是一个长度为n的表示颜色的序列等；marker表示的是标记的样式，默认的是'o'；cmap仅当c是一个浮点数数组的时候才使用；norm将数据亮度转化到0~1之间，只有c是一个浮点数的数组的时候才使用；vmin、vmax是实数，当norm存在的时候忽略，用来进行亮度数据的归一化；alpha是实数，在0~1之间；linewidths是标记点的长度。

【例7-33】 绘制散点图。

```
import numpy as np
import matplotlib.pyplot as plt
np.random.seed(1)
x=np.random.rand(10)
y=np.random.rand(10)
colors=np.random.rand(10)
area=(30*np.random.rand(10))**2
lines=np.zeros(10)+5
plt.scatter(x,y,s=200,c=
            'b',alpha=0.5,linewidths=lines)
plt.show()
```

运行结果如图 7-15 所示。

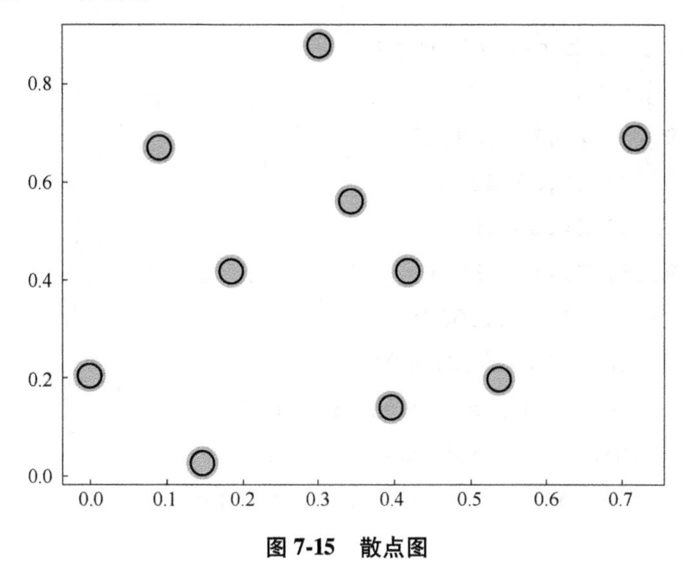

图 7-15 散点图

5. 箱型图（盒须图）

boxplot(x)函数用于绘制数据 x 的箱形图。如果 x 为矩阵，则对每一列分别进行绘制。箱形图用于表现数据统计信息，由“盒”与“须”组成，“盒”中有一条直线，表示样本的中位数，其上下边界分别表示 75%和 25%的值。两条“须”为数据的最大值和最小值，离群的点一般单独绘制，用“+”表示。

boxplot(x)函数基本表达形式为：

```
boxplot(x,'name',value)
```

其中 name 的属性见表 7-8。

表 7-8 name 属性

属性	数　值	含　义
Notch	on、off、marker	基本上就这三种形状，on 表示有缺口，off 表示没有，marker 表示在盒子中再加两个三角形
Labels	mu	横坐标的含义，例如 'mu = China'，所画出的图横坐标点的注释就会变成 China
Whisker	数值，例如 1	一般默认为 1.5，这与该函数的实现原理有关，赋予不同的值就会得到不同的最大值和最小值，离群的数量也会改变
PlotStyle	compact	该属性可以改变盒子的风格
Colors	y、m、g、r 等	表示线体的颜色
OutlierSize	数值	表示异常值的标识大小
Widths	数值	表示盒子的宽度
DataLim	[-inf,inf]	表示数据的范围

【例 7-34】 绘制箱型图。

```
import matplotlib.pyplot as plt
import numpy as np
x=[6,47,49,15,42,41,7,39,12,
   21,22,34,34,25,27,28,30,
   22,31,32,33,34,35,36,21,
   6,47,49,15,42,41,7,39,11,
   43,40,36,20,33,-40,100]
y=np.random.randint(0,60,200)
plt.boxplot((x,y),notch=True,sym='b+',
            whis=1.5,bootstrap=2000,
            positions=(2,3),showmeans=True,meanline=True)
plt.show()
```

运行结果如图 7-16 所示。

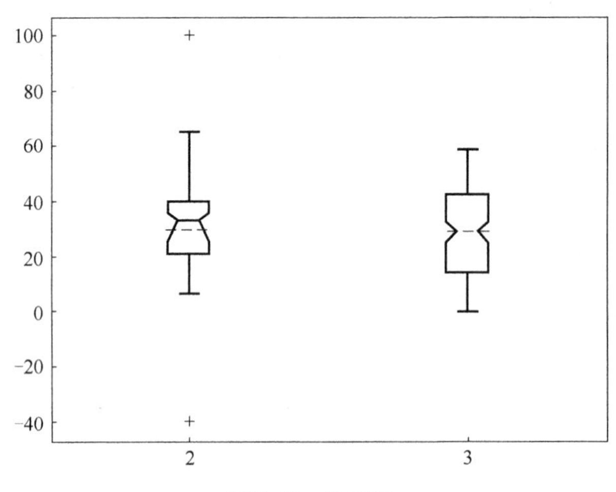

图 7-16 箱型图

7.3.3 ax 绘图方式

1. 两种绘图方式的对比

经常会在画图的 Python 代码里看到，有用 plt. 的，也有用 ax. 的，如下：

第一种：

```
import matplotlib.pyplot as plt
fig=plt.figure(num=1,figsize=(4,4))
plt.plot([1,2,3,4],[1,2,3,4])
plt.show()
```

第二种：

```
import matplotlib.pyplot as plt
fig=plt.figure(num=1,figsize=(4,4))
ax=fig.add_subplot(111)
ax.plot([1,2,3,4],[1,2,3,4])
plt.show()
```

两种画图方式的可视化结果是一样的，但两者在实现方式上有很大的不同。第一种方式是先生成了一个画布（即 Figure），然后在这个画布上隐式地生成一个画图区域来进行画图（plot）；而第二种方式是先生成一个画布（即 Figure），然后在此画布上选定一个子区域（即 Axes）画图（plot）。显然第一种方式没有选定子区域。

关于 Figure、Axes 的关系具体如图 7-17 所示。

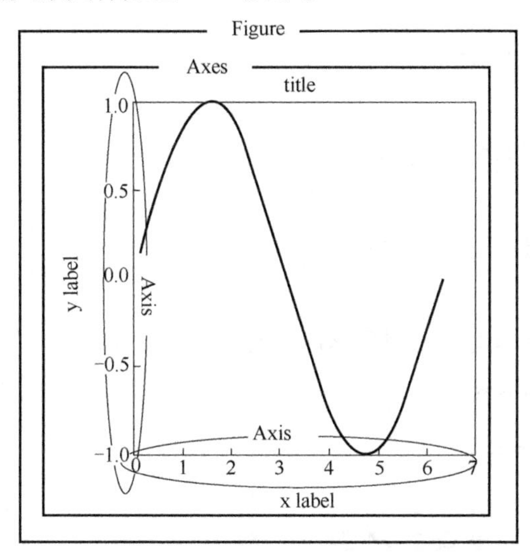

图 7-17 Figure、Axes 的关系

2. subplots( )函数和 subplots_adjust( )函数

通过 pyplot.subplots( )函数可以直接生成 plt 和 ax 对象，即该函数返回包含图形和轴对象的元组。它与 pyplot.subplot( )函数的区别在于：pyplot.subplot( )每次操作仅返回一个子图的轴，pyplot.subplots( )则一次制作所有子图，然后将子图的图形和轴（复数轴）作为元组返回。

为了确保所有的子图都在合理的显示范围内，需要采用调整函数 subplots_adjust( )，其语法格式为：

```
subplots_adjust(self,left=None,bottom=None,right=None,top=None,
wspace=None,hspace=None)
```

其中，参数 left、right、bottom、top 为子图所在区域的边界，当值大于 1.0 的时候子图会超出画布的边界从而显示不全；值不大于 1.0 的时候，子图会自动分布在一个矩形区域。同时要保证 left<right，bottom<top，否则会报错。wspace 和 hspace 是宽度和高度上的间距。

【例 7-35】 用 ax 绘图方式绘制四种曲线。

```
import matplotlib.pyplot as plt
import numpy as np
plt.rcParams['font.sans-serif']=['SimSun'] #用来正常显示中文标签
fig,axes=plt.subplots(nrows=2,ncols=2)
plt.subplots_adjust(wspace=1,hspace=1)
axes[0,0].set(title='子图 1:平方曲线')
axes[0,1].set(title='子图 2:平方根曲线')
axes[1,0].set(title='子图 3:指数曲线')
axes[1,1].set(title='子图 4:对数曲线')
x=np.arange(1,65)
#绘制平方函数
axes[0,0].plot(x,x*x)
#绘制平方根图像
axes[0,1].plot(x,np.sqrt(x))
#绘制指数函数
axes[1,0].plot(x,np.exp(x))
#绘制对数函数
axes[1,1].plot(x,np.log10(x))
plt.show()plt.show()
```

运行结果如图 7-18 所示。

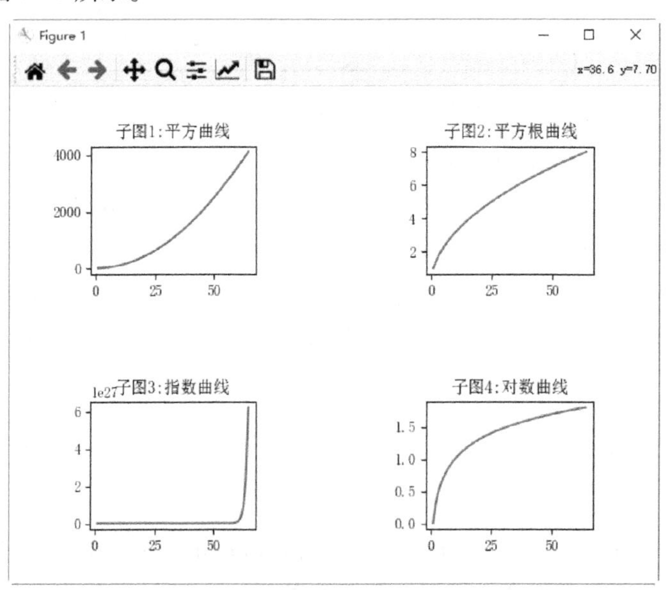

图 7-18 用 ax 绘图方式绘制的四种曲线

3. spines( )函数

ax 绘图中，默认将坐标轴置于画布（Figure）的最下侧（x 轴）、最左侧（y 轴），即将坐标原点置于左下角。在 matplotlib 的图中，默认有四个轴，即 top、bottom、left 和 right，两个横轴和两个竖轴，可以通过 ax=plt.gca( )方法获取。

由于 axes 会获取到四个轴，当某些场合只需要两个轴时，需要采用 ax.spines( )函数把另外两个轴隐藏，把顶部和右边轴的颜色设置为 none，将不会显示。具体为：

```
ax.spines['right'].set_color('none')
ax.spines['top'].set_color('none')
```

当然也可以采用 ax.spines['top'].set_visible(False)语句来达到相同的效果。

如果要移动下面和左边的轴到指定位置，也可以采用 ax.spines( )函数，具体为：

```
ax.spines['bottom'].set_position(('data',0))
ax.spines['left'].set_position(('data',0))
```

7.3.4 复杂绘图函数及应用

1. TeX 绘图格式

Matplotlib 支持绘制 TeX 包含的数学符号。TeX 是一套功能强大、十分灵活的排版语言，它可以用来绘制文本、符号、数学表达式等。通过表 7-9 中的方法可以绘制出相应的内容，其中 xlabel、ylabel、title 等已经在上述案例中使用。

表 7-9　TeX 方法

函数名称	含　义
text	在绘图区域的任意位置添加文本
annotate	在绘图区域的任意位置添加带有可选箭头的注释
xlabel	在绘图区域的 x 轴上添加标签
ylabel	在绘图区域的 y 轴上添加标签
title	为绘图区域添加标题
figtext	在画布的任意位置添加文本
suptitle	为画布中添加标题

使用 text( )函数绘制文本，其语法格式如下：

```
plt.text(x,y,string,weight="bold",color="b")
```

其中，x 和 y 是注释文本内容所在位置的横、纵坐标；string 是注释文本内容，weight 是注释文本内容的粗细风格。

2. Axes. set_xticks( )函数

Axes. set_xticks( )函数用于设置带有刻度列表的 x 轴，其语法格式为：

```
Axes.set_xticks(self,ticks,minor=False)
```

其中，ticks 是 x 轴刻度位置的列表，minor 用于表示设置主要刻度线还是设置次要刻度线，如果为 False，表示设置主刻度线。

3. matplotlib. patches 模块对象的图形绘制函数

patches 模块提供了 Arc（圆弧）、Arrow（箭头）、ArrowStyle（箭头格式）、Circle（圆）、CirclePolygon（圆多边形）、Ellipse（椭圆）、Polygon（多边形）、Rectangle（矩形）等图形绘制函数。

【例 7-36】 复杂绘图函数及应用。

```
import numpy as np
import matplotlib.pyplot as plt
from matplotlib.patches import Polygon
plt.rcParams['font.sans-serif']=['SimSun'] #设置字体
def func(x):
    return(x-4)*(x-6)*(x-5)+100
a,b=3,12  # integral limits
x=np.linspace(0,15)
y=func(x)
fig,ax=plt.subplots()
ax.plot(x,y,'k',linewidth=2)
ax.set_ylim(bottom=0)
# 绘制阴影区域
ix=np.linspace(a,b)
iy=func(ix)
verts=[(a,0),*zip(ix,iy),(b,0)]
poly=Polygon(verts,facecolor='green',edgecolor='0.5',alpha=0.4)
ax.add_patch(poly)
ax.text(0.5*(a+b),30,'积分区域',
        horizontalalignment='center',
        fontsize=12)
fig.text(0.9,0.05,'$x$')
fig.text(0.1,0.9,'$y$')
ax.spines['right'].set_color('none')
```

```
ax.spines['top'].set_color('none')
ax.set_xticks((a,b))
fig.suptitle('复杂绘图函数及应用\n\n',fontweight='bold')
plt.show()
```

运行结果如图 7-19 所示。

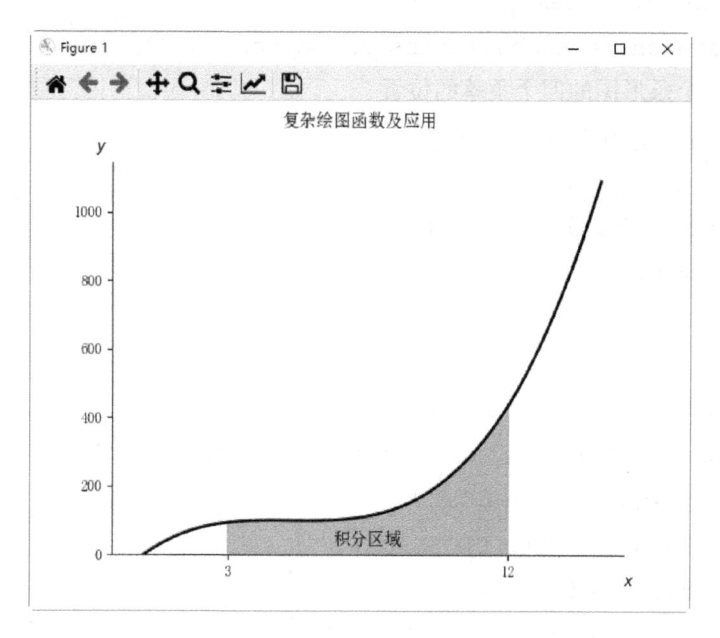

图 7-19　阴影区域的绘制

例中，采用 ax.add_patch(poly)语句将创建的 patch 对象（即多边形 poly）添加到 axes 对象中。

4. matplotlib.path 模块实现任意曲线绘制

当绘制可能断开的或封闭的线段和曲线段时，可以采用 matplotlib.path 模块，即把任意的一条曲线看成路径。绘制任意曲线，可以按如下三步来完成：第一步创建画图对象以及子图，第二步创建相对应的形状，第三步将图形添加到图中。

【例 7-37】 使用路径绘制一个直方图。

```
import numpy as np
import matplotlib.pyplot as plt
import matplotlib.patches as patches
import matplotlib.path as path
plt.rcParams['font.sans-serif']=['SimSun'] #设置字体
fig=plt.figure()
fig.suptitle('使用路径绘制一个直方图\n\n',fontweight='bold')
```

```
ax=fig.add_subplot(111)
# 固定随机数种子
np.random.seed(19680801)
# 产生 1000 组随机数
data=np.random.randn(1000)
n,bins=np.histogram(data,100)
print(data.shape,n.shape,bins.shape,sep='  ')
# 得到每一个条形图的四个角落的位置
left=np.array(bins[:-1])
right=np.array(bins[1:])
bottom=np.zeros(len(left))
top=bottom+n
nrects=len(left)
nverts=nrects * (1+3+1)
verts=np.zeros((nverts,2))
codes=np.ones(nverts,int) * path.Path.LINETO
codes[0::5]=path.Path.MOVETO
codes[4::5]=path.Path.CLOSEPOLY
verts[0::5,0]=left
verts[0::5,1]=bottom
verts[1::5,0]=left
verts[1::5,1]=top
verts[2::5,0]=right
verts[2::5,1]=top
verts[3::5,0]=right
verts[3::5,1]=bottom
#第二步:构造 patches 对象
barpath=path.Path(verts,codes)
patch = patches.PathPatch (barpath, facecolor = 'green', edgecolor =
'yellow',alpha=0.5)
#添加 patch 到 axes 对象
ax.add_patch(patch)
ax.set_xlim(left[0],right[-1])
ax.set_ylim(bottom.min(),top.max())
plt.show()
```

运行结果如图 7-20 所示。

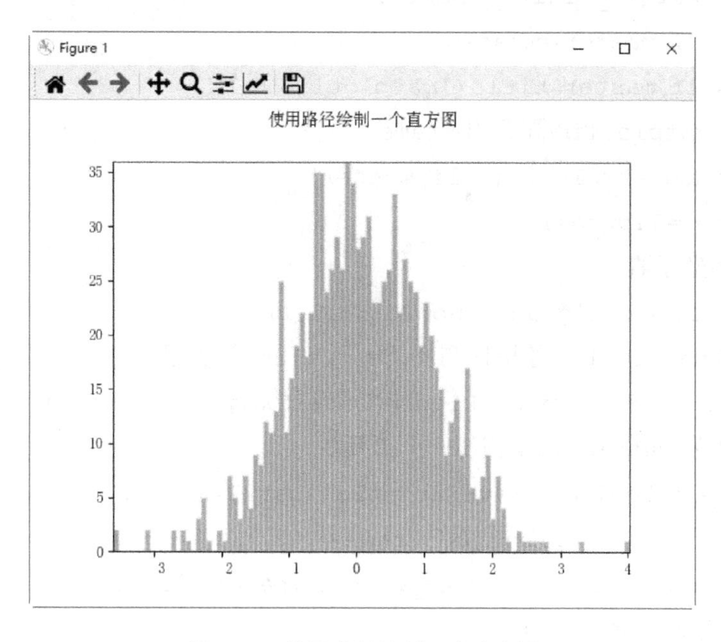

图 7-20　使用路径绘制一个直方图

7.4 综合项目编程实例

7.4.1 用 tkinter 窗口来绘制图形

【例 7-38】 用 tkinter 窗口来绘制正弦波形。

设计思路：

使用 matplotlib 显示图形时，它通常显示在 matplotlib 独有的窗口中，但这里展示如何将其合并到 tkinter 的 GUI 中并显示它。作为一个基本的处理流程，用 matplotlib 的图形类确保图形的绘制区域，并创建用于绘制图形的轴。指定由 FigureCanvasTkAgg 类创建的图形和放置图形的小部件，并为 matplotlib 创建一个画布。绘制图形时，为创建的轴绘制图形，最后调用 FigureCanvasTkAgg 类创建的对象的 draw( ) 方法来显示图形。

```
    import tkinter as tk
    from matplotlib.figure import Figure
    from matplotlib.backends.backend_tkagg import FigureCanvasTkAgg,
NavigationToolbar2Tk
    import numpy as np
    class Application(tk.Frame):
        def __init__(self,master=None):
```

```
        super().__init__(master)
        self.master=master
        self.master.title('matplotlib画图')
        # matplotlib配置用Frame
        frame=tk.Frame(self.master)
        fig=Figure()
        # 坐标轴
        self.ax=fig.add_subplot(1,1,1)
        # matplotlib绘图区与widget(Frame)的关联
        self.fig_canvas=FigureCanvasTkAgg(fig,frame)
        # 为matplotlib创建一个工具栏
        self.toolbar=NavigationToolbar2Tk(self.fig_canvas,frame)
        # 将matplotlib图放在Frame中
        self.fig_canvas.get_tk_widget().pack(fill=tk.BOTH,expand=True)
        # 将框架放在窗口中
        frame.pack()
        # 按钮配置
        button=tk.Button(self.master,text='画图',command=self.button_
click)
        button.pack(side=tk.BOTTOM)
    def button_click(self):
        # 创建要显示的数据
        x=np.arange(-np.pi,np.pi,0.1)
        y=np.sin(x)
        self.ax.plot(x,y)
        #self.ax.xlabel('X轴',fontproperties='SimSun')
        #self.ax.ylabel('Y轴',fontproperties="SimSun")
        self.fig_canvas.draw()
# tkinter窗口主处理程序
root=tk.Tk()
app=Application(master=root)
app.mainloop()
plt.show()
```

运行结果如图7-21所示。

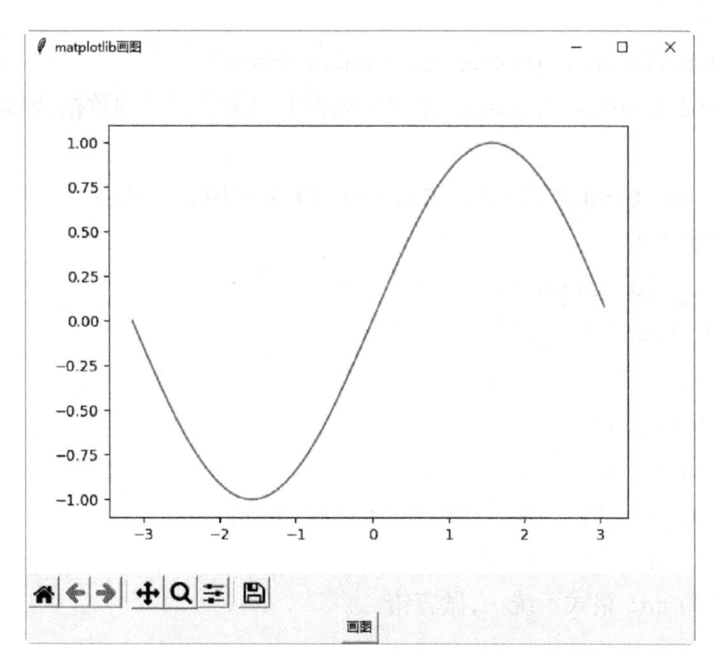

图 7-21 用 tkinter 窗口来绘制正弦波形

7.4.2 利用爬虫获得数据后进行绘图

【例 7-39】 从 http://www.weather.com.cn/来爬取北京未来六天的温度情况，并进行绘图。

设计思路：

本例要获取相关温度数据，需要设置 url = 'http://www.weather.com.cn/weather/101010100.shtml'作为爬取的网页，通过分析得出<ul class='t clearfix'>标签下记录了想要的数据，因此只需要解析这个标签即可。本例采用 CSS 查找方式，用 ul_tag = soup.find('ul', 't clearfix')语句可以取出六天数据。需要注意的是，温度的 tag 格式不统一，要做容错处理。在绘图时，在红线（高温）和蓝线（低温）之间填充浅蓝色，语句用 plt.fill_between(date,high,low,facecolor='blue',alpha=0.1)。

```
from bs4 import BeautifulSoup
import urllib.request
import matplotlib.pyplot as plt
plt.rcParams['font.sans-serif']=['SimSun']
# 数据地址,从浏览器复制
city_name='北京'
url='http://www.weather.com.cn/weather/101010100.shtml'
req=urllib.request.urlopen(url)
content=req.read().decode('utf-8')
```

```
    soup=BeautifulSoup(content,'html.parser')
    # 分析得 <ul class='t clearfix'> 标签下记录了想要的数据,因此只需要解析这
个标签即可
    ul_tag=soup.find('ul','t clearfix') # 利用 CSS 查找
    # 取出六天数据
    li_tag=ul_tag.findAll('li')
    date,high,low=[],[],[]
    i=0
    for tag in li_tag:
        s1=tag.find('h1').string
        date.append(int(s1[:s1.find('日')]))
        #print(date[i]) # 时间
        # 温度的 tag 格式不统一,做容错
        try:
            s2=tag.find('p','tem').find('span').string
            high.append(int(s2[:s2.find('℃')]))
            #print(high[i]) # 高温
            s3=tag.find('p','tem').find('i').string
            low.append(int(s3[:s3.find('℃')]))
            #print(low[i]) # 低温
            i+=1
        except:
            del date[i]
    print(date,high,low)
    plt.subplots_adjust(bottom=0.2)
    plt.plot(date,high,c='red',linewidth=2)
    plt.plot(date,low,c='blue',linewidth=2)
    # 在红线和蓝线之间填充浅蓝色
    plt.fill_between(date,high,low,facecolor='blue',alpha=0.1)
    plt.title('未来六天温度变化情况(%s)'%city_name,fontsize=16)
    plt.xlabel('日期\n[数据来源:www.weather.com.cn]\n',fontsize=10)
    plt.ylabel('最高温度和最低温度(摄氏度)',fontsize=10)
    plt.tick_params(axis='both',labelsize=10)
    plt.show()
```

运行结果如图 7-22 所示。

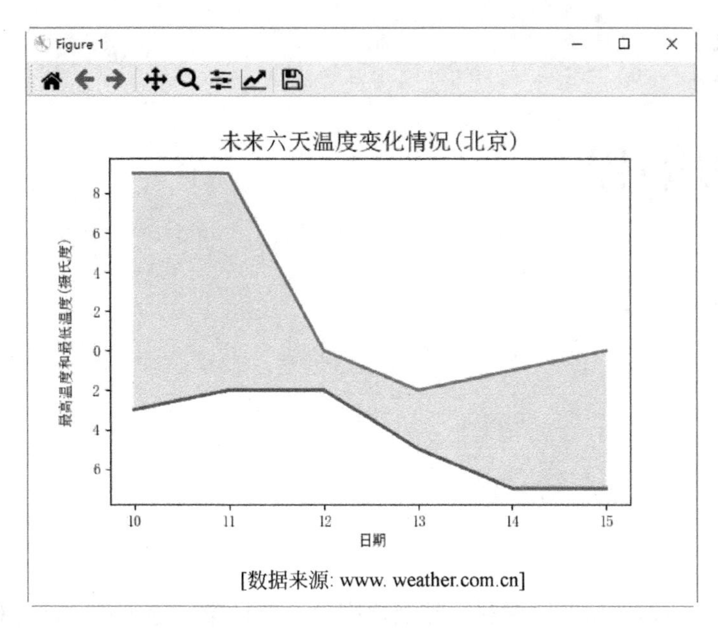

图 7-22　北京未来六天的温度情况

第 8 章 机器学习编程

Chapter 8

导读

机器学习是一门多领域交叉学科，涉及概率论、统计学、逼近论、凸分析、算法复杂度理论等学科，它专门研究计算机怎样模拟或实现人类的学习行为，以获取新的知识或技能，重新组织已有的知识结构使之不断改善自身的性能。机器学习实际上已经存在了几个世纪，追溯到 17 世纪，贝叶斯、拉普拉斯关于最小二乘法的推导和马尔可夫链等理论构成了机器学习的基础；1950 年，艾伦·图灵发表了具有里程碑意义的论文《Computing Machinery and intelligence》，提出了著名的“图灵测试”。到 2000 年初，开始有了深度学习的实际应用；2012 年出现了 AlexNet 神经网络的深度应用；2020 年以来，随着 5G 通信技术的快速发展，机器学习在移动端获得更大的进展和更广泛的场景应用。

8.1 机器学习概述

8.1.1 机器学习的定义

计算机科学家汤姆·米切尔对机器学习的定义为：“机器学习是一个程序在完成任务 T 后获得了经验 E，其表现为效果 P。如果它完成任务 T 的效果是 P，那么会获得经验 E”。假设有一些图片，每个图片里是一条狗或一只猫，程序可以通过观察图片来学习，在学习到分辨能力之后，对新的包含有猫或者狗的图片具有识别归类的能力。

机器学习形式主要分为监督学习（Supervised Learning）和无监督学习（Unsupervised Learning），以及介于两者之间的是半监督学习（Semi-Supervised Learning）。

1. 监督学习

如果把监督学习的目的类比为考试，那么监督学习就是利用一些训练数据（练习题），构建出一种模型（解题方法），能够用来分析未知数据（考试），如图 8-1 所示。

监督学习是从给定的训练数据集中学习出一个函数模型，当输入新的数据时，可以根据这个函数模型来预测结果。它要求训练数据集中包含输入变量（特征）和输出变量（目标）。具体地讲，就是在监督学习中，必须存在一个训练集，对训练集里边的每个特征或者每个特征组合 x，都有唯一确定的标签 y 与之对应，需要通过训练，找到一个 y 与 x 的对应关系的模型，使得对训练集以外的数据 x，能够预测出它对应的 y。

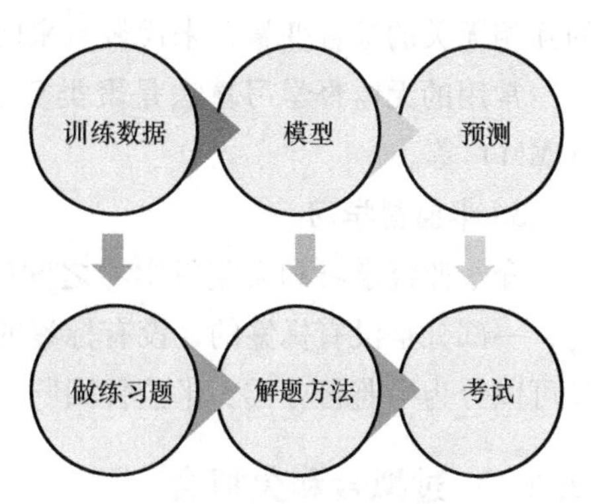

图 8-1 监督学习示意图

监督学习的主要任务是预测，可以分为回归性预测和分类性预测。其中回归性预测是预测连续型变量的数值，例如预测新产品销量，预测交易增长量等；而分类性预测是预测分类（离散、无序的）标号，例如根据病症预测病人的疾病类型，根据短信文本内容预测是否为垃圾短信，贷款平台根据借款期限和年化收益率等指标预测风险类型等。

根据输入变量的个数，可以分为一元回归和多元回归，具体如下：

一元回归：输入变量只有 1 个，如 $y=ax+b$，只有一个输入变量 x。

多元回归：输入变量有 2 个或者 2 个以上，如 $y=ax_1+bx_2+c$，有两个输入变量 x_1 和 x_2。

根据输入变量的指数，可以分为线性回归和非线性回归，具体如下：

线性回归：每个输入变量的指数都是 1，例如典型的线性回归方程 $y=ax+b$ 中，输入变量 x 的指数是 1。

非线性回归：至少有一个输入变量的指数不等于 1，例如方程 $y=ax^2+b$，输入变量 x 的指数是 2；方程 $y=ax^{-1}+b$，x 的指数为-1。

常用的监督学习算法包括：

1）回归分析：线性回归、逻辑回归、支持向量机、KNN 等。

2）统计分类：朴素贝叶斯、决策树、随机森林、AdaBoost、神经元网络等。

2. 无监督学习

以学习做类比，无监督学习就是手里有一些问题，但是不知道答案，只能按照这些问题的特征，将它们分类，比如数学题分为一类、英语题分为一类、语文题分为一类。这种学习又称为归纳学习，即事先不知道样本类别（样本没有标签），通过一定的方法，将相似的样本归为一类，然后再通过定性分析，就可以给不同的分类加上标签了。

无监督学习的主要任务是聚类（Clustering），即发现观测值的类别（但是无法知道每个组别的具体标签，需要再进行定性分析），通过一些相似性度量方法，把相似的观测值分到同一类别，使得同一组别之间的相似度最大，不同组别之间的相似度最小。其典型应用就是根据用户属性和行为特征进行个性化推荐。

无监督学习的另一个常见应用是降维（Dimensionality Reduction）。在实际应用中，有些求解问题可能包含成千上万个输入变量，会导致模型过于复杂，训练速度过慢，并且难以可视化；甚至存在一些噪音或者完全无关的变量，影响模型的归纳能力。降维就是发现对输出变量影响最大的输入变量的过程，它将原来众多的具有一定关系的变量，重新组合成一组新的互相无关的综合变量，来代替原来的指标，并且尽可能多的反映原来变量的信息。

常用的无监督学习算法是聚类算法，如 k-means、主成分分析（PCA）、混合高斯模型（GMM）等。

3. 半监督学习

介于监督学习和无监督学习之间的，是半监督学习，即训练数据中有一部分是有标签的，一部分是没有标签的，没有标签的数据往往占绝大多数。从不同的场景看，半监督学习又可以分为半监督分类、半监督回归、半监督聚类、半监督降维。

8.1.2 过拟合和欠拟合

一般做预测或分类的模型分析时，会将数据集分为训练集（Training Set）和测试集（Test Set），训练集用来构建模型，测试集用来验证构建好的模型的泛化能力（对具有同一规律的训练集以外的数据，经过训练的模型也能给出合适的输出）。

在模型构建过程中，也需要检验模型，所以通常将训练集再分成两部分：①训练集；②验证集（Validation Set），验证集主要用来确定网络结构或者控制模型复杂程度的参数。

根据实际经验，数据的典型划分是：训练集 75%，测试集 25%；或者训练集 50%，验证集 25%，测试集 25%，如图 8-2 所示。

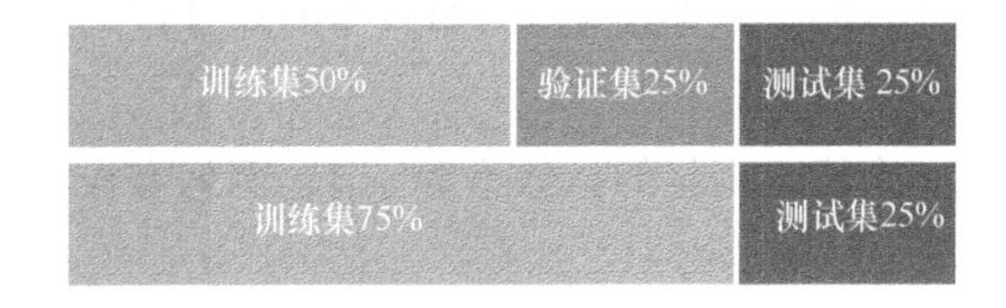

图 8-2　数据的典型划分

如果数据集本身非常少，可能存在训练集不够而无法很好地构建模型的情况。图 8-3 所示的交叉验证（Cross Validation）可以很好地解决这个问题。它的主体思想是：把数据集随机分成 N 等份，用其中 $N-1$ 份做训练，剩余 1 份做测试，然后进行迭代。

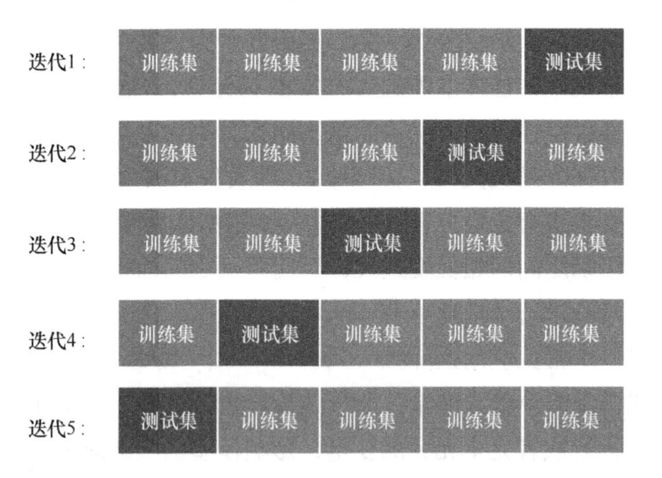

图 8-3　交叉验证（$N=5$）

1. 过拟合

训练集和测试集的数据应该严格区分，不能出现交叉或者重合，否则很难评价构建的模型，是从训练集中学到了归纳能力，还是仅仅记住了训练集的特征。

对训练集的这种记忆称为过拟合（over-fitting），简单来说就是模型对训练集的数据准确率过高，无法适应训练集以外的测试集数据。

一个过拟合的模型，泛化能力较差，因为它仅仅是记忆了训练集的关系和结果，如果存在噪音，连同噪音也会记忆。

一般过拟合的原因是训练集中存在噪音或者训练集数据太少，解决的方法有：

1）重新清洗数据。

2）增大训练集数据量。

3）采用正则化方法。

4）采用 dropout 方法（神经网络中常用）。

2. 欠拟合

与过拟合相对的是欠拟合，即模型不能很好地捕捉到数据特征，不能很好地拟合数据。解决欠拟合的方法有：

1）添加其他特征项。

2）添加多项式特征，例如将线性模型通过添加二次项或者三次项使模型泛化能力更强。

3）减少正则化参数。因为正则化是用来防止过拟合的，欠拟合的情况下，就要减少正则化参数。

一开始模型往往是欠拟合的，也正因此，可以通过调整算法来对模型调优，但是优化到一定程度以后，又需要注意过拟合的问题。如何平衡过拟合和欠拟合，是很多机器学习算法模型需要面对的问题。模型的欠拟合、拟合和过拟合示意如图 8-4 所示。

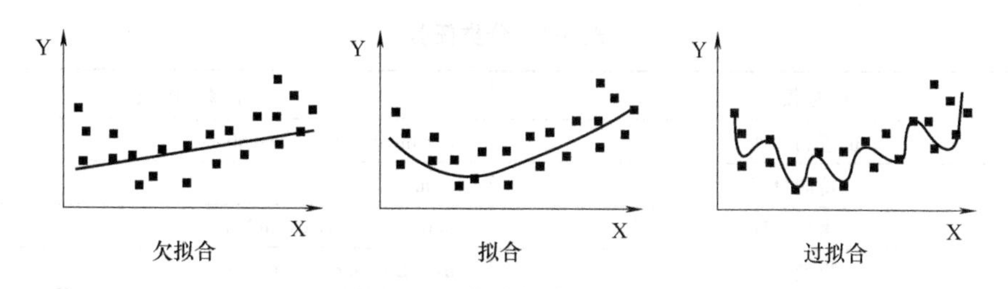

图 8-4 模型的欠拟合、拟合和过拟合示意图

8.1.3 评估模型

监督学习中，有很多评估指标用来评估模型的预测误差。其中两个基本的指标是：偏差（Bias）和方差（Variance）。偏差是指个别测定值与测定的平均值之差，它可以用来衡量测定结果的精密度高低。方差则用来计算每一个变量（观察值）与平均值之间的差异。图 8-5 所示是以飞镖射到靶子上的得分来演示偏差与方差关系。

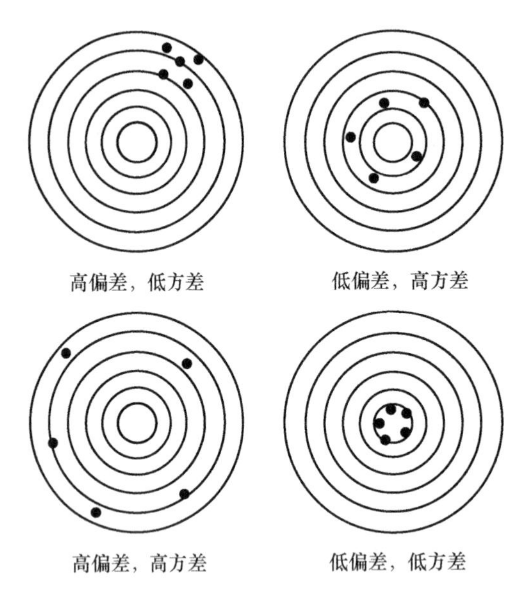

图 8-5　偏差和方差关系

理想的模型应该具有低偏差和低方差，但是两者具有背反特征，要降低一个指标的时候，另一个指标就会增高，这就是著名的偏差-方差均衡（Bias-Variance Trade-off）。

8.1.4 sklearn 库

sklearn 是 scikit-learn 的简称，是一个基于 Python 的第三方库。sklearn 库集成了常用的机器学习方法，在进行机器学习任务时，只需要简单地调用 sklearn 库中提供的模块就能完成大多数的机器学习任务。

sklearn 库可完成分类任务、回归任务、聚类任务、降维任务、模型选择以及数据的预处理。表 8-1～表 8-4 是完成上述任务所需加载的模块。

表 8-1　分类任务

分类模型	加载模块
最近邻算法	neighbors. NearestNeighbors
支持向量机	svm. SVC
朴素贝叶斯	naive_bayes. GaussianNB
决策树	tree. DecisionTreeClassifier
集成方法	ensemble. BaggingClassifier
神经网络	neural_network. MLPClassifier

表 8-2　回归任务

回归模型	加载模块
岭回归	linear_model. Ridge
Lasso 回归	linear_model. Lasso
弹性网络	linear_model. ElasticNet

（续）

回归模型	加载模块
最小角回归	linear_model. Lars
贝叶斯回归	linear_model. BayeSianRidge
逻辑回归	linear_model. LogisticRegression
多项式回归	Preprocessing. PolynomicalFeatures

表 8-3 聚类任务

聚类方法	加载模块
k-means	cluster. KMeans
AP 聚类	cluster. Affinity
均值漂移	cluster. MeanShift
层次聚类	cluster. AgglomerativeClustering
DBSCAN	cluster. DBSCAN
BIRCH	cluster. Birch
谱聚类	cluster. SpectralClustering

表 8-4 降维任务

降维方法	加载模块
主成分分析	decomposition. PCA
截断 SVD 和 LSA	decomposition. TruncatedSVD
字典学习	decomposition. SparseCoder
因子分析	decomposition. FactorAnalysis
独立成分分析	decomposition. FastICA
非负矩阵分解	decomposition. NMF
LDA	decomposition. LatentDirichletAllocation

sklearn 库还带有数据集，典型的数据集包括：

1）自带的小数据集（Packaged Dataset）：sklearn. datasets. load_<name>;

2）可在线下载的数据集（Downloaded Dataset）：sklearn. datasets. fetch_<name>;

3）计算机生成的数据集（Generated Dataset）：sklearn. datasets. make_<name>;

4）svmlight/libsvm 格式的数据集：sklearn. datasets. load_svmlight_file(...)。

8.2 线性回归与多项式回归

8.2.1 线性回归及实例

线性回归（Linear Regression）是利用数理统计中的回归分析来确定两种或两种以上变量间的定量关系的一种统计分析方法，它是利用称为线性回归方程的最小平方函数对一个或多个自变量和因变量之间关系进行建模的一种回归分析，这种函数是一个或多个称为回归系数的模型参数的线性组合。

只有一个自变量的情况称为一元回归，大于一个自变量的情况称为多元回归。

一个输入变量和一个输出变量的一元线性问题如下：

$$y=w_0+w_1x$$

如果目标是预测或者映射，线性回归可以用来对观测数据集的 y 和 x 之间的关系拟合出一个预测模型。当完成这样一个模型以后，对于一个新增的 x 值，在没有给定与它对应的 y 的情况下，可以用这个拟合的模型预测出一个 y 值。

【例 8-1】 用一元线性回归预测蛋糕的价格。

假设想预测蛋糕的价格，虽然查看菜单就知道了，不过也可以用机器学习方法构建一个线性回归模型，通过分析蛋糕的直径与价格数据的线性关系，来预测任意直径蛋糕的价格。

假设某品牌部分草莓蛋糕的直径与价格的数据如表 8-5 所示。

表 8-5 训练数据

训练样本	直径（英寸）	价格（元）
1	6	128
2	8	158
3	12	208
4	14	258
5	16	298

对于本例的数据来说，matplotlib 的散点图可以很好地将其在二维平面中进行可视化表示。

```
import matplotlib.pyplot as plt
plt.rcParams['font.sans-serif']=['SimSun']
def runplt(size=None):
    plt.figure(figsize=size)
    plt.title('蛋糕价格与直径数据')
    plt.xlabel('直径(英寸)')
    plt.ylabel('价格(元)')
    plt.axis([0,20,0,350])
    plt.grid(True)
    return plt
plt=runplt()
X=[[6],[8],[12],[14],[16]]
y=[[128],[158],[208],[258],[298]]
plt.plot(X,y,'k.')
plt.show()
```

运行结果如图 8-6 所示。

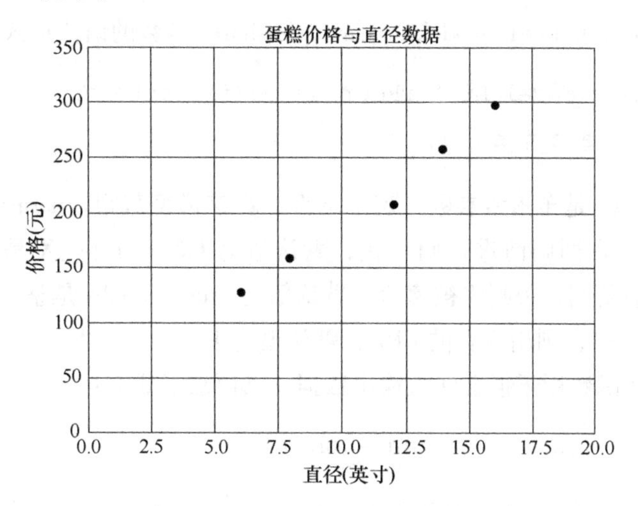

图 8-6 matplotlib 散点图

图 8-6 中，横轴表示蛋糕直径，纵轴表示蛋糕价格。能够看出，蛋糕价格与其直径正相关，这与日常经验也比较符合。

用 sklearn 库来构建模型的源程序如下：

```
#调用 sklearn 中的 linear_model 模块进行线性回归
from sklearn import linear_model
import numpy as np
# sklearn 中的训练数据要求二维
# 列表不能转化为二维数组
x_train=np.array([6,8,12,14,16]).reshape(-1,1)
y_=np.array([128,158,208,258,298]).reshape(-1,1)
model=linear_model.LinearRegression()
model.fit(x_train,y_)
print(model.intercept_)            #截距
print(model.coef_)                 # 线性模型系数
a_=np.array([10]).reshape(-1,1)
a=model.predict(a_)
print("预测 10 英寸的蛋糕:{:.2f}".format(a[0][0]))
```

运行结果：

```
>>>
[23.11627907]
[[16.68604651]]
预测 10 英寸的蛋糕:189.98
```

从本例中可以看出：

1）线性回归 sklearn. linear_model. LinearRegression( )函数的语法形式为：

```
sklearn.linear_model.LinearRegression(fit_intercept=True,normalize=False,copy_X=True,n_jobs=1)
```

其中：fit_intercept 是布尔型参数，表示是否计算该模型截距。normalize 是布尔型参数，若为 True，则变量 *X* 在回归前进行归一化，默认值为 False。copy_X 是布尔型参数，若为 True，则变量 *X* 将被复制；否则将被覆盖，默认值为 True。n_jobs 是整型参数，表示用于计算的作业数量，若为-1，则用所有的 CPU，默认值为 1。

2）线性回归 fit 函数用于拟合输入输出数据，其语法形式为：

```
model.fit(X,y,sample_weight=None)
```

其中：*X* 为训练向量，*y* 为相对于 *X* 的目标向量。sample_weight 为分配给各个样本的权重数组，一般不需要使用，可省略。*X*，*y* 以及 model. fit( ) 返回的值都是 2 维数组，如：a=[[0]]。

3）一元线性回归假设解释变量和响应变量之间存在线性关系，这个线性模型所构成的空间是一个超平面（hyperplane）。

4）上述代码中 sklearn. linear_model. LinearRegression 类是一个估计器（estimator），它是依据观测值来预测结果。在 scikit-learn 里面，所有的估计器都带有 fit( )和 predict( )方法，其中 fit( )用来分析模型参数，predict( )是通过 fit( )算出的模型参数构成的模型，对解释变量进行预测获得的值。

5）计算得到截距 $w_0=23.11627907$，系数 $w_1=16.68604651$，构成了预测模型如下：

$$y=23.11627907+16.68604651X$$

以下是本例最终的源程序，包括预测结果、计算残差平方和、绘制预测模型曲线。

```
#调用 sklearn 中的 linear_model 模块进行线性回归
from sklearn import linear_model
import numpy as np
import matplotlib.pyplot as plt
plt.rcParams['font.sans-serif']=['SimSun']
def runplt(size=None):
    plt.figure(figsize=size)
    plt.title('蛋糕价格与直径数据')
    plt.xlabel('直径(英寸)')
    plt.ylabel('价格(元)')
    plt.axis([0,20,0,350])
    plt.grid(True)
```

```
    return plt
x=[[6],[8],[12],[14],[16]]
y=[[128],[158],[208],[258],[298]]
# sklearn 训练
x_train=np.array(x).reshape(-1,1)
y_=np.array(y).reshape(-1,1)
model=linear_model.LinearRegression()
model.fit(x_train,y_)
print(model.intercept_) #截距
print(model.coef_) # 线性模型系数
a_=np.array([10]).reshape(-1,1)
a=model.predict(a_)
print("预测 10 英寸的蛋糕:{:.2f}".format(a[0][0]))
# 画出蛋糕直径与价格的线性关系
plt=runplt()
# x.y 的点不能连成线,画出的是散点图
plt.plot(x,y,'k.') # 'k.'黑色
X2=[[0],[10],[18],[25]]
y2=model.predict(X2)
print(y2)
# x2,y2 的点可以连线,画出的是直线图
plt.plot(X2,y2,'g-') # 'g_'绿色
# 模型评估(残差预测值)
yr=model.predict(x_train)
print('残差平方和:{:.2f}'.format(np.mean((yr-y) ** 2)))
# enumerate 函数可以把一个 list 变成索引-元素对
for idx,x in enumerate(x_train):
    plt.plot([x,x],[y[idx],yr[idx]],'r:') # 'r:'红色虚线
plt.show()
```

运算结果：

```
>>>
[23.11627907]
[[16.68604651]]
预测 10 英寸的蛋糕:189.98
[[ 23.11627907]
```

```
 [189.97674419]
 [323.46511628]
 [440.26744186]]
残差平方和:64.88
```

图 8-7 所示为绘制预测模型曲线。

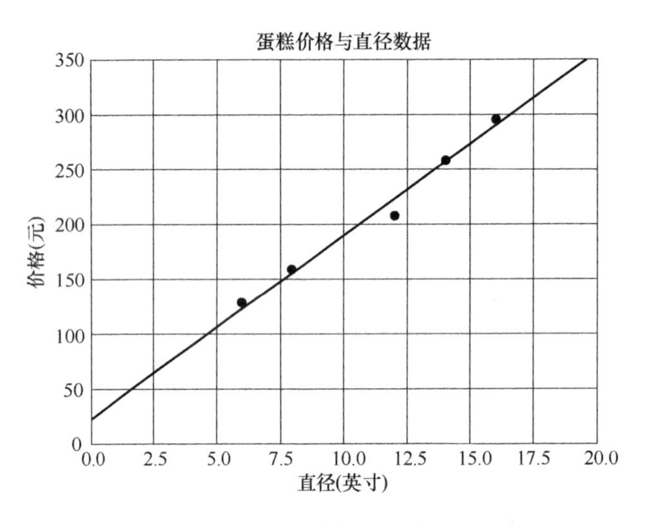

图 8-7　绘制预测模型曲线

在本例中，可以通过残差之和最小化实现最佳拟合或过拟合，其中过拟合是由于模型复杂度过高、参数过多而训练数据比较少，以及训练集和测试集分布不一致产生的。对模型拟合度进行评估的函数称为残差平方和（Residual Sum of Squares）成本函数有训练数据与模型预测值的残差的平方之和最小化，如下所示：

$$SS_{res} = \sum_{i=1}^{n} (y_i - f(x_i))^2$$

式中　y_i——观测值；

$f(x_i)$——预测值。

8.2.2 回归方程确定系数 R^2

在统计学中对变量进行线行回归分析，采用最小二乘法进行参数估计时，R^2 为回归平方和与总离差平方和的比值，表示总离差平方和中可以由回归平方和解释的比例，这一比例越大，模型越精确，回归效果越显著。因此，R^2 又称为回归方程的确定系数，它取值在[0, 1]之间。R^2 越接近 1，表明方程中的变量对 y 的解释能力越强。通常将 R^2 乘以 100%表示回归方程解释 y 变化的百分比。

当采用曲线拟合数据时，R^2 可以作为选择不同模型的标准。当模型中的变量是线性关系时，R^2 是方程拟合优度的度量。R^2 越大，说明回归方程拟合数据越好，或者说 x 与 y 线性关系越强，即回归方程中的自变量 x 对 y 的解释能力越强。当 R^2 等于 1 时，所有的观察值都落在拟合线（或拟合平面）上。R^2 越小，说明 x 与 y 的线性关系越弱，它们之间的独立性越强，或者说对 x 的了解无助于对 y 的预测。当线性方程的 R^2 接近于 0 时，说明 x 与 y 几乎不存在线性关系，但可能存在很强的非线性关系。

R^2 的数学公式为

$$R^2=1-\frac{SS_{\text{Error}}}{SS_{\text{Total}}}=1-\frac{\sum(Y_i-\hat{Y}_i)^2}{\sum(Y_i-\overline{Y})^2}$$

式中　Y_i 代表第 i 个观察到的响应值；$\hat{Y}_i$ 代表第 i 个拟合响应值；$\overline{Y}$ 代表响应平均值。

图 8-8 所示为确定系数 R^2 示意。

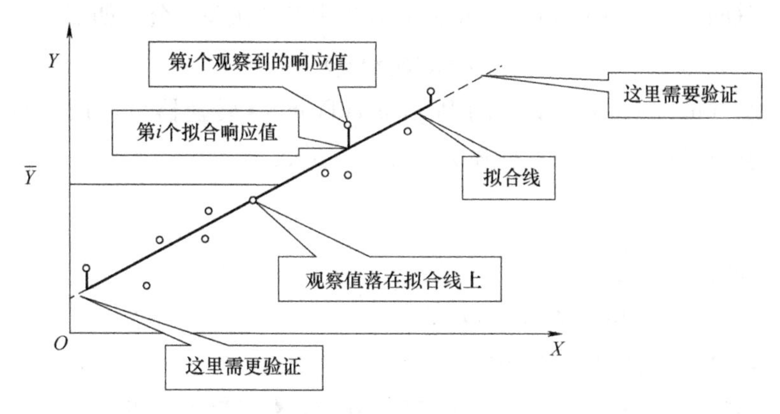

图 8-8　确定系数 R^2 示意

随着自变量个数的增加，残差平方和逐渐减少，R^2 随之增大，尽管有的自变量与 y 线性关系不显著，将其引入方程后，也会使 R^2 增加，R^2 倾向于高估实际的拟合优度。

但是 R^2 高并不表示模型选择一定是正确的。有时所选取的部分数据所推断的拟合方程是非常正确的，其 R^2 值也很高，但是当选取超出这部分的样本时拟合方程还有效吗？如图 8-9 所示，还能在 A 端和 B 端部分确定方程的 Y 值吗？显然不行，因为推导出来的模型只在有限的数据部分是正确的，一旦突破这个部分必须经过验证。

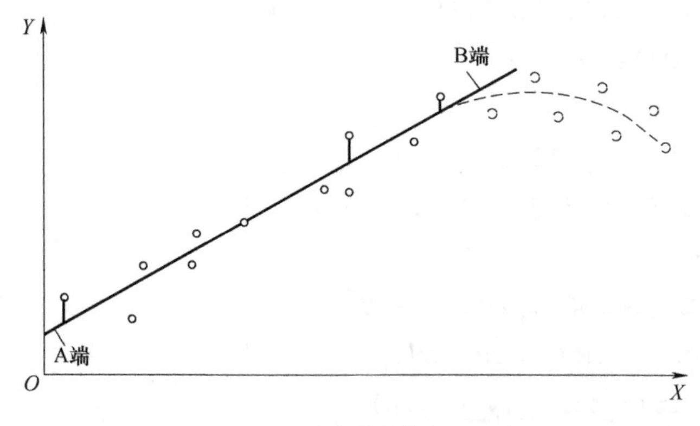

图 8-9　确定系数 R^2 的局限性

8.2.3 多项式回归及实例

在一元回归分析中，如果因变量 y 与自变量 x 的关系为非线性的，但是又找不到适当的函数曲线来拟合，则可以采用一元多项式回归。多项式回归的最大优点就是可以通过增加 x 的高次项对实测点进行逼近，直至满意为止。事实上，多项式回归可以处理很多非线性问题，它在回归分析中占有重要的地位，因为任一函数都可以分段用多项式来逼近。

例 8-1 中，假设解释变量和响应变量的关系是线性的，但是真实情况未必如此。下面用多项式回归来预测蛋糕价格。

【例 8-2】 用多项式回归预测蛋糕的价格。

二次回归（Quadratic Regression），即回归方程中有二次项，公式如下：

$$y=\alpha+\beta_1x+\beta_2x^2$$

这里调用 sklearn. preprocessing 中的 PolynomialFeatures 转换器可以用来解决这个问题。该转换器的作用就是将$[x_1,x_2]$默认转换为$[1,x_1,x_2,x_1^2,x_1x_2,x_2^2]$。

源程序如下：

```
import numpy as np
import matplotlib.pyplot as plt
from sklearn import linear_model
from sklearn.linear_model import LinearRegression
from sklearn.preprocessing import PolynomialFeatures
plt.rcParams['font.sans-serif']=['SimSun']
def runplt(size=None):
    plt.figure(figsize=size)
    plt.title('蛋糕价格与直径数据')
    plt.xlabel('直径(英寸)')
    plt.ylabel('价格(元)')
    plt.axis([0,20,0,350])
    plt.grid(True)
    return plt
X_train=[[6],[8],[12],[14],[16]]
y_train=[[128],[158],[208],[258],[298]]
X_test=[[6],[8],[12],[14]]
y_test=[[128],[158],[208],[258]]
regressor=LinearRegression()
regressor.fit(X_train,y_train)
xx=np.linspace(0,20,99)
```

```
    yy=regressor.predict(xx.reshape(xx.shape[0],1))
    plt=runplt(size=(8,8))
    plt.plot(X_train,y_train,'k.',label="训练数据")
    plt.plot(xx,yy,label="一元线性回归")
    #多项式回归
    quadratic_featurizer=PolynomialFeatures(degree=2)
    X_train_quadratic=quadratic_featurizer.fit_transform(X_train)
    X_test_quadratic=quadratic_featurizer.transform(X_test)
    regressor_quadratic=LinearRegression()
    #训练数据集用来 fit 拟合
    regressor_quadratic.fit(X_train_quadratic,y_train)
    xx_quadratic=quadratic_featurizer.transform(xx.reshape(xx.shape
[0],1))
    #测试数据集用来 predict 预测
    plt.plot(xx,regressor_quadratic.predict(xx_quadratic),'r-',label=
"多项式回归")
    plt.legend()
    plt.show()
    print(X_train)
    print(X_train_quadratic)
    print(X_test)
    print(X_test_quadratic)
    print('一元线性回归 r-squared',regressor.score(X_test,y_test))
    print('二次回归 r-squared',regressor_quadratic.score(X_test_quad-
ratic,y_test))
    print(xx[49],regressor_quadratic.predict(xx_quadratic)[49])
```

运算结果：

```
>>>
[[6],[8],[12],[14],[16]]
[[ 1.   6.   36.]
 [ 1.   8.   64.]
 [ 1.   12.   144.]
 [ 1.   14.   196.]
 [ 1.   16.   256.]]
[[6],[8],[12],[14]]
```

```
[[ 1.   6.   36.]
 [ 1.   8.   64.]
 [ 1.  12.  144.]
 [ 1.  14.  196.]]
一元线性回归 r-squared 0.9732756812838711
二次回归 r-squared 0.9905390875358409
10.0 [180.72727273]
```

结果如图 8-10 所示，直线为一元线性回归（$R^2=0.9732756812838711$），曲线为二次回归（$R^2=0.9905390875358409$），显然曲线的拟合效果更佳。

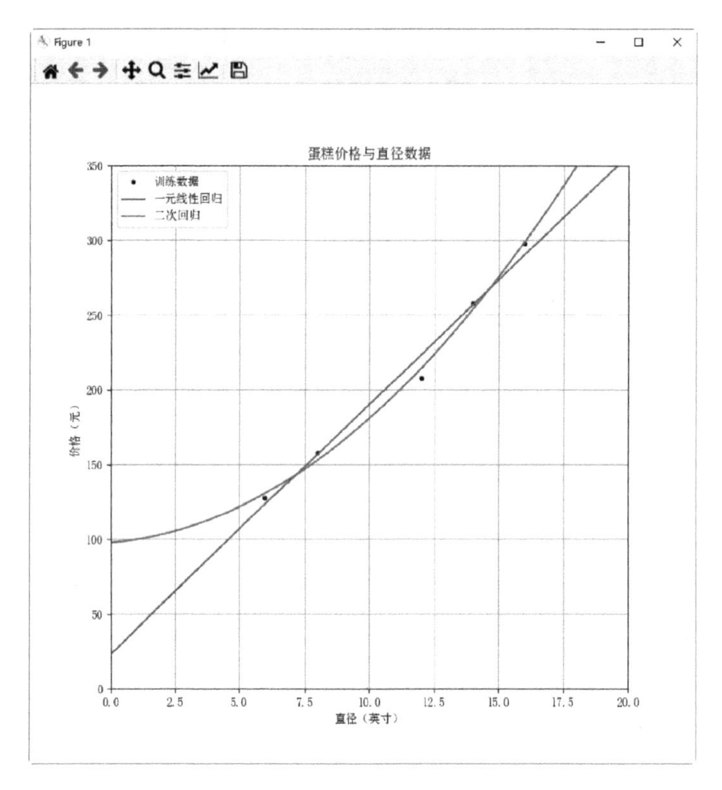

图 8-10　预测蛋糕价格一元线性回归和二次回归

如果要采用其他更多的多项式，比如七次回归，可以采用如下代码：

```
seventh_featurizer=PolynomialFeatures(degree=7)
X_train_seventh=seventh_featurizer.fit_transform(X_train)
X_test_seventh=seventh_featurizer.transform(X_test)
regressor_seventh=LinearRegression()
regressor_seventh.fit(X_train_seventh,y_train)
xx_seventh=seventh_featurizer.transform(xx.reshape(xx.shape[0],1))
```

8.3 逻辑回归分类器

8.3.1 逻辑回归 sigmoid 函数

逻辑回归，又称 Logistic 回归，主要进行二分类预测，也即是对于 0~1 之间的概率值，当概率大于 0.5 预测为 1，小于 0.5 预测为 0。这里用到了 sigmoid 函数，该函数的曲线类似于一个 S 形，在 $x=0$ 处，函数值为 0.5。

逻辑回归 sigmoid 函数表示如下：

$$g(z)=\frac{1}{1+e^{-z}}$$

图 8-11 所示为逻辑回归 sigmoid 函数曲线。

为了实现 Logistic 分类器，可以在每个特征上都乘以一个回归系数，然后所有的相乘结果进行累加，将这个结果作为输入，输入到 sigmoid 函数中，从而得到一个大小为 0~1 之间的值，当该值大于 0.5 归类为 1，否则归类为 0，这样就完成了二分类的任务。从这个角度来看，Logistic 回归是一种概率估计。

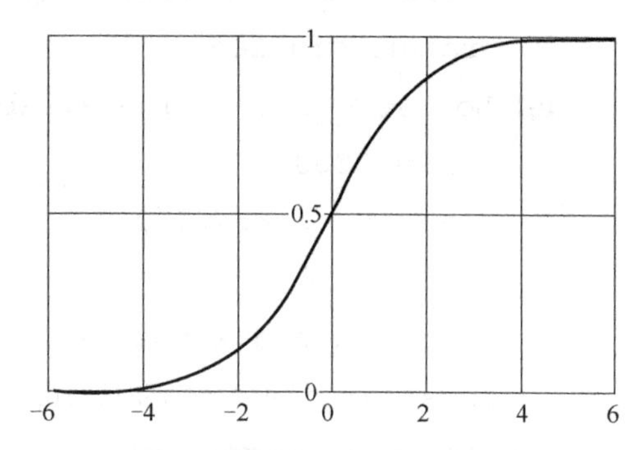

图 8-11 逻辑回归 sigmoid 函数曲线

8.3.2 逻辑回归实例

【例 8-3】 样本有效性测试。

某生物样本如果出现一些污染，就会被判断为无效。现有 120 组数据，每一组数据分别为检测 a 值、检测 b 值和有效性结果（0 为无效，1 为有效），部分样本数据见表 8-6。

表 8-6 部分样本数据

序　号	检 测 a 值	检 测 b 值	有效性结果
1	1.566048	18.83492	1
2	5.559312	23.89939	0
3	3.702097	13.54029	1
4	4.67363	21.46277	1

本例的编程思路是先读取文件中的数据，第二步是数据处理，第三步就是逻辑回归运算，第四步画图。

源程序如下：

```
import os,sys
import numpy as np
import matplotlib.pyplot as plt
```

```
    def sigmoid(x,omega):                    #定义 sigmoid 函数
        diff=np.dot(x,omega)
        return 1 / (1+np.exp(-diff))
    def cost(label,sig):
        return (1./len1) * (np.dot(-label,np.log(sig))-np.dot((1-label),
np.log(1-sig)))
    def gradient(x,label,sig):               #定义梯度下降函数
        gradient=(1./len1) * (np.dot(np.transpose(x),(sig-label)))
        return gradient
    def Logistic_regression(x,label):#定义逻辑回归函数
        num=100000                           #迭代
        omega=np.array([0,0,0]).reshape(3,1)
        alpha=0.01                           #学习率
        sig=sigmoid(x,omega)
        cost_gradient=gradient(x,label,sig)
        for i in range(num):
            omega=omega-alpha * cost_gradient
            sig=sigmoid(x,omega)
            cost_gradient=gradient(x,label,sig)
        return omega
    x=[]
    y=[]
    label=[]
    len1=0
    index=0
    file_path='data101.txt'
    data_dir='.'
    file_path=os.path.join(data_dir,file_path)
    data=[line.strip() for line in open(file_path)]
    np.random.shuffle(data)
    for data1 in data:
        part_x,part_y,part_label=data1.split('\t')
        x.append(float(part_x))
        y.append(float(part_y))
        label.append(int(part_label))
```

```
        len1=len1+1
    #concatenate 函数主要用于把 x、y 进行合并
    x=np.concatenate([x])
    x=x.reshape(len1,1)
    y=np.concatenate([y])
    y=y.reshape(len1,1)
    #x 与一个 len1 行 1 列的矩阵合并
    ones=np.ones((len1,1))
    x=np.hstack((x,ones))
    x=np.hstack((x,y))
    x_avr=np.mean(x)
    x_std=np.std(x)
    label=np.concatenate([label])
    label=label.reshape(len1,1)
    for label1 in label:
        if(label1==0):
            plt.scatter(x[index,0],y[index,0],color='r')
        elif(label1==1):
            plt.scatter(x[index,0],y[index,0],color='g')
        index=index+1
    omega=Logistic_regression(x,label)
    x1=np.linspace(0,10,120)                #创建一个等差数列
    y1=(omega[0]*x1+omega[1]) / -omega[2]
    print(omega)
    plt.plot(x1,y1)
    plt.show()
```

运算结果：

```
>>>
[[ 0.61958433]
 [11.36602844]
 [-0.68782365]]
```

图 8-12 所示为样本有效性测试输出结果。

从例中可以看出，数据处理是将列表转换成矩阵，其中 concatenate 函数主要用于把 x、y 进行合并，通过 reshape 函数可以将其转换成 120 行 1 列的矩阵，这样方便进行矩阵操作。

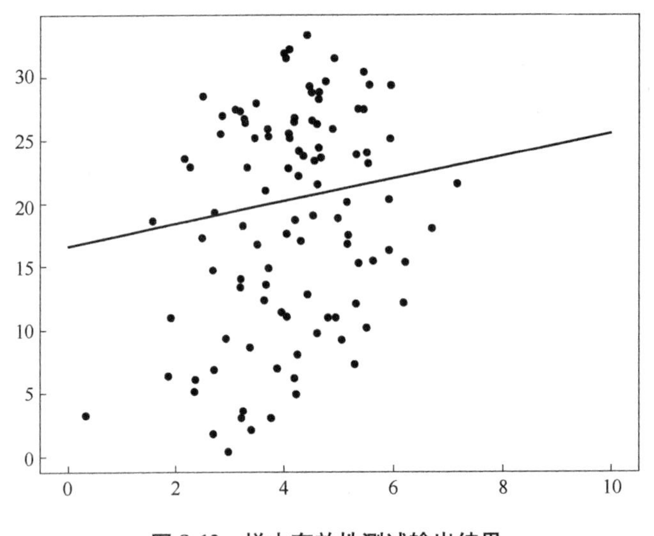

图 8-12　样本有效性测试输出结果

Logistic_regression(x,label)是本例中的核心部分，逻辑回归中用到了 sigmoid 函数，直接将特征值拟合成 0~1 之间的数，同时采用梯度下降法，学习率为 0.01。

8.4 支持向量机

8.4.1 支持向量机原理

支持向量机即 Support Vector Machine，简称 SVM，它是一种用于监督学习的分类器。

以一个二分类问题为例，数据点用一个 n 维向量的 $\boldsymbol{x}$ 来表示，类别用 y 来表示，可以取 1 或者-1，分别代表两个不同的类（有些情况下会选 0 和 1）。一个线性分类器就是要在 n 维的数据空间中找到一个超平面，其方程可以表示为

$$\boldsymbol{w}^{\mathrm{T}}\boldsymbol{x}+b=0$$

在样本空间中，任何一个超平面都可以用上述方程进行标识。其中，$\boldsymbol{w}=(\boldsymbol{w}_1,\boldsymbol{w}_2,\cdots,\boldsymbol{w}_n)$为法向量，$b$ 为位移项，也称为截距，通过该方程，可以将超平面记为$(\boldsymbol{w},b)$。超平面在二维空间中就是一条直线，通过这个超平面可以把两类数据分隔开来。比如，在超平面一边的数据点所对应的 y 全是-1，而在另一边全是 1。令 $f(\boldsymbol{x})=\boldsymbol{w}^{\mathrm{T}}\boldsymbol{x}+b$，显然，如果 $f(\boldsymbol{x})=0$，那么 $\boldsymbol{x}$ 是位于超平面上的点。要求对于所有满足 $f(\boldsymbol{x})<0$ 的点，其对应的 y 等于-1；而 $f(\boldsymbol{x})>0$ 则对应 $y=1$ 的数据点。

如图 8-13 所示，两种颜色的点分别代表两个类别，红色的线表示一个可行的超平面。在进行分类的时候，将数据点 $\boldsymbol{x}$ 代入 $f(\boldsymbol{x})$ 中，如果得到的结果小于 0，则赋予其类别-1，如果大于 0 则赋予类别 1。如果 $f(\boldsymbol{x})=0$ 或者对于 $f(\boldsymbol{x})$ 的绝对值很小的情况，都很难处理，因为细微的变动（比如超平面旋转一个小角度）就有可能导致结果类别的改变。理想情况下，希望 $f(\boldsymbol{x})$ 的值都是很大的正数或者很小的负数，这样就能更加确定它是属于其中哪一类别的。

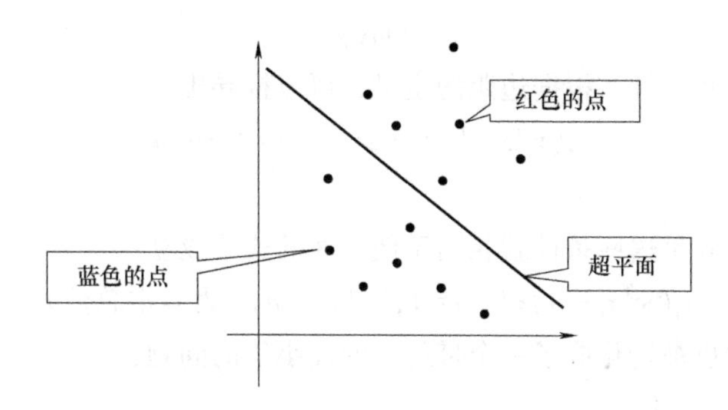

图 8-13　二维空间的分类及超平面

从几何直观上来说，由于超平面是用于分隔两类数据的，越接近超平面的点越难分隔，因为如果超平面稍微旋转一下，它们就有可能跑到另一边去。反之，如果是距离超平面很远的点，例如图 8-13 中的右上角或者左下角的点，则很容易分辨出其类别。

定义边距（margin）为 $\hat{\gamma}=y(\boldsymbol{w}^{\mathrm{T}}\boldsymbol{x}+b)=yf(\boldsymbol{x})$，注意前面乘以类别 y 之后可以保证非负性（因为 $f(\boldsymbol{x})<0$ 对应于 $y=-1$ 的那些点），而点到超平面的距离定义为几何边距（Geometrical Margin）。

如图 8-14 所示，对于一个点 $\boldsymbol{x}$，令其垂直投影到超平面上的对应的为 $\boldsymbol{x}_0$，由于 $\boldsymbol{w}$ 是垂直于超平面的一个向量，有

$$\boldsymbol{x}=\boldsymbol{x}_0+\gamma\frac{\boldsymbol{w}}{\|\boldsymbol{w}\|}$$

又由于 $\boldsymbol{x}_0$ 是超平面上的点，满足 $f(\boldsymbol{x}_0)=0$，代入超平面的方程即可算出

$$\gamma=\frac{\boldsymbol{w}^{\mathrm{T}}\boldsymbol{x}+b}{\|\boldsymbol{w}\|}=\frac{f(\boldsymbol{x})}{\|\boldsymbol{w}\|}$$

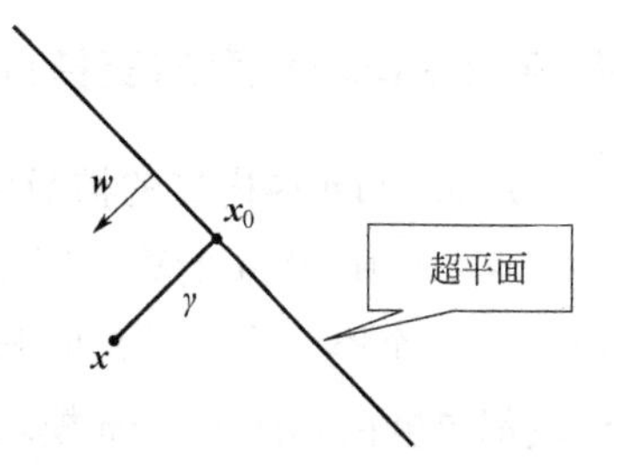

图 8-14　超平面向量计算

不过，这里的 γ 是带符号的，需要的只是它的绝对值，因此同样，乘以对应的类别 y 即可，因此实际上定义几何边距为：

$$\bar{\gamma}=y\gamma=\frac{\hat{\gamma}}{\|\boldsymbol{w}\|}$$

显然，边距和几何边距相差一个 $\|\boldsymbol{w}\|$ 的缩放因子。对一个数据点进行分类时，当它的边距越大，分类的信赖度（confidence）越大。对于一个包含 n 个点的数据集，可以很自然地定义它的边距为所有这 n 个点的边距值中的最小值。于是，为了使得分类的信赖度高，希望所选择的超平面能够最大化这个边距值。

当超平面固定以后，可以等比例地缩放 $\boldsymbol{w}$ 的长度和 b 的值，这样可以使得 $f(\boldsymbol{x})=\boldsymbol{w}^{\mathrm{T}}\boldsymbol{x}+b$ 的值任意大，因此边距值 $\hat{\gamma}$ 可以在超平面保持不变的情况下被取得任意大，而几何边距则没有这个问题，因为有了 $\|\boldsymbol{w}\|$ 这个分母，缩放 $\boldsymbol{w}$ 和 b 的时候 $\bar{\gamma}$ 的值是不会改变的，它只随着超平面的变动而变动，因此，这是更加合适的一个边距。因此，最大边距分类器的目标函数即定义为

$$\max \overline{\gamma}$$

当然，还需要满足一些条件，根据边距的定义，可以推导出

$$y_i(\boldsymbol{w}^{\mathrm{T}}x_i+b)=\hat{\gamma}_i \geqslant \hat{\gamma}, \quad i=1,\cdots,n$$

其中 $\hat{\gamma}=\overline{\gamma}\|\boldsymbol{w}\|$。

按照边距定义，满足这些条件就相当于使下面的式子成立：

$$y_i(\boldsymbol{w}^{\mathrm{T}}x_i+b)\geqslant 1,(i=1,2,3,\cdots,n,n\text{ 为样本总数})$$

因此二分类问题也被转化成了一个带约束的最小值的问题：

$$\min \frac{1}{2}\|\boldsymbol{w}\|^2$$

也就是

$$y_i(\boldsymbol{w}^{\mathrm{T}}x_i+b)-1\geqslant 0,(i=1,2,3,\cdots,n,n\text{ 为样本总数})$$

因此，满足上面公式的分类面就是最优分类面，通过在平行于分类面 H 的超平面 H1 和 H2 上的训练样本，也就是使得上式等号成立的训练样本，称为支持向量（见图 8-15）。

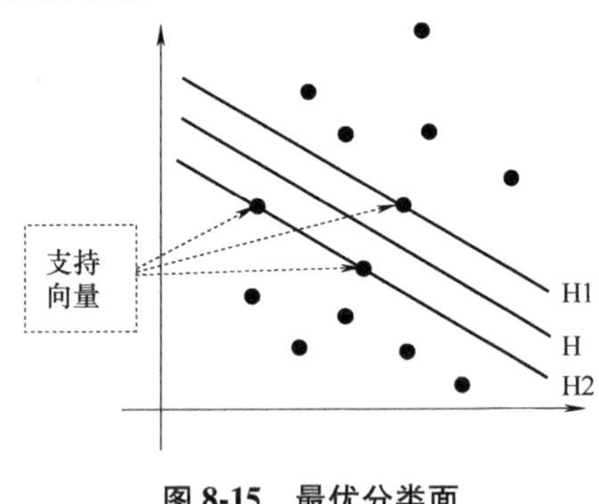

图 8-15　最优分类面

8.4.2 sklearn 库的支持向量机实现

1. sklearn 中内置的核函数

sklearn 中 SVM 的算法库分为两类，一类是分类的算法库，主要包含 LinearSVC、NuSVC 和 SVC 三个类，另一类是回归算法库，主要包含 SVR、NuSVR 和 LinearSVR 三个类，相关模块都包裹在 sklearn. svm 模块中。

对于 SVC，NuSVC 和 LinearSVC 三个分类的库，SVC 和 NuSVC 的区别仅仅在于对损失的度量方式不同，而 LinearSVC 从名字就可以看出，它是线性分类，不支持从低维到高维的核函数，仅仅支持线性核函数，对线性不可分的数据不能使用。

对于 SVR，NuSVR 和 LinearSVR 三个回归的类，SVR 和 NuSVR 的区别也仅仅在于对损失的度量方式不同。LinearSVR 是线性回归，只能使用线性核函数。

sklearn 中内置的核函数包括线性核函数、多项式核函数、高斯核函数和 Sigmoid 核函数。

（1）线性核函数（Linear Kernel）

线性核函数表达式为

$$k(x_1,x_2)=<x_1,x_2>$$

它是普通的内积，LinearSVC 和 LinearSVR 只能使用它。

（2）多项式核函数（Polynomial Kernel）

多项式核函数是 SVM 常用的核函数之一，常用于线性不可分的情况，表达式为

$$k(x_i,x_j)=(x_i^t x_j)^d, d\geqslant 1$$

（3）高斯核函数（Gaussian Kernel）

高斯核函数，在 SVM 中也称为径向基核函数（Radial Basisi Function，RBF），它是 libsvm 默认的核函数，当然也是 sklearn 默认的核函数，表达式为

$$k(\boldsymbol{x},\boldsymbol{y})=\exp(-\gamma\|\boldsymbol{x}-\boldsymbol{y}\|^2)$$

其中 γ 大于 0，需要用户调参定义。

一般情况下，对于非线性数据使用默认的高斯核函数会有比较好的效果。

（4）sigmoid 核函数（Sigmoid Kernel）

sigmoid 核函数也是 SVM 常用的核函数之一，常用于线性不可分的情况，表示为

$$k(x_i,x_j)=\tanh(\beta x_i^t x_j+\theta),\beta>0$$

其中 β、t 都需要用户自己调参定义。

2. SVM 分类算法库参数

（1）LinearSVC 算法

其语法形式为：

```
sklearn.svm.LinearSVC(self,penalty='l2',loss='squared_hinge',
dual=True,tol=1e-4,
                    C=1.0,multi_class='ovr',fit_intercept=True,
                    intercept_scaling=1,class_weight=None,verbose=0,
                    random_state=None,max_iter=1000)
```

参数说明如下。

penalty：正则化参数，有 L1 和 L2 两种参数可选，仅 LinearSVC 有。默认是 L2，如果我们需要产生稀疏的话，可以选择 L1 正则化，这和线性回归里面的 Lasso 回归类似。

loss：损失函数，有 hinge 和 squared_hinge 两种可选，前者又称为 L1 损失，后者称为 L2 损失，默认是 squared_hinge，其中 hinge 是 SVM 的标准损失，squared_hinge 是 hinge 的平方。

dual：是否转化为对偶问题求解，默认是 True。这是一个布尔变量，控制是否使用对偶形式来优化算法。

tol：残差收敛条件，默认是 0.0001，与线性回归中的一致。

C：惩罚系数，用来控制损失函数的惩罚系数，类似于线性回归中的正则化系数。默认为 1，一般需要通过交叉验证来选择一个合适的 C，一般来说，噪点比较多的时候，C 需要小一些。

multi_class：表示多分类问题中的分类策略，有 ovr 和 crammer_singer 两种参数值可选，默认值是 ovr，其中 ovr 的分类原则是将待分类中的某一类当作正类，其他全部归为负类，通过这样求取得到每个类别作为正类时的正确率，取正确率最高的那个类别为正类；crammer_singer 是直接针对目标函数设置多个参数值，最后进行优化，得到不同类别的参数值大小。

fit_intercept：是否计算截距，与线性回归模型中一致。

class_weight：与其他模型中参数含义一样，也是用来处理不平衡样本数据的，可以直接

以字典的形式指定不同类别的权重，也可以使用 balanced 参数值。如果使用 balanced，则算法会自己计算权重，样本量少的类别所对应的样本权重会高。当然，如果样本类别分布没有明显的偏倚，则可以不设置这个系数，选择默认值 None。

verbose：是否冗余，默认为 False。

random_state：随机种子的大小。

max_iter：最大迭代次数，默认为 1000。

这里对惩罚系数 C 解释如下：C 越大，即对分错样本的惩罚程度越大，因此在训练样本中准确率越高，但是泛化能力降低，也就是对测试数据的分类准确率降低。相反，减少 C，容许训练样本中有一些误分类错误样本，泛化能力强。对于训练样本带有噪声的情况，一般采用后者，把训练样本集中错误分类的样本作为噪声。

（2）NuSVC 算法

NuSVC 语法形式为：

```
 sklearn.svm.NuSVC(self,nu=0.5,kernel='rbf',degree=3,gamma='auto_dep-
recated',
                 coef0=0.0,shrinking=True,probability=False,tol=1e-3,
                 cache_size=200,class_weight=None,verbose=False,
                 max_iter=-1,decision_function_shape='ovr',
                 random_state=None)
```

参数说明如下。

nu：训练误差部分的上限和支持向量部分的下限，取值在 0~1 之间，默认是 0.5，它和惩罚系数 C 类似，都可以控制惩罚程度。

kernel：核函数，核函数是用来将非线性问题转化为线性问题的一种方法，默认是 rbf 核函数，常用的核函数见表 8-7。

表 8-7　常用的核函数

参　数	解　释
linear	线性核函数
poly	多项式核函数
rbf	高斯核函数
sigmoid	sigmoid 核函数
precomputed	自定义核函数

degree：当核函数是多项式核函数（poly）的时候，用来控制函数的最高次数。多项式核函数是将低维的输入空间映射到高维的特征空间。这个参数只对多项式核函数有用，如果核函数参数是其他核函数，则会自动忽略该参数。

gamma：核函数系数，默认是 auto，即特征维度的倒数。核函数系数，只对 rbf、poly、

sigmoid 有效。

coef0：核函数常数值，只有 poly 和 sigmoid 函数有，默认值是 0。

max_iter：最大迭代次数，默认值是-1，表示没有限制。

probability：是否使用概率估计，默认是 False。

decision_function_shape：与 multi_class 参数含义类似，可以选择 ovo 或者 ovr(0.18 版本默认是 ovo，0.19 版本为 ovr)。ovr 的思想很简单，无论是多少类，都可以看作二分类，具体的做法是，对于第 K 类的分类决策，把所有第 K 类的样本作为正例，除第 K 类样本以外的所有样本作为负类，然后在上面做二分类，得到第 K 类的分类模型。ovo 则是每次在所有的 T 类样本里面选择两类样本出来，记为 T1 类和 T2 类，把所有的输出为 T1 和 T2 的样本放在一起，把 T1 作为正例，T2 作为负例，进行二分类，得到模型参数，一共需要 T(T-1)/2 次分类。从上面描述可以看出，ovr 相对简单，但是分类效果略差（这里是指大多数样本分布情况，某些样本分布下 ovr 可能更好），而 ovo 分类相对精确，但是分类速度没有 ovr 快，一般建议使用 ovo 以达到较好的分类效果。

chache_size：缓冲大小，用来限制计算量大小，默认是 200M，如果机器内存大，推荐使用 500MB 甚至 1000MB。

（3）SVC 算法

SVC 语法形式为：

```
sklearn.svm.SVC(self,C=1.0,kernel='rbf',degree=3,gamma='auto_
deprecated',
                coef0=0.0,shrinking=True,probability=False,
                tol=1e-3,cache_size=200,class_weight=None,
                verbose=False,max_iter=-1,decision_function_shape='ovr',
                random_state=None)
```

其中：C 是惩罚系数。

SVC 和 NuSVC 方法基本一致，唯一区别就是损失函数的度量方式不同（NuSVC 中的 nu 参数和 SVC 中的 C 参数），即 SVC 使用惩罚系数 C 来控制惩罚程度，而 NuSVC 使用 nu 来控制惩罚程度。

3. SVM 回归算法库参数

（1）LinearSVR 回归算法

LinearSVR 语法形式为：

```
sklearn.svm.LinearSVR(self,epsilon=0.0,tol=1e-4,C=1.0,
                      loss='epsilon_insensitive',fit_intercept=True,
                      intercept_scaling=1.,dual=True,verbose=0,
                      random_state=None,max_iter=1000)
```

参数说明如下。

epsilon：距离误差。

loss：损失函数，有hinge和squared_hinge两种可选，前者又称为L1损失，后者称为L2损失，默认是squared_hinge，其中hinge是SVM的标准损失，squared_hinge是hinge的平方。

dual：是否转化为对偶问题求解，默认是True。这是一个布尔变量，控制是否使用对偶形式来优化算法。

tol：残差收敛条件，默认是0.0001，与线性回归中一致。

C：惩罚系数，用来控制损失函数的惩罚系数，类似于线性回归中的正则化系数。默认为1，一般需要通过交叉验证来选择一个合适的C，一般来说，噪点比较多的时候，C需要小一些。

fit_intercept：是否计算截距，与线性回归模型中一致。

verbose：是否冗余，默认为False。

random_state：随机种子的大小。

max_iter：最大迭代次数，默认为1000。

(2) NuSVR回归算法

NuSVR语法形式为：

```
sklearn.svm.NuSVR(self,nu=0.5,C=1.0,kernel='rbf',degree=3,
                  gamma='auto_deprecated',coef0=0.0,shrinking=True,
                  tol=1e-3,cache_size=200,verbose=False,max_iter=-1)
```

参数说明如下。

nu：训练误差部分的上限和支持向量部分的下限，取值在0~1之间，默认是0.5，它和惩罚系数C类似，都可以控制惩罚的程度。

kernel：核函数，核函数是用来将非线性问题转化为线性问题的一种方法，默认是rbf核函数。

degree：当核函数是多项式核函数（poly）的时候，用来控制函数的最高次数。多项式核函数是将低维的输入空间映射到高维的特征空间。这个参数只对多项式核函数有用。如果核函数参数是其他核函数，则会自动忽略该参数。

gamma：核函数系数，默认是auto，即特征维度的倒数。核函数系数，只对rbf、poly、sigmoid有效。

coef0：核函数常数值，只有poly和sigmoid函数有，默认值是0。

cache_size：缓冲大小，用来限制计算量大小，默认是200M，如果机器内存大，推荐使用500MB甚至1000MB。

(3) SVR回归算法

SVR语法形式为：

```
    sklearn.svm.SVC (self, kernel = ' rbf ', degree = 3, gamma = ' auto _
deprecated',
```

```
        coef0=0.0,tol=1e-3,C=1.0,epsilon=0.1,shrinking=True,
        cache_size=200,verbose=False,max_iter=-1)
```

SVR 和 NuSVR 方法基本一致，唯一区别就是损失函数的度量方式不同（NuSVR 中的 nu 参数和 SVR 中的 C 参数），即 SVR 使用惩罚系数 C 来控制惩罚程度，而 NuSVR 使用 nu 来控制惩罚程度。

4. SVM 的方法与对象

（1）方法

三种分类的方法基本一致，具体如下。

decision_function(x)：获取数据集 x 到分离超平面的距离。

fit(x,y)：在数据集（x,y）上使用 SVM 模型。

get_params([deep])：获取模型的参数。

predict(X)：预测数值型 X 的标签。

score(X,y)：返回给定测试集合 X 对应标签 y 的平均准确率。

（2）对象

support_：以数组的形式返回支持向量的索引。

support_vectors_：返回支持向量。

n_support_：每个类别支持向量的个数。

dual_coef：支持向量系数。

coef_：每个特征系数（重要性），只有核函数是 LinearSVC 时可用，也叫权重参数。

intercept_：截距值（常数值），称为偏置参数，即 b。

5. SVM 调用说明

1）一般推荐在做训练之前对数据进行归一化，当然测试集的数据也要做归一化。

2）在特征数非常多的情况下，或者样本数远小于特征数的时候，使用线性核，效果就很好，并且只需要选择惩罚系数 C 即可。

3）在选择核函数的时候，如果线性拟合效果不好，一般推荐使用默认的高斯核（rbf），这时候主要对惩罚系数 C 和核函数参数 gamma 进行调整，经过多轮的交叉验证选择合适的惩罚系数 C 和核函数参数 gamma。

4）理论上高斯核不会比线性核差，但是这个理论建立在要花费更多的时间在调参上，所以实际上能用线性核解决的问题尽量使用线性核函数。

8.4.3 线性可分支持向量机实例

【例 8-4】 使用 make_blobs()函数生成二类数据，并用线性可分支持向量机进行分类。

sklearn. datasets 中的 make_blobs()函数在机器学习中生成数据集以自建模型应用非常广泛，目的是生成各向同性的高斯斑点以进行聚类，其语法形式为：

```
sklearn.datasets.make_blobs(n_samples=100,n_features=2,centers=None,cluster_std=1.0,center_box=(-10.0,10.0),shuffle=True,random_state=None)
```

其中：n_samples 是整型或数组，可选参数（默认值=100），如果为整型，则为在簇之间平均分配的点总数；如果是数组，则序列中的每个元素表示每个簇的样本数。n_features 是每个样本的特征数量。centers 是整型或数组[n_centers,n_features]，表示要生成的中心数或固定的中心位置，如果 n_samples 是一个整型且 center 为 None，则将生成 3 个中心；如果 n_samples 是数组，则中心必须为 None 或长度等于 n_samples 长度的数组。cluster_std 是浮点数或浮点数序列，可选（默认值为 1.0），表示聚类的标准偏差。center_box 是一对浮点数（最小，最大），可选（默认=(-10.0,10.0)），表示随机生成中心时每个聚类中心的边界框。shuffle 是布尔值，可选（默认 = True）。random_state 表示用于创建数据集的随机数生成。

返回值是形状为[n_samples,n_features]的 X 数组和形状为[n_samples]的 y 数组。

源程序如下：

```
from sklearn.svm import SVC
#生成数据集
from sklearn.datasets import make_blobs
from matplotlib import pyplot as plt
import numpy as np
def train_SVM():
    # n_samples=100 表示取 100 个点,centers=2 表示将数据分为两类
    X,y=make_blobs(n_samples=100,centers=2,random_state=0,cluster_std=0.6)
    # 线性核函数
    model=SVC(kernel='linear')
    model.fit(X,y)
    print(model.support_vectors_) # 输出支持向量的结果
    plt.scatter(X[:,0],X[:,1],c=y,s=100,marker="*")
    plot_SVC_decision_function(model)
    plt.title('线性可分支持向量机实例',fontproperties="SimSun")
    plt.show()
    return X,y
def plot_SVC_decision_function(model,ax=None,plot_support=True):
    # 绘制决策函数
```

```
    if ax is None:
        ax=plt.gca()            # get 子图
    xlim=ax.get_xlim()
    ylim=ax.get_ylim()
    # 创建网格评估模型
    x=np.linspace(xlim[0],xlim[1],30)
    y=np.linspace(ylim[0],ylim[1],30)
    # 生成网格点和坐标矩阵
    Y,X=np.meshgrid(y,x)
    # 堆叠数组
    xy=np.vstack([X.ravel(),Y.ravel()]).T
    P=model.decision_function(xy).reshape(X.shape)
    # 绘制决策边界和边距
    ax.contour(X,Y,P,colors='k',levels=[-1,0,1],
               alpha=0.5,linestyles=['--','-','--']) # 生成等高线 --
    # 绘制支持向量
    if plot_support:
        ax.scatter(model.support_vectors_[:,0],
                   model.support_vectors_[:,1],
                   s=300,linewidth=1,facecolors='none')
    ax.set_xlim(xlim)
    ax.set_ylim(ylim)
if __name__=='__main__':
    train_SVM()
```

运算结果:

```
>>>
[[0.44359863 3.11530945]
 [2.33812285 3.43116792]
 [1.35139348 2.06383637]
 [1.53853211 2.04370263]]
```

图 8-16 所示是最大化两组点之间的间距分界示意，中间这条线就是最终的决策边界了。需要注意的是：一些训练点碰到了边缘，如图所示，在两个边界上包含两个红点和两个黄点，所以这四个点又称为支持向量，是 alpha 值不为零的，这些点是拟合的关键要素。在 sklearn 中，这些点存储在分类器的 support_vectors_属性中。

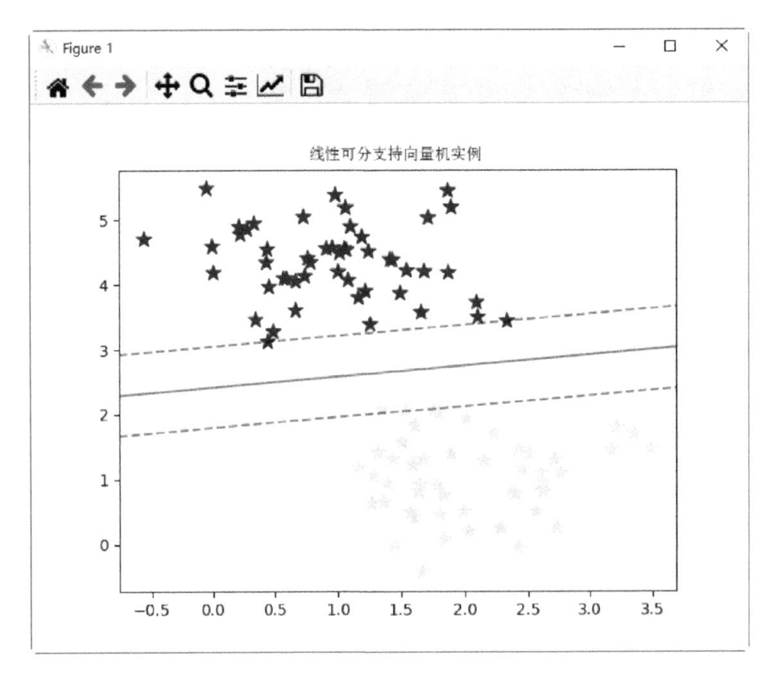

图 8-16　分界示意

8.4.4 线性不可分支持向量机实例

【例 8-5】 通过 make_circles( )函数生成二类数据，并用线性不可分支持向量机进行分类。

make_circles( )函数生成一个二维的大圆，包含一个小圆，其语法形式为：

```
sklearn.datasets.make_circles(n_samples=100,shuffle=True,noise=None,random_state=None,factor=0.8)
```

其中：n_samples 是整数，默认为 100，即生成的总点数。shuffle 是布尔变量，表示是否打乱样本。noise 是 double 或 None，默认为 None，即将高斯噪声的标准差加入到数据中。random_state 是整数 randomState 实例或 None，确定数据集变换和噪声的随机数生成。factor 是内外圆之间的比例因子。

返回值：X 是[n_samples,n_features]形状的数组，表示生成的样本；y 是[n_samples]形状的数组，表示每个样本的标签（0 或 1）。

源程序如下：

```
from sklearn.svm import SVC
# 生成数据集
from sklearn.datasets import make_circles
from matplotlib import pyplot as plt
```

```
import numpy as np
from mpl_toolkits import mplot3d
def plot_SVC_decision_function(model,ax=None,plot_support=True):
    # 绘制决策函数
    if ax is None:
        ax=plt.gca() # get 子图
    xlim=ax.get_xlim()
    ylim=ax.get_ylim()
    # 创建网格评估模型
    x=np.linspace(xlim[0],xlim[1],30)
    y=np.linspace(ylim[0],ylim[1],30)
    # 生成网格点和坐标矩阵
    Y,X=np.meshgrid(y,x)
    # 堆叠数组
    xy=np.vstack([X.ravel(),Y.ravel()]).T
    P=model.decision_function(xy).reshape(X.shape)
    # 绘制决策边界和边距
    ax.contour(X,Y,P,colors='k',levels=[-1,0,1],
               alpha=0.5,linestyles=['--','-','--']) # 生成等高线 --
    # 绘制支持向量
    if plot_support:
        ax.scatter(model.support_vectors_[:,0],
                   model.support_vectors_[:,1],
                   s=300,linewidth=1,facecolors='none')
    ax.set_xlim(xlim)
    ax.set_ylim(ylim)
def train_svm_plus():
    # 二维圆形数据 factor 内外圆比例(0,1)
    X,y=make_circles(100,factor=0.1,noise=0.1)
    plot_3D(X,y)
    plt.show()
    # 加入径向基函数
    clf=SVC(kernel='rbf')
    clf.fit(X,y)
    plt.scatter(X[:,0],X[:,1],c=y,s=100,marker="*")
```

```
        plot_SVC_decision_function(clf,plot_support=False)
        plt.scatter(clf.support_vectors_[:,0],clf.support_vectors_[:,1],
                    s=300,lw=1,facecolors='none')
        plt.title('线性不可分支持向量机实例')
        return X,y
def plot_3D(X,y,elev=30,azim=30):
        # 加入新的维度 r
        r=np.exp(-(X ** 2).sum(1))
        ax=plt.subplot(projection='3d')
        ax.scatter3D(X[:,0],X[:,1],r,c=y,s=100,marker="*")
        ax.view_init(elev=elev,azim=azim)
        ax.set_xlabel('x')
        ax.set_ylabel('y')
        ax.set_zlabel('z')
        plt.title('三维图形')
# 主处理部分
if __name__=='__main__':
        plt.rcParams["font.sans-serif"]=["SimSun"] #设置字体
        X,y=train_svm_plus()
        plt.show()
```

运算结果如图 8-17、图 8-18 所示。

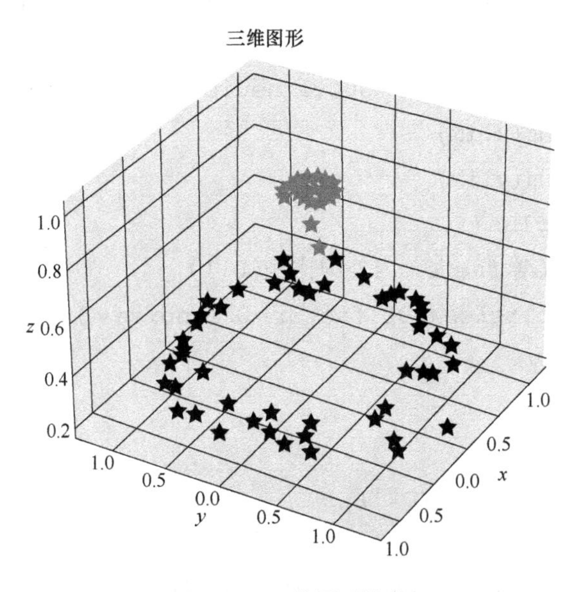

图 8-17　三维图形输出

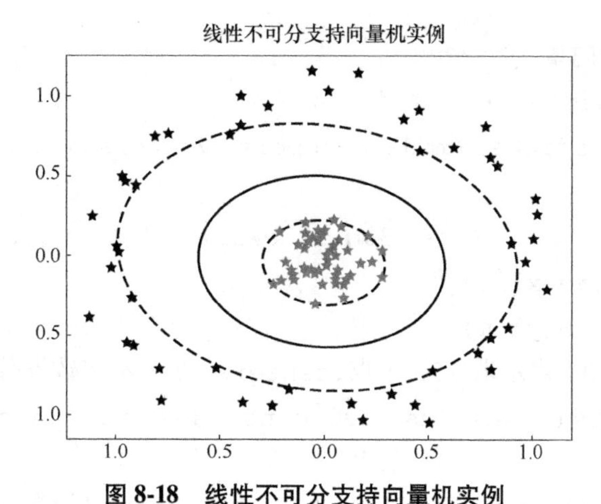

图 8-18 线性不可分支持向量机实例

8.4.5 线性近似可分支持向量机实例

【例 8-6】 通过 make_blobs( )函数生成二类数据，并用线性可分支持向量机进行分类。

源程序如下：

```
from sklearn.svm import SVC
# 生成数据集
from sklearn.datasets import make_circles,make_blobs
from matplotlib import pyplot as plt
import numpy as np
def plot_SVC_decision_function(model,ax=None,plot_support=True):
    # 绘制决策函数
    if ax is None:
        ax=plt.gca() # get 子图
    xlim=ax.get_xlim()
    ylim=ax.get_ylim()
    # 创建网格评估模型
    x=np.linspace(xlim[0],xlim[1],30)
    y=np.linspace(ylim[0],ylim[1],30)
    # 生成网格点和坐标矩阵
    Y,X=np.meshgrid(y,x)
    # 堆叠数组
    xy=np.vstack([X.ravel(),Y.ravel()]).T
    P=model.decision_function(xy).reshape(X.shape)
    # 绘制决策边界和边距
    ax.contour(X,Y,P,colors='k',levels=[-1,0,1],
               alpha=0.5,linestyles=['--','-','--']) # 生成等高线 --
```

```
        #绘制支持向量
        if plot_support:
                ax.scatter(model.support_vectors_[:,0],model.support_
vectors_[:,1],
                        s=300,linewidth=1,facecolors='none')
        ax.set_xlim(xlim)
        ax.set_ylim(ylim)
    #n_samples=100 表示取 100 个点,centers=2 表示将数据分为两类
    X,y=make_blobs(n_samples=100,centers=2,random_state=0,cluster_
std=1.1)
    plt.rcParams["font.sans-serif"]=["SimSun"] #设置字体
    fig,ax=plt.subplots(1,3,figsize=(16,6))
    fig.subplots_adjust(left=0.0625,right=0.95,wspace=0.1)
    fig.suptitle('线性近似可分支持向量机实例\n\n',fontweight="bold")
    for axi,gamma in zip(ax,[10.0,1.0,0.1]):
        model=SVC(kernel='rbf',gamma=gamma)
        model.fit(X,y)
        axi.scatter(X[:,0],X[:,1],c=y,s=100,marker="*")
        plot_SVC_decision_function(model,axi)
        axi.scatter(model.support_vectors_[:,0],model.support_
vectors_[:,1],
                    s=300,lw=1,facecolors='none')
        axi.set_title('gamma={0:.1f}'.format(gamma),size=14)
    plt.show()
```

运算结果如图 8-19 所示。

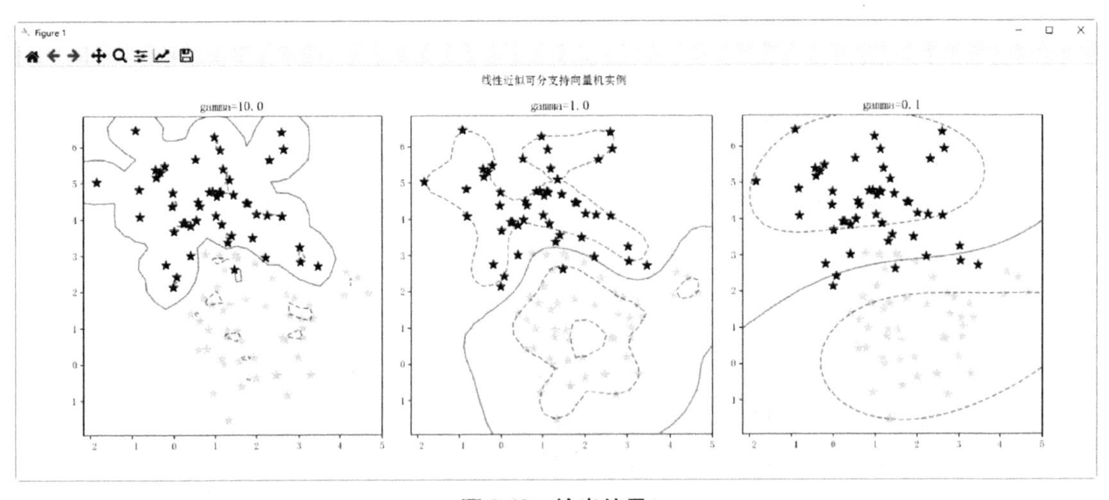

图 8-19　输出结果

可以看出，当参数 gamma 较大时，可以看出模型分类效果很好，但是泛化能力不太好。当参数 gamma 较小时，可以看出模型里面有些分类是错误的，但是泛化能力更好。

8.5 KNN 算法

8.5.1 KNN 原理

KNN 的全称是 K Nearest Neighbors，意思是 *K* 个最近的邻居。毫无疑问，*K* 的取值肯定是至关重要的。KNN 的原理就是当预测一个新的值 x 的时候，根据它距离最近的 *K* 个点是什么类别再来判断 x 属于哪个类别。

图 8-20 中绿色的点就是要预测的点，假设 $K=3$，那么 KNN 算法就会找到与它距离最近的三个点（这里用圆圈把它圈起来了），看看哪种类别多一些，比如当 $K=3$ 时，蓝色三角形多一些，新来的绿色点就归类到蓝色三角形所在的类了。

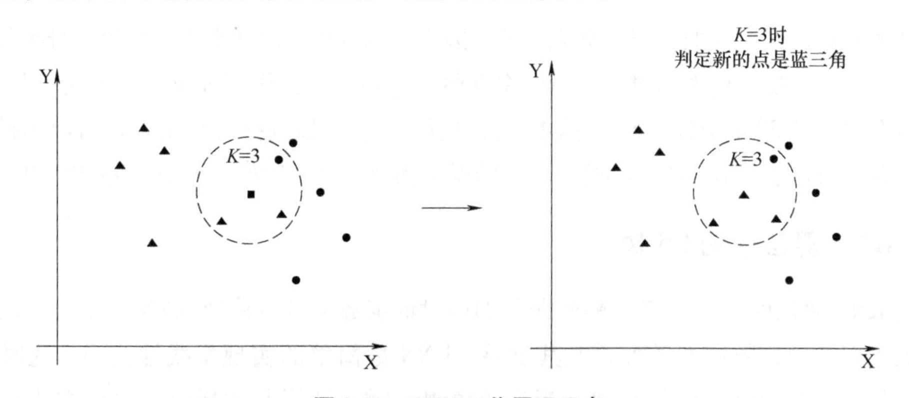

图 8-20 KNN 工作原理示意

但是，当 $K=5$ 的时候，判定就变成不一样了，这次就变成红色圆多一些，所以新来的绿点被归类成红色的圆所在的类。从这个例子就能看得出 *K* 的取值是很重要的。

1. 空间距离计算

对于空间中两点之间的距离，有几种度量方式，比如常见的曼哈顿距离、欧式距离等。通常 KNN 算法中使用的是欧式距离。以二维平面为例，二维空间两个点(x_1,y_1)和(x_2,y_2)之间的欧式距离计算公式如下：

$$\rho=\sqrt{(x_2-x_1)^2+(y_2-y_1)^2}$$

拓展到多维空间，公式变成：

$$d(x,y)=\sqrt{(x_1-y_1)^2+(x_2-y_2)^2+\cdots+(x_n-y_n)^2}$$

KNN 算法最基本的就是将预测点与所有点之间的距离进行计算，然后按升序排序，选出前面 *K* 个值看哪个类别比较多，就把预测点分到该类别。

2. *K* 值的确定

K 值的确定可以通过交叉验证，即将样本数据按照一定比例，拆分出训练用的数据和验

证用的数据，比如 6∶4 拆分出部分训练数据和验证数据，从选取一个较小的 K 值开始，不断增加 K 的值，然后计算验证集合的方差，最终找到一个比较合适的 K 值。

通过交叉验证计算方差后的 K 值选择与误差率之间的关系如图 8-21 所示。

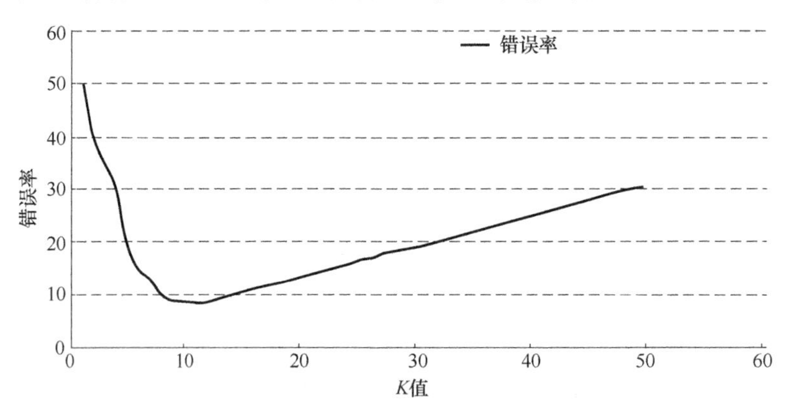

图 8-21　K 值选择与错误率的问题

当增大 K 的时候，一般错误率会先降低，因为周围有更多的样本可以借鉴，分类效果会变好。但是，当 K 值变得更大的时候，错误率反而会更高。这也很好理解，比如说一共有 35 个样本，当 K 增大到 30 的时候，KNN 基本上就没意义了。所以选择 K 值的时候可以选择一个较大的临界点，当它继续增大或减小的时候，错误率都会上升，比如图 8-21 中的 $K=10$。

8.5.2 KNN 算法中的 kd 树

实现 KNN 算法时，主要考虑的问题是如何对训练数据进行快速 KNN 搜索，这在特征空间的维数大以及训练数据容量大时尤其重要。KNN 最简单的实现是线性扫描，这时要计算输入实例与每一个训练实例的距离，当训练集很大时，计算非常耗时，这种方法是不可行的。为了提高 KNN 搜索的效率，可以考虑使用特殊的结构存储训练数据，以减少计算距离的次数。具体方法有很多，这里常用的有 kd 树方法。

Kd 树是一种对 k 维空间中的实例点进行存储以便对其进行快速搜索的树形数据结构。Kd 树是二叉树，表示对 k 维空间的一个划分。构造 kd 树相当于不断地用垂直于坐标轴的超平面将 k 维空间进行切分，构成一系列的 k 维超矩形区域。Kd 树的每一个结点对应于一个 k 维超矩形区域，表示一个空间范围。

1. kd 树的建立

假如有二维数据集：

$$\{(6,5),(1,-3),(-6,-5),(-4,-10),(-2,-1),(-5,12),(2,13),(17,-12),(8,-22),\\(15,-13),(10,-6),(7,15),(14,1)\}$$

将他们在坐标系中表示如图 8-22 所示。

第一步：选择 $x^{(1)}$ 为坐标轴，中位数为 6，即(6,5)为切分点，切分整个区域，如图 8-23 所示。

再次划分区域以 $x^{(2)}$ 为坐标轴，选择中位数，可知左边区域为 -3，右边区域为 -12。所以左边区域切分点为 $(1,-3)$，右边区域切分点坐标为 $(17,-12)$，如图 8-24 所示。

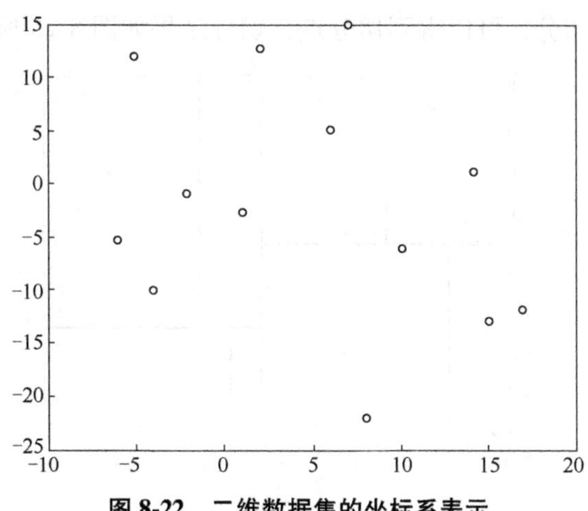

图 8-22　二维数据集的坐标系表示

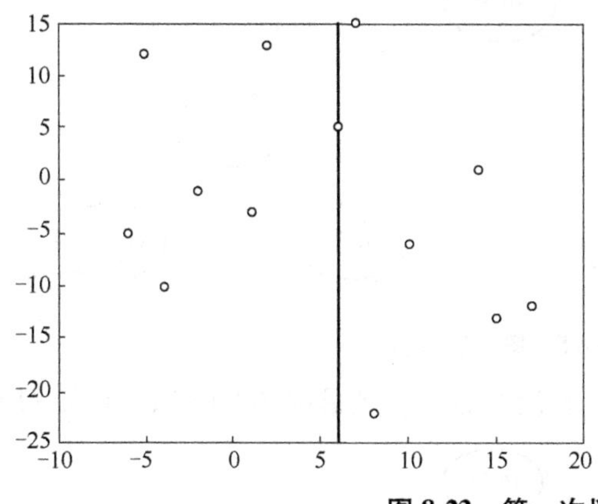

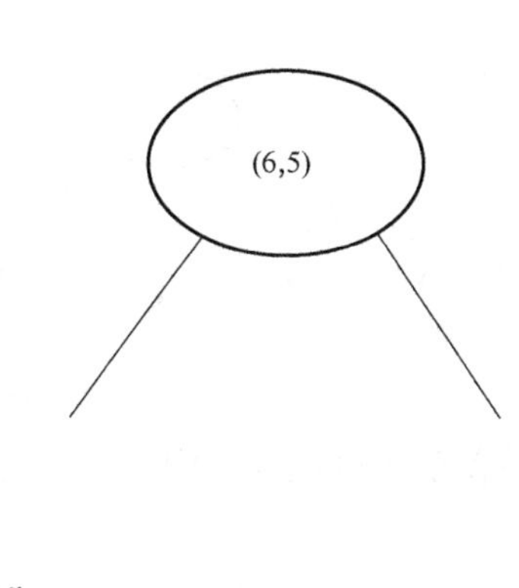

图 8-23　第一次划分

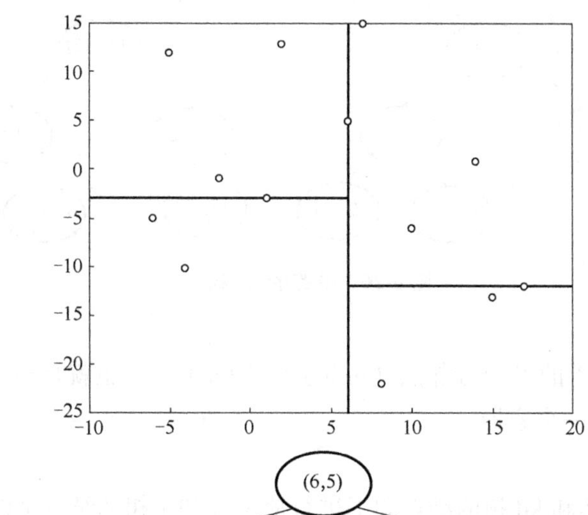

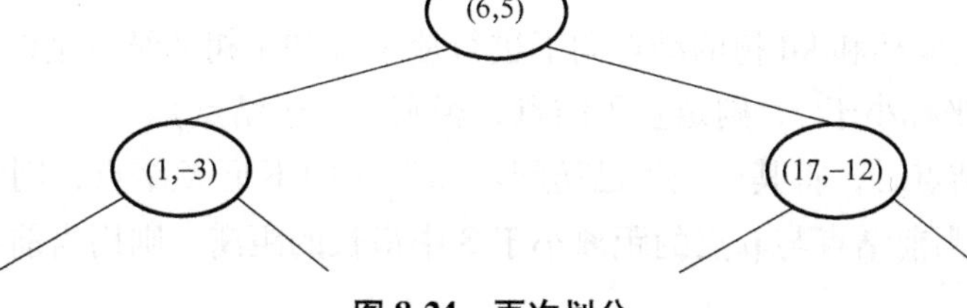

图 8-24　再次划分

第三次对区域进行切分，可以得到切分点，切分结果如图 8-25 所示。

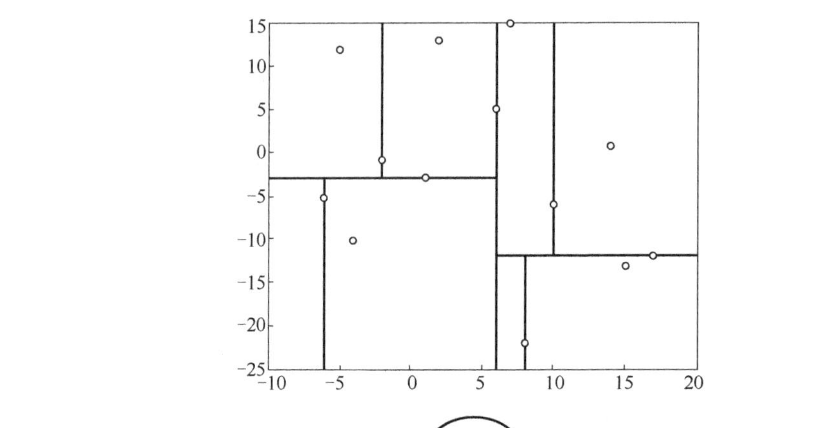

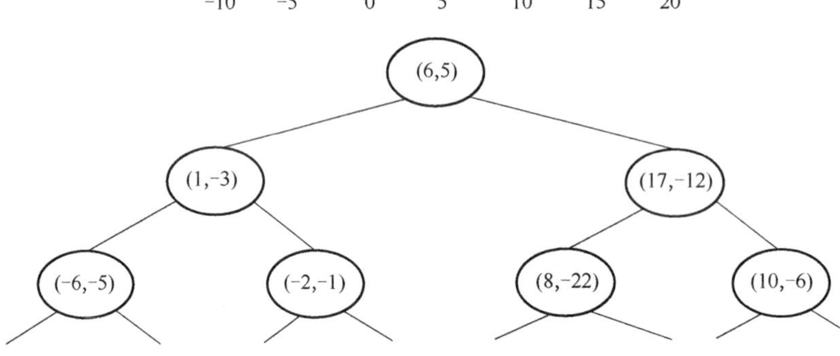

图 8-25　第三次划分

最后分割的小区域内只剩下一个点或者没有点，得到最终的 kd 树如图 8-26 所示。

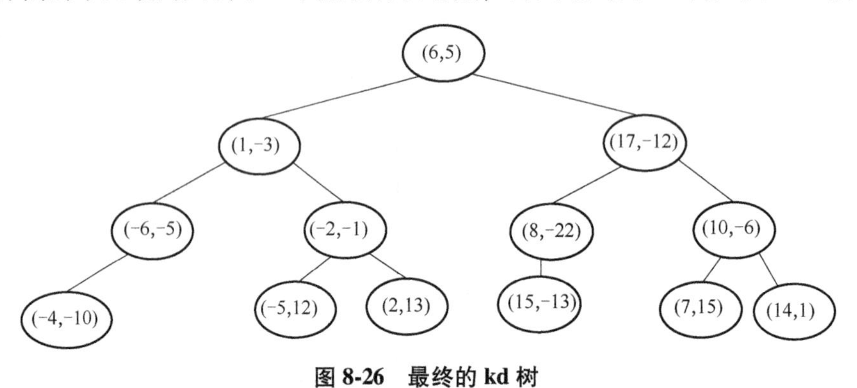

图 8-26　最终的 kd 树

2. kd 树的算法

假设现在要寻找 p 点的 K 个近邻点（p 点坐标为(a,b)），也就是离 p 点最近的 K 个点。设 S 是存放这 K 个点的一个容器。

算法如下：

1）根据 p 点的坐标和 kd 树的结点向下进行搜索（如果树的结点是以 $x^{(1)}=c$ 来切分的，那么如果 p 的 $x^{(1)}$ 坐标小于 c，则走左子结点，否则走右子结点）。

2）到达叶子结点时，将其标记为已访问。如果 S 中不足 K 个点，则将该结点加入到 S 中；如果 S 非空且当前结点与 p 点的距离小于 S 中最长的距离，则用当前结点替换 S 中离 p 最远的点。

3）如果当前结点不是根结点，执行 a)；否则，结束算法。

a）回退到当前结点的父结点，此时的结点为当前结点（回退之后的结点）。将当前结点标记为已访问，执行 b）和 c)；如果当前结点已经被访过，再次执行 a)。

b）如果此时 S 中不足 K 个点，则将当前结点加入到 S 中；如果 S 中已有 K 个点，且当前结点与 p 点的距离小于 S 中最长距离，则用当前结点替换 S 中距离最远的点。

c）计算 p 点和当前结点切分线的距离。如果该距离大于或等于 S 中距离 p 最远的距离并且 S 中已有 K 个点，执行 3)；如果该距离小于 S 中最远的距离或 S 中没有 K 个点，从当前结点的另一子结点开始执行 1；如果当前结点没有另一子结点，执行 3)。

为了方便描述，对结点进行了命名，如图 8-27。为了方便说明，用蓝色斜线表示该结点标记为已访问，红色下划线表示在此步确定的下一个要访问的结点。现在就计算 p(-1,-5) 的 3 个近邻点。

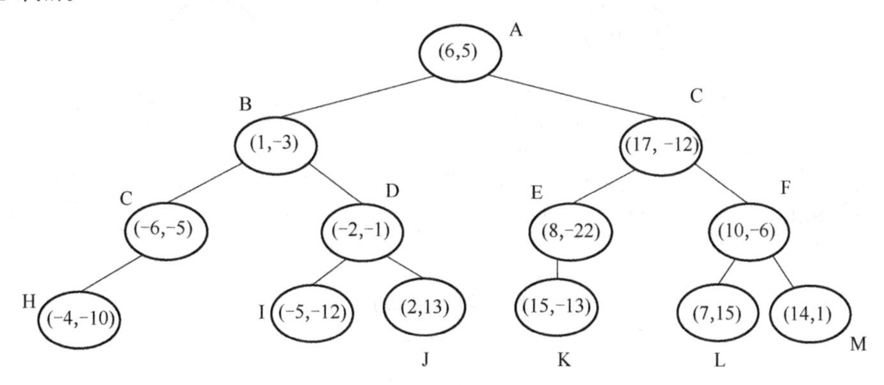

图 8-27 结点命名

从(-1,-5)寻找 kd 树的叶子结点，具体算法如下：

第一步：执行算法中的（1）。

p 点的-1 与结点 A 的 x 轴坐标 6 比较，-1<6，向左走。

p 点的-5 与结点 B 的 y 轴坐标-3 比较，较小，往左走。

因为结点 C 只有一个子结点，所以不需要进行比较，直接走到结点 H。

第二步：进行算法中的（2），标记结点 H 已访问，将结点 H 加入到 S 中，此时 $S=\{H\}$，如图 8-28 所示。

第三步：执行算法中的（3），当前结点 H 不是根结点。

执行 a)，回退到父结点 C，将结点 C 标记为已访问（如图 8-29)；

执行 b)，S 中不足 3 个点，将结点 C 加入到 S 中，此时 $S=\{H,C\}$；

执行 c）计算 p 点和结点 C 切分线的距离，结点 C 没有另一个分支，开始执行算法中的（3)。

第四步：当前结点 C 不是根结点。

执行 a)，回退到父结点 B，我们将结点 B 标记为已访问（如图 8-30)；

执行 b)，S 中不足 3 个点，将结点 B 加入到 S 中，即 $S=\{H,C,B\}$；

执行 c）计算 p 点和结点 B 切分线的距离，两者距离为 $|(-3)-(-5)|=2$，小于 S 中的最大距离。S 中的三个点与 p 的距离分别为 $\sqrt{|(-1)-(-4)|^2+|(-5)-(-10)|^2}$，

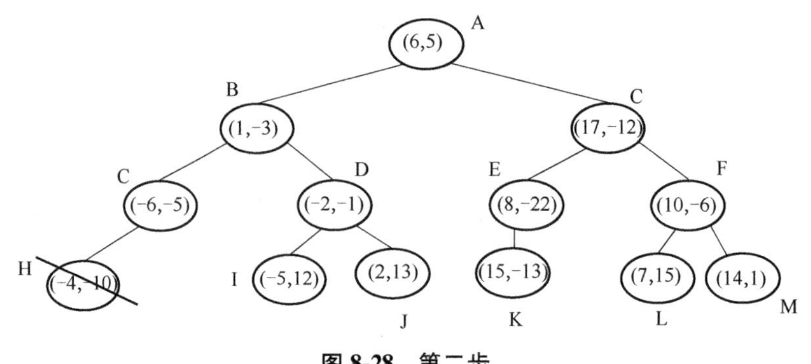

图 8-28　第二步

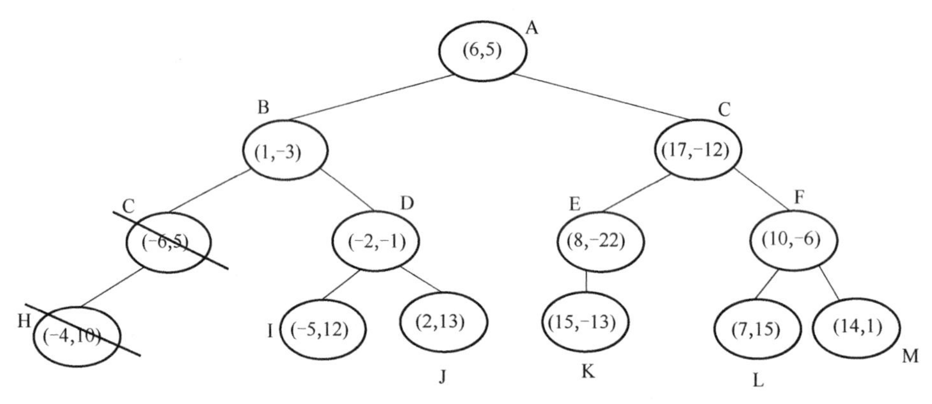

图 8-29　第三步

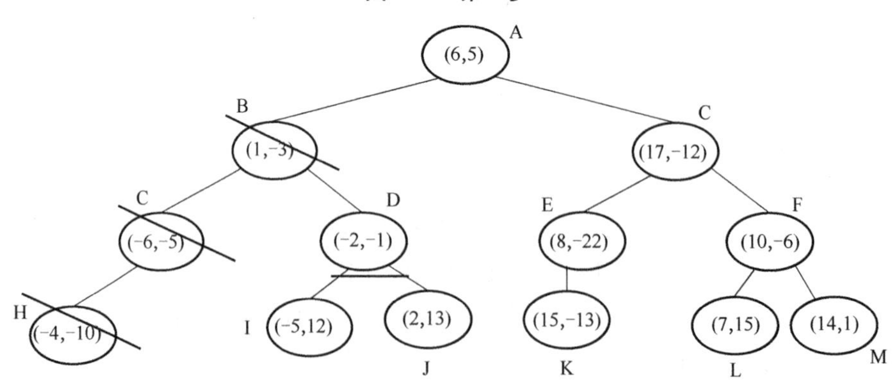

图 8-30　第四步

$\sqrt{|(-1)-(-6)|^2+|(-5)-(-5)|^2}$，$\sqrt{|(-1)-(1)|^2+|(-5)-(-3)|^2}$。所以需要从结点 B 的另一子结点 D 开始算法中的（1）。

第五步：从结点 D 开始算法中的 1）。

p 点的−1 与结点 D 的 x 轴坐标−2 比较，−1>−2，向右走。

找到了叶子结点 J，标记为已访问（见图 8-31）。

开始算法中的 2）。

S 非空，计算当前结点 J 与 p 点的距离，为 18.2，大于 S 中的最长距离，不将结点 J 放入 S 中，即 S＝$\{H,C,B\}$。

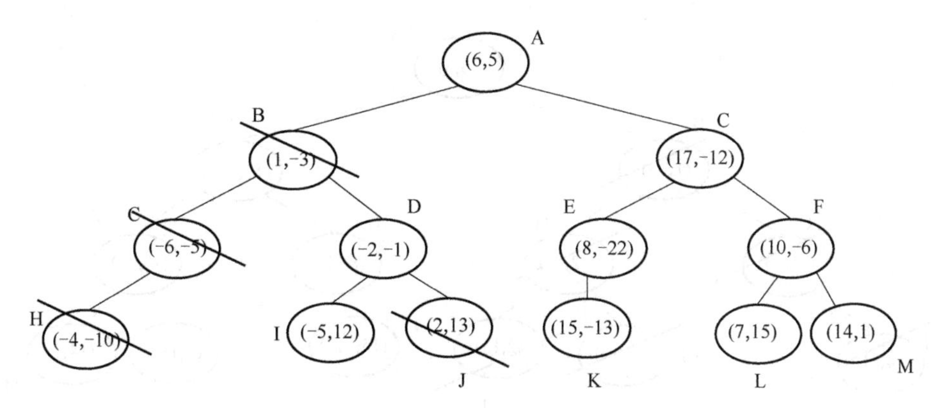

图 8-31　第五步

第六步：执行算法中的3），当前结点J不为根结点。

执行a），回退到父结点D，标记为已访问（如图8-32）。

执行b），S中已经有3个点，当前结点D与p点距离为$\sqrt{17}$，小于S中的最长距离（结点H与p点的距离），将结点D替换结点H，即S=$\{D,C,B\}$。

执行c），计算p点和结点D切分线的距离，两者距离为1，小于S中最长距离，所以我们需要从结点D的另一子节点I开始算法中的1）。

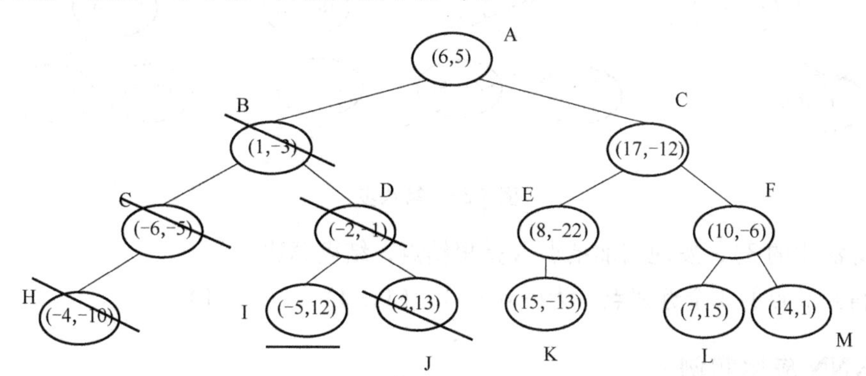

图 8-32　第六步

第七步：从结点I开始算法中的1），结点I已经是叶子结点。

直接进行到算法中的2）。

标记结点I为已访问（见图8-33）。

计算当前结点I和p点的距离为$\sqrt{305}$，大于S中最长距离，不进行替换。

第八步：执行算法中的3）。

当前结点I不是根结点。

执行a），回退到父结点D，但当前结点D已经被访问过。

再次执行a），回退到结点D的父结点B，也标记为访问过。

再次执行a），回退到结点B的父结点A，结点A未被访问过，标记为已访问（见图8-34）。

执行b），结点A和p点的距离为$\sqrt{149}$，大于S中的最长距离，不进行替换。

执行c），p点和结点A切分线的距离为7，大于S中的最长距离，不进行替换。

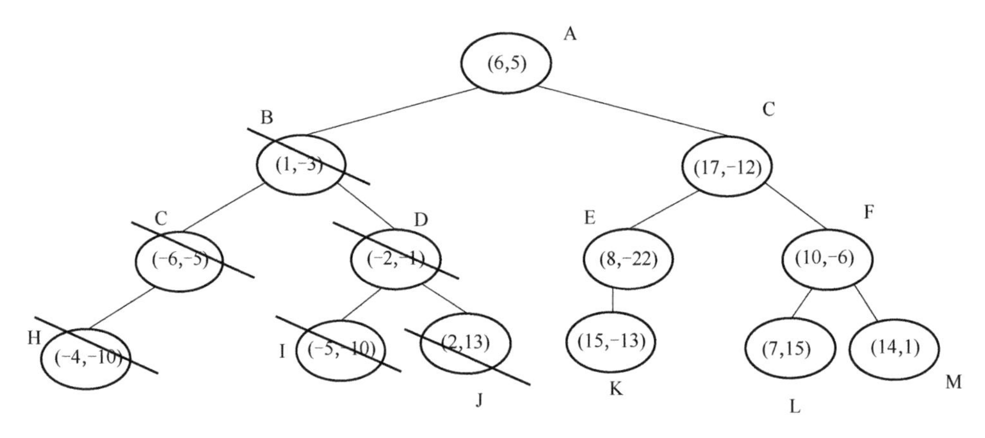

图 8-33　第七步

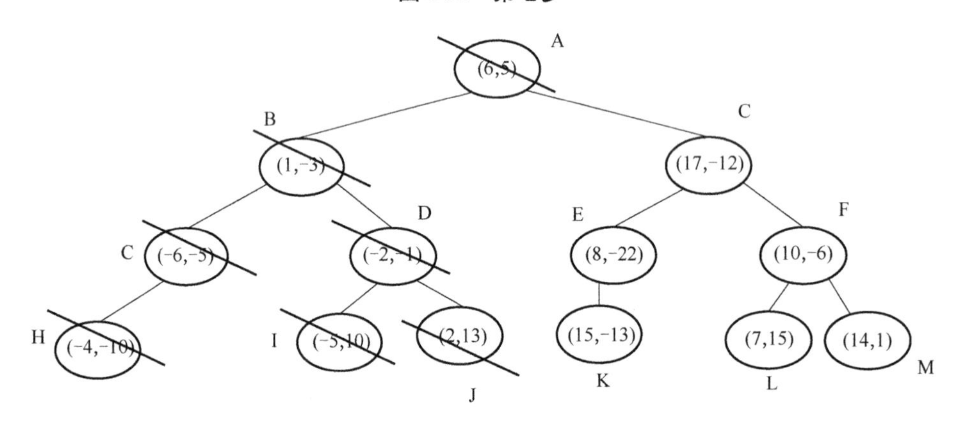

图 8-34　第八步

执行算法中的 3)，发现当前结点 A 是根结点，结束算法。

最终得到 p 点的 3 个近邻点，为(-6,-5)、(1,-3)、(-2,-1)。

8.5.3 KNN 应用实例

【例 8-7】 KNN 算法的预测应用。

在 scikit-learn 中，使用 sklearn.neighbors 包中的 KNeighborsClassifier 进行 KNN 分类。KNeighborsClassifier 使用很简单，步骤如下：1）创建 KNeighborsClassifier 对象；2）调用 fit( ) 函数；3）调用 predict( ) 函数进行预测。

```
from sklearn.neighbors import KNeighborsClassifier
X=[[0],[1],[2],[3],[4],[5],[6],[7],[8]]
y=[0,0,0,1,1,1,2,2,2]
neigh=KNeighborsClassifier(n_neighbors=3)
neigh.fit(X,y)
print(neigh.predict([[1.1]]))
print(neigh.predict([[1.6]]))
```

```
print(neigh.predict([[5.2]]))
print(neigh.predict([[5.8]]))
print(neigh.predict([[6.2]]))
```

运行结果：

```
>>>
[0]
[0]
[1]
[2]
[2]
```

【例 8-8】 探究 k 对 KNN 算法的影响。

```
import matplotlib.pyplot as plt
import numpy as np
from itertools import product
# KNN 分类
from sklearn.neighbors import KNeighborsClassifier
# 生成一些随机样本
n_points=100
# multivariate_normal 多元高斯
X1=np.random.multivariate_normal([1,50],[[1,0],[0,10]],n_points)
X2=np.random.multivariate_normal([2,50],[[1,0],[0,10]],n_points)
X=np.concatenate([X1,X2])
y=np.array([0]*n_points+[1]*n_points)
print (X.shape,y.shape)
# product 方法的讲解
from itertools import product
product('ab',range(3)) # ('a',0) ('a',1) ('a',2) ('b',0) ('b',1) ('b',2)
# 不断地改变 k,探究 KNN 模型的训练过程
# KNN 模型的训练过程
clfs=[]
neighbors=[1,3,5,9,11,13,15,17,19]
for i in range(len(neighbors)):
    clfs.append(KNeighborsClassifier(n_neighbors=neighbors[i]).
fit(X,y))
```

```
# 可视化结果
x_min,x_max=X[:,0].min()-1,X[:,0].max()+1
y_min,y_max=X[:,1].min()-1,X[:,1].max()+1
xx,yy=np.meshgrid(np.arange(x_min,x_max,0.1),
                  np.arange(y_min,y_max,0.1))
f,axarr=plt.subplots(3,3,sharex='col',sharey='row',figsize=(15,12))
for idx,clf,tt in zip(product([0,1,2],[0,1,2]),
                      clfs,
                      ['KNN (k=%d)'%k for k in neighbors]):
    Z=clf.predict(np.c_[xx.ravel(),yy.ravel()])
    Z=Z.reshape(xx.shape)
    axarr[idx[0],idx[1]].contourf(xx,yy,Z,alpha=0.4)
    axarr[idx[0],idx[1]].scatter(X[:,0],X[:,1],c=y,
                                 s=20,edgecolor='k')
    axarr[idx[0],idx[1]].set_title(tt)
plt.show()
```

运行结果如图 8-35 所示。

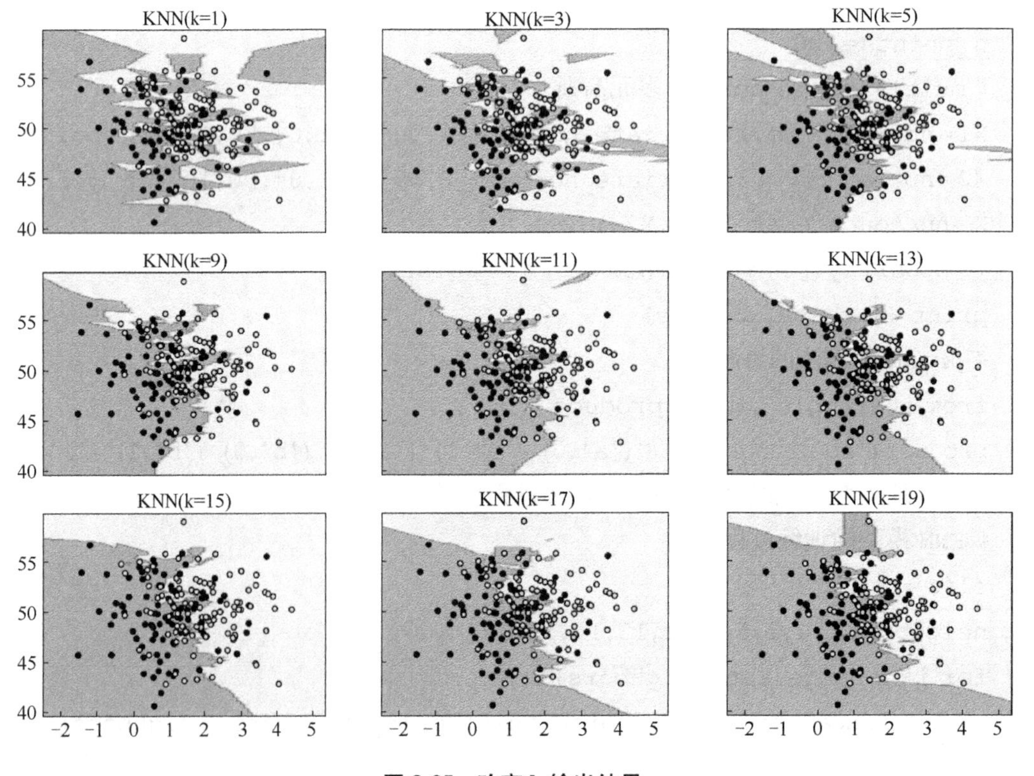

图 8-35 改变 k 输出结果

8.6 综合项目编程实例

8.6.1 用支持向量机解决分类问题

【例 8-9】 使用支持向量机对鸢尾花分类。

构建一个鸢尾花分类模型，根据鸢尾花的花萼和花瓣大小将其分为三种不同的品种，如图 8-36 所示。

	花萼长度	花萼宽度	花瓣长度	花瓣宽度			品种（标签）
特	5.1	3.3	1.7	0.5	model	结	0（山鸢尾）
征	5.0	2.3	3.3	1.0	→	果	1（变色鸢尾）
	6.4	2.8	5.6	2.2			2（维吉尼亚鸢尾）

图 8-36 鸢尾花分类

数据集总共包含 150 行数据，其中每一行数据由 4 个特征值及一个目标值组成，如图 8-37 所示。4 个特征值分别为：花萼长度、花萼宽度、花瓣长度、花瓣宽度；目标值为三种不同类别的鸢尾花，分别为：Iris Setosa、Iris Versicolour、Iris Virginica。

```
5.1,3.5,1.4,0.2,Iris-setosa
4.9,3.0,1.4,0.2,Iris-setosa
4.7,3.2,1.3,0.2,Iris-setosa
4.6,3.1,1.5,0.2,Iris-setosa
5.0,3.6,1.4,0.2,Iris-setosa
5.4,3.9,1.7,0.4,Iris-setosa
4.6,3.4,1.4,0.3,Iris-setosa
5.0,3.4,1.5,0.2,Iris-setosa
4.4,2.9,1.4,0.2,Iris-setosa
```

图 8-37 数据集格式

编程时注意要点：

1）从指定路径下加载数据。

2）对加载的数据进行数据分割，x_train、x_test、y_train、y_test 分别表示训练集特征、训练集标签、测试集特征、测试集标签。

3）模型搭建。

C 越大，相当于惩罚松弛变量，希望松弛变量接近 0，即对误分类的惩罚增大，趋向于对训练集全分对的情况，这样对训练集测试时准确率很高，但泛化能力弱。C 值小，对误分类的惩罚减小，允许容错，将他们当成噪声点，泛化能力较强。

kernel = 'rbf' 时，为高斯核函数；

decision_function_shape = 'ovr' 时，为 one v rest，即一个类别与其他类别进行划分；

decision_function_shape = 'ovo' 时，为 one v one，即将类别两两之间进行划分，用二分类的方法模拟多分类的结果。ovr 是分类情况 1，ovo 是分类情况 2。

4）训练 SVM 模型采用 train(clf,x_train,y_train)。

5）模型评估采用 classifier. score()。

源代码如下：

```
from sklearn import svm
import numpy as np
import sklearn
import matplotlib.pyplot as plt
import matplotlib
#定义字典
def Iris_label(s):
    it={b'Iris-setosa':0,b'Iris-versicolor':1,b'Iris-virginica':2 }
    return it[s]
#1.读取数据集
path='Iris.data'
data=np.loadtxt(path,dtype=float,delimiter=',',converters={4:
Iris_label})
#2.划分数据与标签
x,y=np.split(data,indices_or_sections=(4,),axis=1)
#x为数据,y为标签,axis是分割的方向,1表示横向,0表示纵向,默认为0
x=x[:,0:2] #为便于后边画图显示,只选取前两维度。若不用画图,可选取前四列
x[:,0:4]
train_data,test_data,train_label,test_label=sklearn.model_selec-
tion.train_test_split(x,y,
                random_state=1,train_size=0.6,
                test_size=0.4)
#train_data:训练样本,test_data:测试样本,train_label:训练样本标签,test_
label:测试样本标签
#3.训练svm分类器
classifier=svm.SVC(C=1,kernel='rbf',gamma=100,decision_function_
shape='ovr')
#ovr:一对多策略
classifier.fit(train_data,train_label.ravel()) #ravel函数在降维时
默认是行序优先
#4.计算svc分类器的准确率
print("训练集:",classifier.score(train_data,train_label))
```

```
print("测试集:",classifier.score(test_data,test_label))
# 5. 绘制图形
# 确定坐标轴范围
x1_min,x1_max=x[:,0].min(),x[:,0].max()  # 第 0 维特征的范围
x2_min,x2_max=x[:,1].min(),x[:,1].max()  # 第 1 维特征的范围
x1,x2=np.mgrid[x1_min:x1_max:200j,x2_min:x2_max:200j]  # 生成网络采样点
grid_test=np.stack((x1.flat,x2.flat),axis=1)            # 测试点
# 指定默认字体
matplotlib.rcParams['font.sans-serif']=['SimHei']
# 设置颜色
cm_light=matplotlib.colors.ListedColormap(['#A0FFA0','#FFA0A0',
'#A0A0FF'])
cm_dark=matplotlib.colors.ListedColormap(['g','r','b'])
grid_hat=classifier.predict(grid_test)      # 预测分类值
grid_hat=grid_hat.reshape(x1.shape)         # 使之与输入的形状相同
plt.pcolormesh(x1,x2,grid_hat,cmap=cm_light)
                        # 预测值范围的显示,相当于将预测每一类的区域进行了划分
plt.scatter(x[:,0],x[:,1],c=y[:,0],s=30,cmap=cm_dark)
                                            # 训练样本点的显示
plt.scatter(test_data[:,0],test_data[:,1],c=test_label[:,0],s=
30,edgecolors='k',zorder=2,cmap=cm_dark)    #圈中测试集样本点
plt.xlabel('花萼长度',fontsize=13)
plt.ylabel('花萼宽度',fontsize=13)
plt.xlim(x1_min,x1_max)
plt.ylim(x2_min,x2_max)
plt.title('鸢尾花 SVM 二特征分类')
plt.show()
```

运算结果:

```
>>>
训练集:0.9555555555555556
测试集:0.55
```

图 8-38 所示为鸢尾花 SVM 二特征分类示意。

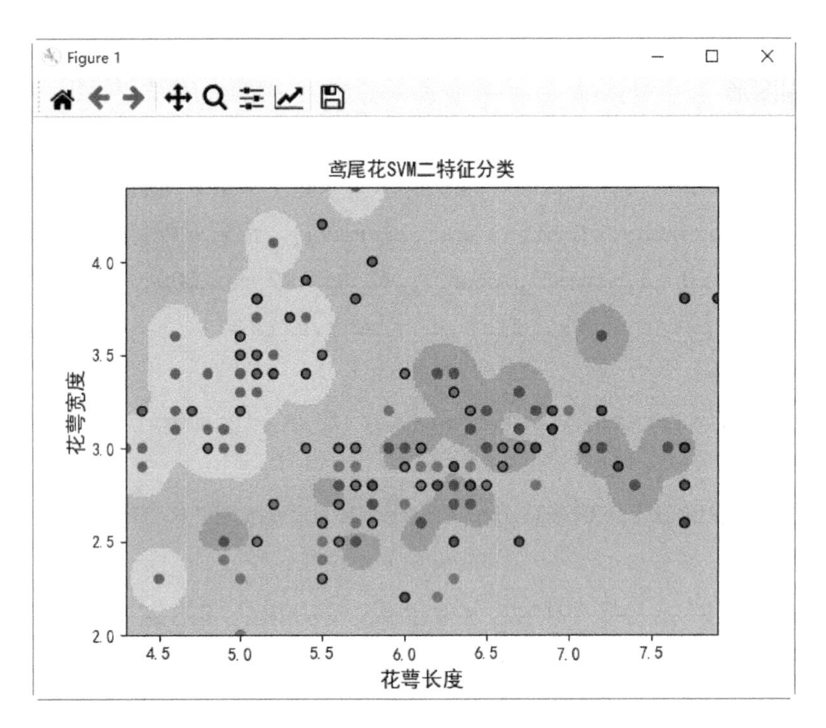

图 8-38　鸢尾花 SVM 二特征分类示意

8.6.2 用 KNN 算法识别手写数字

【例 8-10】 用 KNN 算法识别手写数字，如2、7、9等。

已知该数字图像为 32×32 的二进制图像，其中目录 trainingDigits 中大约 2000 个样本可用于训练算法，目录 testDigits 中大约有 900 个样本可用于测试。

共分为两个步骤，第一步是将任意手写数字的 32×32 像素的 jpg 文件转化为 txt 文件；第二步是调用 sklearn 库的 KNN 算法函数进行训练和测试，并对任意手写数字进行预测。

1. jpg 文件转化为 txt 文件

Jpg2txt. py 是将 jpg 图像转换为分向量格式，已知任意手写数字图像是 32×32 像素的彩色图像，经过降维处理后，由 RGB 变成单色图，并经过判断构成只有 0 和 1 组成 txt 文件，也是 32×32 像素，同时需要换行（“\r”）。如图 8-39 所示为手写数字“2”的最终 txt 文件，与训练集和测试集的文件格式一样。

Jpg2txt. py 源程序如下：

```
import matplotlib. pyplot as plt
ex_img_arr=plt. imread(". /num1/200. jpg")
ex_img_arr. shape
plt. imshow(ex_img_arr)
plt. show()
```

```
#降维处理
img_two_arr=ex_img_arr
img_two_arr=img_two_arr.mean(axis=2)
plt.imshow(img_two_arr)
plt.show()
with open("dat2.txt","w") as f:
    for i in range(32):
        for j in range(32):
            if int(img_two_arr[i,j])>220:
                f.write("0")
            else:
                f.write("1")
            if j==31:
                f.write("\r") #换行
```

```
00000000000010000000000000000000
00000000000111110000000000000000
00000000001111111110000000000000
00000000111111111111000000000000
00000011111111111111000000000000
00000111111100011111100000000000
00000111111000001111100000000000
00000111110000000111100000000000
00000111111000000111100000000000
00000111111000000111110000000000
00000111111000000111110000000000
00000011110000000111110000000000
00000000000000001111110000000000
00000000000000011111100000000000
00000000000000111111000000000000
00000000000001111110000000000000
00000000000011111100000000000000
00000000000011111000000000000000
00000000000111110000000000000000
00000000001111100000000000000000
00000000011111000000000000000000
00000000111110000000000000000000
00000001111100000000000000000000
00000011111000000000000000000000
00000111110000000000000100000000
00000011111111111111111110000000
00000111111111111111111110000000
00000011111111111111111000000000
00000000000000000000110000000000
00000000000000000000000000000000
00000000000000000000000000000000
00000000000000000000000000000000
```

图 8-39　dat2. txt 字符

运算结果如图 8-40 所示。

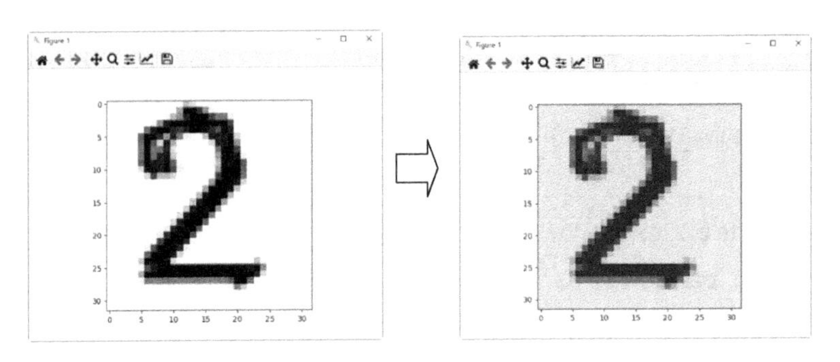

图 8-40　图像降维处理

2. KNN 算法函数进行训练和测试

Recognize. py 需要先将图像转换为一个向量，把一个 32×32 的二进制图像矩阵转换为 1×1024 的向量，这个任务由函数 img2vector( )来完成，该函数创建 1×1024 的 numpy 数组，打开给定的文件（后缀名为 txt），循环读出文件的前 32 行，将每行的前 32 个字符存储到 numpy 数组，最后返回数组。

接下来需要创建一个 KNN 分类器，这个任务由 fenleiqi( )函数来完成，该函数完成计算欧氏距离、选择最小的距离到排序。

最后创建 DigitTest( )。已知测试集和训练集的文件是以数字的标签命名，如命名为“0_1. txt”，表示数字 0 的第 1 个样本，“9_45. txt”表示数字 9 的第 45 个样本，以此类推。通过 os. listdir( )可以获取相关的文件信息。

Recognize. py 源程序如下：

```
import numpy as np
import operator
import os
from sklearn.neighbors import KNeighborsClassifier as KNN
from keras.applications import inception_resnet_v2
from keras.layers import Conv2D
def img2vector(filename):
    # 创建 1×1024 零向量
    returnVect=np.zeros((1,1024))
    # 打开文件
    fr=open(filename)
    # 按照行读取
    for i in range(32):
        # 读一行数据
        lineStr=fr.readline()
```

```
        # 每一行的前 32 个元素依次添加到 returnVect 中
        for j in range(32):
            returnVect[0,32 * i+j]=int(lineStr[j])
    # 返回转换后的 1×1024 向量
    return returnVect
def fenleiqi(inx,dataset,labels,k):
    #分类器
    dataset_site=dataset.shape[0]
    # print(type(dataset_site))
    diff_mat=np.tile(inx,(dataset_site,1))-dataset
    sq_diffmat=diff_mat ** 2
    sq_distances=sq_diffmat.sum(axis=1)
    distances=sq_distances ** 0.5
    sorted_distindicies=distances.argsort()
    class_count={}
    for i in range(k):
        votei_label=labels[sorted_distindicies[i]]
        class_count[votei_label]=class_count.get(votei_label,0)+1
    sorted_classcount = sorted (class_count.items (), key = opera-
tor.itemgetter(1),reverse=True)
    return sorted_classcount[0][0]
# 手写数字分类测试
def DigitTest():
    # 测试集的 Labels
    hwLabels=[]
    # 返回 trainingDigts 目录下的文件名
    trainingFileList=os.listdir('trainingDigits')
    # 返回文件夹下文件的个数
    m=len(trainingFileList)
    # 初始化训练的 Mat 矩阵,测试集
    trainingMat=np.zeros((m,1024))
    # 从文件名中解析出训练集的类别
    for i in range(m):
        # 获取文件的名字
        fileNameStr=trainingFileList[i]
```

```
            # 获得分类的数字
            classNumber=int(fileNameStr.split('_')[0])
            # 将获得的类别添加到 hwLabels 中
            hwLabels.append(classNumber)
            # 将每一个文件的 1×1024 数据存储到 trainingMat 矩阵中
            trainingMat[i,:]=img2vector('trainingDigits/%s'% (fileName-
Str))
        # 构建 KNN 分类器
        neigh=KNN(n_neighbors=3,algorithm='ball_tree')
        # 拟合模型,trainingMat 为训练矩阵,hwLabels 为对应的标签
        neigh.fit(trainingMat,hwLabels)
        # 返回 testDigits 目录下的文件列表
        testFileList=os.listdir('testDigits')
        # 错误检测计数
        errorCount=0.0
        # 测试数据的数量
        mTest=len(testFileList)
        # 从文件中解析出测试集的类别并进行分类测试
        for i in range(mTest):
            # 获取文件的名字
            fileNameStr=testFileList[i]
            # 获取分类的数字
            classNumber=int(fileNameStr.split('_')[0])
            # 获得测试集的 1×1024 向量,用于训练
            vectorUnderTest=img2vector('testDigits/%s'% (fileNameStr))
            # 获得预测结果
            classifierResult=fenleiqi(vectorUnderTest,trainingMat,
hwLabels,3)
            print("分类返回结果为%d\t 真实结果为%d" % (classifierRe-
sult,classNumber))
            if (classifierResult !=classNumber):
                errorCount +=1.0
        print("总共错了%d 个数据\n 错误率为%f%%" % (errorCount,error-
Count / mTest * 100))
        #任意手写图形测试(这里选取 2、7、9 三个数)
```

```
    Test1=img2vector("dat2.txt")
    classifierResult1=fenleiqi(Test1,trainingMat,hwLabels,3)
    print("分类返回结果为%d" % classifierResult1)
    Test2=img2vector("dat7.txt")
    classifierResult2=fenleiqi(Test2,trainingMat,hwLabels,3)
    print("分类返回结果为%d" % classifierResult2)
    Test3=img2vector("dat9.txt")
    classifierResult3=fenleiqi(Test3,trainingMat,hwLabels,3)
    print("分类返回结果为%d" % classifierResult3)
if __name__=='__main__':
    DigitTest()
```

运算结果：

```
>>>
分类返回结果为 0      真实结果为 0
……
分类返回结果为 9      真实结果为 9
总共错了 10 个数据
错误率为 1.057082%
分类返回结果为 2
分类返回结果为 7
分类返回结果为 9
```

可以看到错误率为 1.06%，并完全正确地识别出 2、7、9 三个数字字符。

实际使用这个算法时相对简单，但是算法的执行效率并不高。因为算法需要为每个测试向量做 2000 次距离计算，每个距离计算包括了 1024 个维度浮点运算，总计要执行 900 次，此外，还需要为测试向量准备 2MB 的存储空间。

参考文献

[1] 李方园. Python 编程基础与应用 [M]. 北京：机械工业出版社，2021.
[2] 刘鹏，张燕，李肖俊，等. Python 语言 [M]. 北京：清华大学出版社，2019.